NOUVELLES LEÇONS DE CHOSES

SUR

L'INDUSTRIE, L'AGRICULTURE, LE COMMERCE

ET LES

PRINCIPALES INVENTIONS INDUSTRIELLES

NOUVELLES LEÇONS DE CHOSES

SUR

L'INDUSTRIE, L'AGRICULTURE

LE COMMERCE

ET LES

PRINCIPALES INVENTIONS INDUSTRIELLES

LIVRE DE LECTURE COURANTE A L'USAGE DE TOUTES LES ÉCOLES

IMPRIMÉ EN GROS CARACTÈRES

divisé en 278 leçons et orné de 193 figures
intercalées dans le texte

PAR

P. MAIGNE

AUTEUR DE L'HISTOIRE DE L'INDUSTRIE, DU DICTIONNAIRE DES INVENTIONS ET DÉCOUVERTES
DES ARTS ET MANUFACTURES, ETC

SIXIÈME ÉDITION

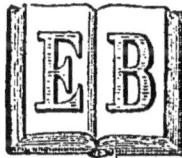

PARIS

LIBRAIRIE CLASSIQUE EUGÈNE BELIN

Vᵉ EUGÈNE BELIN ET FILS

RUE DE VAUGIRARD, N° 52

1890

Tout exemplaire de cet ouvrage non revêtu de ma griffe sera réputé contrefait.

SAINT-CLOUD. — IMPRIMERIE Vᵉ EUG. BELIN ET FILS.

NOUVELLES LEÇONS DE CHOSES

SUR

L'INDUSTRIE, L'AGRICULTURE, LE COMMERCE

ET LES

PRINCIPALES INVENTIONS INDUSTRIELLES

INDUSTRIES PRIMITIVES

PREMIÈRE LEÇON

Quelles ont été les premières industries inventées?

1. Les premiers habitants du globe ne vécurent que des produits spontanés du sol, en sorte que les fruits, les graines et les racines sauvages constituèrent d'abord leurs moyens d'existence. Mais les végétaux ne peuvent suffire longtemps à la nourriture de l'homme, dont l'organisation réclame impérieusement des substances animales. Entouré d'animaux, les uns inoffensifs, les autres plus ou moins dangereux, il fut bientôt obligé de lutter avec eux de force, d'agilité et de ruse ; poussé par la nécessité de vivre et de se défendre, il fabriqua des armes pour les détruire et des pièges pour les saisir.

La **chasse** et la **pêche** furent ainsi ses premières industries.

Fig. 1. — Le bétail.

2. A ce premier progrès en succéda bientôt un autre. Au lieu de tuer indistinctement tous les animaux, l'homme eut un jour l'idée d'en soumettre certaines espèces à son pouvoir, et de les élever pour se nourrir de leur lait et de leur chair, pour se couvrir de leurs

dépouilles. De là l'origine de l'**industrie pastorale**
ou de l'élevage du bétail (*fig.* 1). Le Chien, sans doute,
subit le premier l'influence de l'homme, qui s'en servit
ensuite, à titre d'auxiliaire, pour réduire à l'état
domestique le Bœuf, le Mouton, la Chèvre, le Porc et le
Cheval.

DEUXIÈME LEÇON

Quelles ont été les **premières industries** inventées. (*Suite.*)

1. A mesure que les générations humaines se multiplièrent, les produits naturels du sol, réunis à ceux de
la chasse, de la pêche et de l'industrie pastorale, finirent
par ne plus suffire à leurs besoins. Tous les pays, en
effet, ne fournissent pas, en plantes comestibles, en
gibier, en poisson ou en pâturages, les quantités nécessaires à leurs habitants, ceux-ci eussent été condamnés
à une existence précaire et misérable, si, mettant à
profit les merveilleuses facultés dont Dieu l'a doté,
l'homme n'avait découvert un moyen d'y suppléer. Au
lieu donc de se borner comme précédemment à se servir
des végétaux sauvages, il
apprit à les multiplier par les
semis, à les rendre meilleurs
par des soins convenables,
et il s'assura ainsi des récoltes abondantes et presque
toujours certaines. Quand ce
nouveau progrès fut réalisé,
l'**agriculture** se trouva un
fait accompli.

Fig. 2. — Une tente.

2. La Chasse, la Pêche,
l'Education du bétail et
l'Agriculture sont donc les plus anciennes industries
que l'homme ait inventées. Les peuples sauvages de
l'Océanie, de l'Amérique et de l'intérieur de l'Afrique ne
connaissent encore que les deux premières. Sauf au
centre de l'Asie et au nord de l'Afrique, où la population
vit le plus souvent sous des tentes de peaux ou d'étoffes
grossières (*fig.* 2), on ne rencontre guère de peuples qui

soient exclusivement pasteurs. Partout ailleurs, c'est au travail de la terre, combiné avec une production animale convenable, qu'on s'adresse pour subvenir aux besoins alimentaires, et, en général, les nations qui ont le mieux réussi à multiplier et améliorer par la culture les végétaux comestibles, et qui, en même temps, prennent le plus de soin de s'en assurer des récoltes annuelles, sont celles qui ont atteint la supériorité sociale la plus élevée, c'est-à-dire la prééminence sur les autres.

INDUSTRIE MINIÈRE

TROISIÈME LEÇON

Ce qu'on entend par richesses souterraines.

1. Outre les substances que la surface du globe fournit à nos besoins, et dont nous devons la possession à la Chasse, à la Pêche et à l'Agriculture, il y en a d'autres, non moins utiles, comme la houille, les métaux, le sel gemme, que la Providence a cachées sous nos pas, à différentes profondeurs, d'où nous ne pouvons les retirer qu'au moyen d'un travail très pénible et souvent mortel. Les matières ainsi soustraites à nos regards sont désignées sous le nom de *richesses souterraines*, et l'on appelle **mines** les lieux où elles se trouvent. On distingue ensuite ces dernières en *mines de fer*, *mines de*

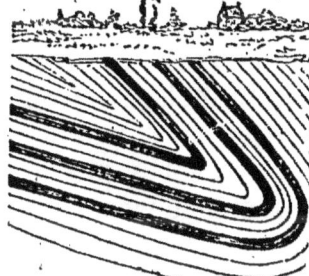

Fig. 3. — Couches horizontales.   Fig. 4. — Couches inclinées.

cuivre, *mines d'or*, *mines de sel*, *mines de houille*, etc., suivant la nature de la substance qu'elles renferment.

2. Les substances qui constituent les mines ne se présentent pas sous la même forme. Tantôt elles sont en *couches*, c'est-à-dire ressemblent à des rubans gigantesques qui s'étendent horizontalement (*fig.* 3) ou bien s'inclinent ou se contournent dans tous les sens (*fig.* 4). Tantôt elles sont en *filons*, c'est-à-dire offrent l'aspect d'espèces de coins dont la pointe est dirigée vers la surface du sol. Tantôt encore, elles sont en masses iso-

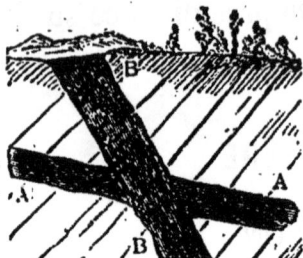

Fig. 5. — Filons.

lées, qu'on nomme *amas*, quand elles ont des dimensions un peu considérables, et *rognons, nodules* ou *noyaux*, quand elles ont un petit volume et sont sensiblement arrondies. Dans tous les cas, il arrive quelquefois que les couches et les filons se montrent à la surface par une de leurs extré-

mités (*fig.* 5), tandis que les amas et les rognons sont toujours cachés dans le sol.

QUATRIÈME LEÇON

Où se trouvent les **mines** et comment on les découvre.

1. C'est le plus souvent dans les pays montagneux, incultes, que l'on rencontre les mines. Aussi, leur exploitation, quand des obstacles trop considérables n'empêchent pas de l'entreprendre, procure-t-elle aux habitants le bien-être que la nature semblait leur avoir refusé. Remarquons, en passant, qu'en général, chez les anciens, le travail des mines était regardé comme déshonorant et réservé presque exclusivement aux esclaves et aux criminels. Mieux avisés, les modernes l'ont élevé au rang que lui méritent son utilité et le dévouement qu'il exige, en sorte que la profession de mineur est aujourd'hui considérée comme une des plus nobles, c'est-à-dire des plus belles que les hommes de cœur puissent embrasser.

2. Comment découvre-t-on les mines ? Dans les pays qui ont déjà été exploités, les indices fournis par les traditions orales et les tas de déblais facilitent beaucoup

les recherches. Les choses sont autrement difficiles dans ceux où il n'y a encore eu aucun travail de ce genre. La science donne bien quelques renseignements utiles, mais ils sont généralement très vagues. L'examen des fragments de roches qu'on rencontre dans le lit des torrents ou sur le flanc des montagnes indique beaucoup mieux l'existence des *affleurements*, c'est-à-dire des endroits où les couches et les filons se montrent à la surface. En outre, le volume de ces fragments, comparé à leur dureté et à la pente du terrain, permet d'apprécier assez exactement la distance qui sépare le point où ils se trouvent de celui dont ils se sont détachés, et leur position relative montre en quelque sorte le chemin qu'il faut suivre pour rencontrer ce dernier.

3. Ce n'est pas tout. Une précaution qu'on ne doit jamais négliger, c'est d'interroger les bergers. Habitués par état à parcourir les montagnes, ces hommes en connaissent à fond les moindres particularités, et il est rare qu'ils ne puissent donner de précieuses indications. On leur doit la découverte des mines les plus importantes.

CINQUIÈME LEÇON

Richesse des mines; comment on peut la connaître.

1. Une mine étant découverte, il s'agit de savoir si elle est assez *riche* pour être travaillée, c'est-à-dire si la matière utile qu'elle renferme est en quantité suffisante pour que le prix, provenant de sa vente, dépasse, dans une certaine mesure, la somme des dépenses qu'exige son extraction. C'est que la richesse des mines varie à l'infini. Quelquefois même, elle est si petite, que la mine, en apparence la plus productive, serait-elle une mine d'or, ne pourrait qu'amener la ruine de celui qui aurait l'imprudence d'en entreprendre l'exploitation. Dans tous les cas, une mine, aussi riche qu'elle soit, ne saurait durer indéfiniment, car les substances qu'on en retire ne se reforment pas. Elle ne peut donc exister qu'une seule fois et, quand elle est épuisée, rien ne serait capable de la reconstituer.

2. Comment peut-on savoir si une mine est véritablement exploitable? Il n'est possible d'acquérir cette
connaissance qu'en étudiant avec soin
le terrain sur une assez grande étendue
et jusqu'à une profondeur assez considérable. Pour faire cette étude, tantôt
il suffit d'enfoncer dans le sol, de
distance en distance, une espèce de
longue tarière (*fig.* 6), qu'on appelle
sonde, et qui, chaque fois, rapporte
les fragments des roches qu'elle a
traversées. Tantôt, au contraire, on
est obligé de creuser des puits, de
la partie inférieure desquels on pousse
des galeries dans le sens où se montrent
les matières qu'on recherche.

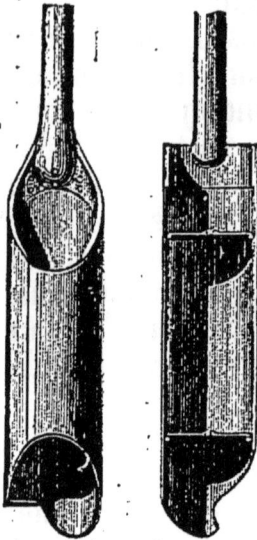

3. De quelque façon qu'on procède,
on parvient ainsi à se former une idée
à peu près exacte de la position,
de l'épaisseur, de la longueur et de la direction des
couches, des filons, ou des amas. Quant à la quantité de
matière utile qu'on pourra extraire, on la connaît
approximativement par l'analyse des échantillons qu'on
s'est procurés, soit au moyen de la sonde, soit en per-
çant les puits et les galeries, mais le rendement d'une
mine n'est jamais régulier.

Fig. 6. — Sondes.

SIXIÈME LEÇON

En quoi consiste l'**exploitation** des mines.

1. La richesse d'une mine étant jugée suffisante, sa
manière d'être bien connue, on s'occupe de l'exploitation proprement dite. Les travaux qu'on exécute pour
cela consistent dans le percement de puits et de galeries
(on utilise même, en les perfectionnant, ceux qui ont
déjà servi pour les recherches), et l'on apporte les soins
les plus minutieux à leur établissement, afin qu'ils
soient en état de durer le plus longtemps possible, et
qu'aucun éboulement ne puisse s'y produire, résultat
qu'on obtient soit en les *boisant*, soit en les *muraillant*,

c'est-à-dire en soutenant leurs parois au moyen de fortes pièces de bois (*fig*. 7) ou d'une solide maçonnerie (*fig*. 8).

2. La disposition qu'on donne à ces ouvrages dépend d'une foule de circonstances. Néanmoins, on les conduit toujours de manière à dégager, sur plusieurs côtés, la masse à exploiter, et à faciliter la circulation de l'air, l'écoulement des eaux et le transport des produits.

Fig. 7.
Galerie boisée.

Fig. 8.
Galerie muraillée

3. En général, on creuse plusieurs galeries horizontales, à différents niveaux, et on les recoupe, par un ou plusieurs puits verticaux (*fig*. 9). On obtient ainsi un certain nombre de massifs qu'on attaque ensuite séparément, avec la poudre ou des outils de différentes formes, en ne laissant entre eux que la matière exploitable rigoureusement nécessaire pour soutenir les parties supérieures ; quelquefois, cependant, on abat le

Fig. 9. — Coupe d'une exploitation.

tout, mais alors, à mesure qu'on avance, on étaie en arrière avec des pièces de bois.

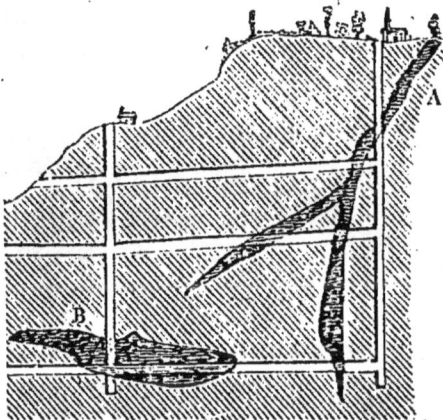

SEPTIÈME LEÇON

En quoi consiste l'**exploitation** des mines. (*Suite.*)

1. C'est à la lueur de lampes qu'on abat la roche. Quand la matière est détachée, il faut la transporter au

bas d'un des puits, d'où elle sera ensuite élevée au jour. Ce transport se fait de différentes manières. Dans les exploitations mal organisées, et il y en a encore beaucoup trop, ce sont des hommes, des femmes, quelquefois même des enfants, qui sont chargés de ce pénible travail : ils portent les produits dans un sac ou dans une hotte, qu'ils maintiennent d'une main sur leurs épaules. Ailleurs, on fait usage de brouettes. Enfin, dans les mines d'une grande importance, on se sert de petites voitures que des hommes font glisser ou rouler sur le sol, ou bien de wagonnets que des chevaux traînent sur des chemins de fer.

2. Arrivées au but de leur course, les matières sont jetées dans des tonneaux qu'on nomme *bennes* ou *cuffats*. Chacun de ces tonneaux est suspendu à une chaîne ou à un câble qui, passant sur une grande poulie fixée à une forte charpente, au-dessus de l'ouverture du puits, va s'enrouler sur un tambour cylindrique auquel un mouvement de rotation est communiqué par une machine à vapeur, un manège ou une roue hydraulique, et les choses sont disposées de telle sorte qu'une benne vide descend quand une benne pleine monte (*fig.* 10).

Fig. 10. — Exploitation d'une mine.

HUITIÈME LEÇON

En quoi consiste l'exploitation des mines. (*Suite.*)

1. Dans les mines de houille, afin d'éviter le transbordement du charbon, qui accroît beaucoup la propor-

tion des menus fragments, on est presque partout dans l'usage, depuis plusieurs années, d'accrocher au câble les bennes, les wagonnets et les autres appareils qui ont servi au transport souterrain. Seulement, tantôt on les y attache directement; tantôt, au contraire, on les place dans une espèce de cage en charpente (*fig.* 11) qui peut en recevoir plusieurs, et qui glisse sur deux fortes pièces de bois disposées, une de chaque côté, sur toute la hauteur du puits.

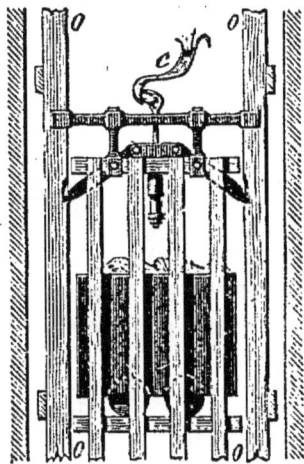

2. Les mines ont généralement plusieurs centaines de mètres de profondeur. Pour y descendre ou

Fig. 11. — Cage guidée.

en remonter, on a recours à trois moyens fort différents. Le plus souvent, on se place dans les bennes ou dans les cages qui servent à monter les matières. D'autres fois, on emploie des échelles placées les unes au-dessus des autres et séparées par des paliers de repos. D'autres fois encore, on fait usage d'une *warocquère*(*fig.*12).

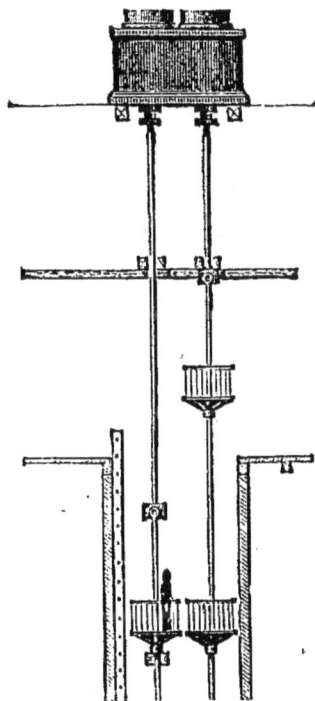

3. On appelle warocquère une sorte d'escalier mobile formé de deux longues pièces de bois qui, munies de petits paliers, s'élèvent en face l'une de l'autre depuis le bas du puits jusqu'à son ouverture. Ces pièces de bois sont suspendues aux extrémités d'un balancier mû par une machine à vapeur, en sorte que lorsque celle-ci fonctionne, elles s'élèvent et descendent alternativement. Les petits paliers viennent ainsi vous chercher l'un

Fig. 12. — Échelle à monter.

après l'autre, et, à chaque mouvement, vous enfoncent

dans le sein de la terre avec une vitesse d'environ trente à quarante mètres par minute, sans que vous ayez autre chose à faire qu'à passer, au moment convenable, du palier ascendant sur le palier descendant.

NEUVIÈME LEÇON

Ce qu'on entend par grisou et lampes de sûreté.

1. On conçoit que l'exploitation de mines fait une nécessité de l'éclairage ; mais de cette circonstance naît un grave danger dans beaucoup d'entre elles, particulièrement dans celles de houille. Dans ces dernières, en effet, il se dégage souvent un gaz particulier qu'on appelle communément *grisou*, et qui, en s'unissant à l'air atmosphérique, en certaines proportions, forme des mélanges détonants capables de prendre feu au contact de la moindre flamme. Quand une pareille inflammation a lieu, il se produit une explosion d'une extrême violence, qui tue les hommes, renverse et incendie les boisages, bouleverse les travaux (*fig.* 13).

Fig. 13. — Explosion de grisou.

2. Pour prévenir des accidents si redoutables, on a imaginé des lampes spéciales, dites **lampes de sûreté**, qui sont renfermées dans une enveloppe faite d'une toile métallique très fine. Cette enveloppe possède la propriété de ne pas laisser passer la flamme à travers ses mailles, de telle sorte que si l'on porte la lampe dans une atmosphère détonante, le gaz, entrant dans l'intérieur de l'appareil, pourra bien s'allumer, mais

l'inflammation ne se communiquera pas au dehors et, par suite, il n'y aura point d'explosion.

3. Les lampes de sûreté sont d'origine anglaise. Les deux premières qui aient pu servir d'une manière courante, ont été inventées en 1815, à quelques jours d'intervalle, l'une à Killingworth, par un simple ouvrier mineur, appelé George Stephenson, l'autre à Londres, par le célèbre chimiste Humphry Davy. Mais celle de ce dernier est la seule qui soit devenue d'un usage général. Tou-

Fig. 14. — Stephenson.

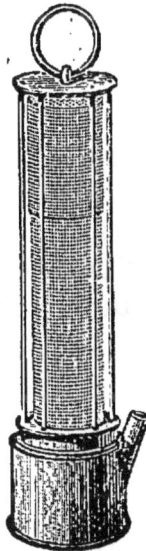

tefois, malgré les perfectionnements sans nombre dont on les a enrichies, surtout depuis une vingtaine d'années, elles sont loin d'être absolument sûres, comme le prouvent les coups de grisou qui viennent, de temps en temps, faire tant de victimes. Le problème n'est donc pas entièrement résolu. La figure 15 représente la lampe primitive de Davy et la figure 16 la même perfectionnée par l'ingénieur français Combes.

Fig. 15.
Lampe Davy.

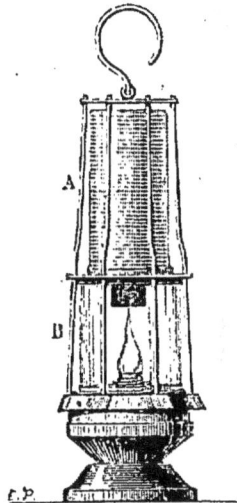

Fig. 16.
Lampe Combes.

DIXIÈME LEÇON

Ventilation, éboulements, inondations des mines.

1. Ce n'est pas tout que de pourvoir à l'éclairage des mines ; il faut encore y entretenir une bonne ventilation, car, indépendamment de la viciation de l'air par la respiration des hommes, la combustion des lampes et les

explosions de la poudre, l'extraction des richesses souterraines donne lieu à des dégagements de gaz nuisibles qui, en s'accumulant dans les galeries, ne tarderaient pas à en rendre le séjour impossible. Plusieurs moyens peuvent être employés pour atteindre ce but. Quel que soit celui qu'on adopte, il doit toujours être capable d'entraîner au dehors l'air devenu irrespirable, à mesure qu'il se présente, et de le remplacer, en même temps, par de l'air frais. C'est en cela que consiste la *ventilation*.

2. Mais le grisou et la viciation de l'air ne sont pas les seuls dangers qui menacent la vie du mineur. Il y en a d'autres qui ne sont pas moins redoutables. Tantôt, c'est un éboulement subit que la prudence la plus minutieuse n'a pas permis d'éviter; tantôt, c'est une nappe d'eau à laquelle un coup de pic ouvre un passage et qui inonde les travaux; tantôt encore, c'est une mine qui éclate au moment où l'on s'y attendait le moins. On peut dire que le mineur joue sa vie comme le soldat au feu. Lorsqu'il descend le matin à son poste, il ne sait pas s'il remontera. Pendant son dur travail, il affronte la mort sous toutes les formes, comme une conséquence de sa profession, sans avoir la conscience de ce que vaut ce perpétuel sacrifice. Un exemple, pris entre mille, donnera une idée du courage et de la trempe incomparables qui caractérisent la population des mines.

ONZIÈME LEÇON

Histoire d'Hubert Goffin

1. Le 28 février 1812 (la Belgique faisait alors partie de la France), dans une des houillères de Liège, une inondation subite surprit cent vingt-cinq mineurs. Quelques-uns purent s'échapper à temps par le puits; dix-neuf, dans leur précipitation à s'enfuir, se noyèrent; tous les autres demeurèrent prisonniers dans le haut de la galerie, qui, étant plus élevé que le reste, se trouvait à sec. Le maître-ouvrier, Hubert Goffin, aurait pu se sauver; il ne le voulut point, et retint même son fils, un enfant de

douze ans, auprès de lui. Comme le capitaine qui ne doit pas abandonner son navire au moment du péril, il entendit rester dans la mine. « Je sauverai tous mes hommes, dit-il, ou je mourrai avec eux. » Inébranlable à son poste, il encourageait, soutenait chacun, s'étudiait à relever le moral de ceux qui allaient succomber.

2. Des scènes que la plume a peine à décrire eurent lieu. Deux ouvriers s'étaient pris de querelle, et comme Goffin essayait de les séparer : « Laissez-les se battre, dit quelqu'un, nous mangerons celui qui sera vaincu. » Une autre fois, le désespoir s'empara de tous ces hommes. Le travail que leur avait fait commencer Goffin pour trouver, s'il était possible, une issue au dehors, ayant amené des dégagements de grisou : « Ne fermez pas la communication, crièrent-ils à leur chef, portons-y les lampes et faisons-nous sauter. » Quelques mineurs épuisés semblaient près de mourir ; leurs camarades, comme ils l'avouèrent plus tard, guettaient l'instant pour se repaître de leurs cadavres.

3. Toutes les lampes s'étant éteintes faute d'air, les plus faibles, les plus peureux deviennent fous, se plaignent de ce qu'on veut les faire mourir en les laissant sans nourriture, sans lumière. Ils demandent impérieusement à manger et s'emportent contre Goffin. On se dispute les chandelles, qu'on dévore. Quelques-uns, à tâtons, vont étancher leur soif. « Il nous a semblé, dirent-ils, que nous buvions le sang de nos camarades noyés. »

4. Cependant, on venait du dehors au secours des mineurs. L'ingénieur, le préfet, dirigeaient avec ardeur les travaux de sauvetage. Après cinq jours d'efforts, on put rejoindre les prisonniers. Tous furent miraculeusement sauvés, soixante-quatorze, y compris quinze enfants. Goffin, poussant l'inflexibilité jusqu'au bout, sortit le dernier. « Si j'avais abandonné mes hommes, je n'aurais plus osé revoir le jour, » répondit-il à ceux qui lui demandaient pourquoi il ne s'était pas sauvé tout d'abord pour aller rejoindre sa femme et ses six enfants. En récompense de son admirable conduite, il obtint la croix de la Légion d'honneur et une pen-

sion. Des récompenses pécuniaires furent accordées à son fils et aux trois mineurs qui l'avaient le mieux secondé.

DOUZIÈME LEÇON

Sel de cuisine.

1. Au premier rang des corps que nous trouvons dans le sein ou à la surface du globe, se place incontestablement le **sel de cuisine** ou **sel commun**, qu'on appelle aussi tout simplement le *sel*, comme qui dirait la matière saline par excellence. Quand rien n'altère sa pureté, il est incolore et parfaitement limpide. Dans le cas contraire, il a une teinte rouge, grise, jaune, bleue ou verte. Le sel se rencontre dans deux états : 1° à l'état solide dans le sein de la terre; 2° en dissolution dans les eaux de certains lacs, de certaines sources et surtout de la mer.

2. Le sel est le premier des condiments et le plus utile. On ne pourrait le supprimer sans nuire à la santé. Pris en quantité raisonnable, il excite doucement l'appétit et favorise la digestion. Aussi a-t-il été employé de tout temps pour la nourriture des hommes et des animaux ; les uns et les autres en sentent même tellement le besoin que, dans les pays où il manque, les premiers l'achètent au poids de l'or, et que les seconds, pour en trouver, parcourent souvent des distances énormes. De tout temps aussi, il a été utilisé pour la conservation de la viande et du poisson. A ces applications, déjà si importantes, les modernes en ont ajouté une foule d'autres non moins utiles. Ainsi on a recours au sel pour fabriquer la soude artificielle, préparer le chlore, vernir des poteries, etc. De plus, en soumettant à des opérations convenables les eaux de la mer, après qu'elles ont déposé le sel, on en extrait plusieurs substances dont les arts et la médecine tirent journellement parti.

avant la création de l'homme, et dont les débris, accumulés sous les eaux, et comprimés par les roches qui se sont déposées sur eux, ont éprouvé une décomposition particulière à la suite de laquelle elles ont acquis, avec le temps, l'aspect et les propriétés que nous leur voyons aujourd'hui.

2. Les charbons minéraux ne se sont pas formés à la même époque. Ainsi, le lignite est moins ancien que la houille, et celle-ci s'est formée longtemps après l'anthracite. Partout où ces combustibles existent en abondance, leur extraction constitue une industrie de premier ordre, que l'on regarde comme la branche la plus importante de l'industrie minérale, et qui devient une source de profits aussi bien pour ceux qui l'entreprennent que pour la population ordinaire du pays.

DIX-SEPTIÈME LEÇON

Charbons minéraux : *Suite des généralités.*

1. A quelle époque a-t-on commencé à faire usage des combustibles minéraux? Les combustibles minéraux ont dû être employés de tout temps, pour la consommation locale, dans les pays où ils se montrent à la surface du sol ; mais, pendant des milliers d'années, cet usage fut très borné, presque exceptionnel, parce que les forêts étaient anciennement si abondantes qu'elles suffisaient amplement à tous les besoins. Les choses ne changèrent même sérieusement que dans les premières années du dix-septième siècle, et ce fut en Angleterre que cet événement se produisit.

2. Vers 1620, en effet, l'industrie du fer s'était tellement développée chez les Anglais, que les maîtres de forges éprouvaient les plus grandes difficultés à se procurer le bois dont ils avaient besoin, tant les défrichements avaient diminué le nombre et l'importance des forêts. Ils furent donc obligés de recourir à un nouveau combustible, et ils le trouvèrent dans les houillères dont la Providence a en quelque sorte pétri leur patrie. Dès ce moment, les célèbres mines de Newcastle et du pays de Galles commencèrent à être exploitées sur une

grande échelle, et l'invention de la machine à vapeur, qui eut lieu au siècle suivant, acheva ce qu'avait commencé le travail du fer, en faisant entrer l'extraction de la houille dans cette admirable voie de progrès incessants où la réalisation pratique des chemins de fer et de l'éclairage au gaz l'a conduite de nos jours.

DIX-HUITIÈME LEÇON

Charbons minéraux : La *houille.*

1. On donne le nom de *houille* à un charbon minéral qui est opaque, noir et brillant. Elle brûle aisément, mais tantôt en se boursouflant beaucoup et donnant une longue flamme, tantôt en ne se gonflant presque pas et donnant peu de flamme : on dit qu'elle est *grasse* dans le premier cas, et *maigre* dans le second.

2. La houille est le plus important des combustibles minéraux, parce que, d'une part, elle chauffe mieux, et que, d'autre part, les variétés nombreuses qu'elle renferme se prêtent à beaucoup plus d'usages que les autres.

3. Source principale de la chaleur, de la lumière et de la force motrice, elle chauffe nos maisons et nos fabriques, fournit le gaz qui nous éclaire, sert à mettre en action nos machines, permet à nos navires de traverser les mers malgré les vents contraires et les tempêtes, et fait franchir aux locomotives de nos chemins de fer les plus grandes distances avec une rapidité que les anciens n'auraient pu soupçonner.

DIX-NEUVIÈME LEÇON

Combustibles minéraux : La *houille.* (*Suite.*)

1. La houille est devenue aujourd'hui tellement indispensable que, si elle venait à manquer, la plupart des grandes industries s'en trouveraient mortellement frappées. Voilà pourquoi les Anglais tiennent en si haute estime leurs riches mines de houille, qu'ils appellent les *Indes noires,* parce qu'ils en retirent autant de richesses

et de puissance que de leur immense empire des Indes. On sait que la houille s'emploie pour le chauffage, soit telle qu'elle sort de la mine, soit seulement après l'avoir grillée : dans ce dernier cas, elle porte le nom de *coke*.

2. Les mines de houille s'appellent *houillères* ou *charbonnages*. Il y en a dans la plupart des contrées du monde, mais d'une manière fort inégale. En Europe, c'est dans celle du centre et de l'ouest qu'elles abondent le plus. Sous ce rapport l'Angleterre occupe le premier rang. Elle en possède même d'une telle richesse que sa production annuelle est au moins égale à celle de tous les autres pays ensemble. La Belgique vient ensuite, puis la France. Nos principaux centres d'exploitation sont ceux d'Anzin (Nord), du Creuzot (Saône-et-Loire), de Saint-Étienne (Loire), d'Alais (Gard) et de Decazeville (Aveyron).

VINGTIÈME LEÇON

Charbons minéraux : *L'anthracite.*

1. L'anthracite est un combustible fossile composé de carbone presque pur. Il brûle moins facilement que la houille et décrépite au feu. On ne l'a d'abord employé que pour cuire les briques et la chaux ; mais, dans ces derniers temps, on a trouvé le moyen de l'appliquer aux mêmes usages que la houille, en sorte qu'aujourd'hui on en obtient les mêmes services que de cette dernière.

2. Une des propriétés de l'anthracite, c'est qu'il ne donne pas de gaz inflammable, et que son coke est trop pulvérulent pour qu'il soit possible de l'utiliser. On exploite des mines d'anthracite à peu près partout. Les plus riches se trouvent aux États-Unis : elles sont tellement importantes que leur production dépasse celle des houillères anglaises. En France, on exploite l'anthracite dans plusieurs départements, notamment dans ceux de la Mayenne, de la Sarthe, de Maine-et-Loire, de l'Isère et de la Savoie.

VINGT-UNIÈME LEÇON

Charbons minéraux : *Lignite* et *Tourbe.*

1. On appelle **lignite** une espèce de charbon minéral qui présente presque toujours la forme extérieure des arbres dont il provient : de là son nom du mot latin *lignum*, bois. Il s'allume et brûle facilement, mais sans fournir ni gaz d'éclairage ni coke. C'est un excellent combustible pour le chauffage domestique. On s'en sert aussi pour la cuisson des briques et de la chaux. Une variété, qui est d'un beau noir luisant, sans apparence ligneuse, et assez dure pour être travaillée et polie, est utilisée, sous le nom de **jais** ou **jayet**, pour faire des bijoux de deuil. On exploite le lignite dans beaucoup de localités. En France, c'est surtout dans les départements des Bouches-du-Rhône, de l'Isère, du Gard et de la Haute-Saône.

2. La **tourbe** est une matière noire ou brune, légère et spongieuse, qui se rencontre dans les anciens marais et qui se forme chaque jour par l'enfouissement des plantes herbacées sous les eaux stagnantes. Quand elle est sèche, elle brûle assez facilement, mais en répandant une fumée pénétrante et une odeur désagréable. En outre, elle ne produit pas de coke. Plusieurs pays n'ont pas d'autre combustible. On appelle *tourbières* les lieux où elle se trouve. La France en possède de très importantes aux environs d'Abbeville, dans le département de la Somme.

VINGT-DEUXIÈME LEÇON

Charbons végétaux

1. Quand on brûle le bois à l'abri du contact de l'air, on obtient un produit qu'on appelle **charbon de bois**, et qui est formé de carbone très impur. C'est le plus important des charbons de nature végétale. On peut le préparer avec la partie ligneuse de toute espèce d'arbres ; mais, en général, on donne la préférence à celle du chêne, du hêtre et du châtaignier. Sa fabrication en

grand se fait au milieu des forêts, mais suivant des procédés qui ne sont pas partout les mêmes. Nous décrirons seulement le plus usité.

2. Sur un terrain uni, ferme et sec, on forme un tas de bûchettes ayant la forme d'un cône tronqué, contenant ordinairement de 140 à 150 stères de bois, et au centre duquel on ménage une espèce de chemi-

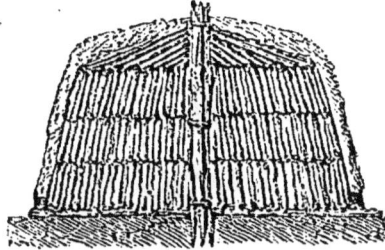

Fig. 20. — Meule de charbon.

née. Quand ce tas (*fig.* 20), qu'on nomme *meule*, est achevé, on le recouvre d'une première couche faite de feuilles sèches et de gazon, puis d'une seconde couche de terre battue, en ayant soin de laisser à la partie inférieure quelques trous, appelés *évents*, afin de permettre l'accès de l'air au commencement du travail.

3. Ces préparatifs terminés, on allume le feu en jetant dans la cheminée des brindilles enflammées, puis, quand la masse est bien embrasée, on bouche toutes les ouvertures avec des mottes de gazon. La combustion se continue alors lentement, et le bois se carbonise peu à peu sans se convertir en cendre. L'opération dure plus ou moins longtemps, suivant la grosseur des meules. Lorsqu'elle est achevée, on laisse refroidir le tas; après quoi on le découvre pour retirer le charbon.

4. Ce système de fabrication est appelé *procédé des forêts* ou *carbonisation en meules*. Il a été décrit, pour la première fois, par le philosophe grec Théophraste, 280 ans av. J.-C. On lui reproche de ne donner que 17 à 18 pour 100 de charbon vendable, tandis que, théoriquement, il devrait en fournir au moins le double. La cause de ce fait est due à l'action de l'air, qui, malgré les précautions les plus minutieuses, est encore suffisamment énergique pour brûler en pure perte, une partie de la matière du charbon. Malgré ce défaut, le procédé des forêts est d'un usage général, parce qu'il peut être appliqué partout et, en quelque sorte, sans frais, au lieu que les méthodes par lesquelles on a pro-

posé de le remplacer exigent toutes des constructions coûteuses ou des appareils difficiles à conduire.

VINGT-TROISIÈME LEÇON

Charbons végétaux. (*Suite.*)

1. Le charbon de bois ne sert pas seulement au chauffage ; il rend encore, sous d'autres rapports, de précieux services. Comme il est presque inaltérable dans la terre humide, on ne manque pas de charbonner la surface des pièces de bois qui doivent séjourner dans la terre ou dans l'eau.

2. Une autre propriété non moins remarquable que possède le charbon de bois, c'est d'enlever aux liquides et aux substances animales les odeurs infectes qu'elles peuvent répandre. Ainsi, qu'on entoure de charbon en poudre le poisson, le gibier ou des morceaux de viande qui commencent à se gâter ; qu'on filtre sur cette même poudre de l'eau croupie de mare ou de fossé, et bientôt le poisson, le gibier, la viande, l'eau, ne sentiront plus mauvais et pourront dès lors être employés comme aliments.

3. Le charbon de bois ne se borne pas à désinfecter, il empêche aussi la putréfaction. Si, en effet, on place de la viande, du gibier ou du poisson dans de la poudre de charbon, ils se conserveront pendant assez longtemps sans éprouver aucune altération, et il sera possible de les transporter au loin avec la certitude qu'ils arriveront à leur destination aussi frais que le jour de leur départ.

VINGT-QUATRIÈME LEÇON

Charbons végétaux. (*Suite.*)

1. C'est parce que le charbon de bois est à la fois un désinfectant et un antiseptique que les médecins l'emploient pour retarder la carie des dents, combattre la fétidité de l'haleine et des plaies gangréneuses, et qu'on y a journellement recours pour assainir le travail le plus insalubre et le plus dégoûtant du monde, c'est-à-dire le curage des fosses d'aisances.

2. Le charbon de bois a d'autres applications non moins utiles. Comme il enlève avec une rapidité presque merveilleuse les principes colorants de la plus grande partie des liquides végétaux et animaux, on s'en sert à chaque instant pour décolorer les sucs des plantes, les vins rouges, les vinaigres, les sirops, et les rendre aussi limpides que l'eau de roche.

3. On admet généralement que la découverte des propriétés désinfectantes et décolorantes du charbon de bois a été faite, en 1790, par le chimiste russe Tobie Lowitz. Quant aux propriétés conservatrices de ce produit, elles ne paraissent pas avoir été ignorées des anciens; il est du moins certain que les Égyptiens se servaient du charbon en poudre pour l'embaumement des cadavres.

4. Une variété de charbon végétal porte le nom de **noir de fumée**. On l'obtient en brûlant, avec certaines précautions, dans des appareils diversement disposés, soit du goudron de bois, de la résine, des rognures de liège ou de la lie de vin, soit des grappes de raisin, des sarments de vigne, des noyaux de pêche, ou des branches de sapin, de hêtre, etc. En se refroidissant, la fumée dépose un charbon en poudre impalpable et d'un noir foncé, qu'on emploie dans la fabrication des crayons, de l'encre d'imprimerie, des couleurs de peinture, des cirages et des vernis.

VINGT-CINQUIÈME LEÇON

Charbons de nature animale.

1. Le **charbon** ou **noir animal**, appelé également **charbon** ou **noir d'os**, se prépare en soumettant à l'action du feu les os des animaux. Pour cela, on place les os dans des marmites de fonte, et l'on chauffe ces dernières jusqu'au rouge. Après trente-six heures environ de feu, l'opération est terminée. On retire alors le charbon, on le laisse refroidir, puis, au moyen de moulins, on le réduit en poudre ou en grains, suivant l'usage auquel on veut le destiner. Le *noir en poudre* sert à peu près aux mêmes usages que le noir de fumée.

Quant au *noir en grains*, c'est dans l'industrie sucrière qu'il a son application la plus importante.

2. Depuis la découverte de Lowitz, on employait le charbon végétal pour décolorer et purifier le sucre brut. En 1810, M. Pierre Figuier, pharmacien à Montpellier, ayant reconnu que le noir animal possède les mêmes propriétés à un degré beaucoup plus élevé, M. Charles Derosne, ingénieur-mécanicien à Paris, proposa aussitôt de le substituer au précédent. Ce perfectionnement commença en 1811, et quelques années suffirent pour le faire adopter par tous les raffineurs. Comme le noir en grains absorbe rapidement la chaux, on l'utilise très souvent pour assainir les citernes neuves. On en tire encore parti, sur une grande échelle, pour désinfecter les eaux corrompues et les rendre ainsi propres à nos besoins.

3. Une espèce distincte de charbon animal se prépare en traitant, comme ci-dessus, les menus morceaux d'ivoire mis au rebut par les tabletiers. On l'appelle **noir d'ivoire**, et on l'emploie pour préparer des couleurs noires.

VINGT-SIXIÈME LEÇON

Le coke.

1. Le **coke**, ou **charbon de terre épuré**, est le résidu charbonneux laissé par la houille quand on l'a simplement chauffée pour en chasser les corps gazeux qui donnent la flamme. Comme l'action de la chaleur a fait également disparaître le soufre et la matière bitumineuse que la houille renferme, on conçoit que le coke peut être employé dans beaucoup de circonstances où ces matières seraient nuisibles ou simplement incommodes.

2. Le coke est le combustible qui, à volume égal, produit la température la plus élevée et la plus soutenue. Aussi, s'en sert-on partout pour le chauffage des locomotives, le traitement des minerais de fer et la fusion des métaux. Dans les ménages, on le préfère à la houille parce qu'il brûle sans fumée odorante et que, son

pouvoir rayonnant étant plus considérable, il renvoie plus de chaleur dans les appartements.

3. La fabrication du coke a pris naissance en Angleterre, au commencement du dix-septième siècle. Elle a été introduite en France vers 1772. Suivant le procédé qu'elle emploie, elle donne deux produits bien distincts : le *coke ordinaire* ou *coke de gaz* et le *coke métallurgique*. Le premier est réservé au chauffage domestique et à celui des petits foyers : il est habituellement fourni par les usines où l'on traite la houille pour en extraire le gaz d'éclairage. Le second est destiné aux usages industriels : on l'obtient en calcinant la houille dans des fours spéciaux ou bien dans des meules ou tas élevés en plein air.

VINGT-SEPTIÈME LEÇON

Charbons moulés.

1. Les **charbons moulés** sont des charbons artificiels qui ont la forme de petits cylindres longs d'environ $0^m,60$. On les prépare avec des débris végétaux carbonisés, réduits en poudre, puis convertis en pâte au moyen d'une substance bitumineuse, qui est ordinairement du goudron de houille, et, enfin, comprimés dans des moules (de là leur nom).

2. En France, la fabrication de charbons moulés a été créée, en 1846, par M. Popelin-Ducarre, dont l'usine, située à Paris, a servi de modèle à tous les établissements semblables qui se sont élevés depuis dans notre pays. C'est cet industriel qui a imaginé le nom de *charbon de Paris* par lequel on les désigne généralement.

3. Ces charbons sont très recherchés dans les ateliers et les ménages, parce qu'ils ne dégagent ni fumée ni odeur, et qu'ils brûlent d'une manière soutenue et régulière sans qu'il soit nécessaire d'activer la combustion avec un soufflet. Toutefois, comme ils se recouvrent de plus de cendres que le charbon ordinaire, ils donnent beaucoup moins de chaleur.

VINGT-HUITIÈME LEÇON

Agglomérés.

1. On appelle *charbons agglomérés,* par abréviation **agglomérés** des briquettes rectangulaires obtenues par le moulage de pâtes formées avec les menus débris de l'exploitation des houillères. Ces menus avaient été jusqu'alors sans emploi, lorsque, dans le courant de 1842, M. Émile Marsais, directeur des mines de Saint-Étienne, imagina de les utiliser en les pétrissant avec le résidu goudronneux des usines à gaz, et convertissant ensuite le mélange en pains de différentes formes et dimensions.

2. La fabrication des agglomérés est répandue aujourd'hui partout et se pratique sur une échelle beaucoup plus grande que celle des charbons moulés. On emploie ces produits dans une foule d'industries, notamment dans la marine à vapeur et sur les chemins de fer, où la facilité de leur emmagasinage les fait préférer aux combustibles ordinaires.

INDUSTRIE DU GAZ D'ÉCLAIRAGE

VINGT-NEUVIÈME LEÇON

Gaz d'éclairage (*généralités*).

1. Pour matières d'éclairage, on n'a eu, pendant des centaines de siècles, que les graisses, les huiles et la cire. Avec la graisse des animaux herbivores, on faisait les *chandelles,* avec les huiles, on entretenait les *lampes;* avec la cire, on fabriquait les *bougies.* Depuis environ soixante ans, à ces matières est venue s'en joindre une autre, de nature aériforme qu'on appelle *gaz d'éclairage* ou simplement **gaz.**

2. Ce gaz est un mélange, en proportions variables, d'hydrogène et de carbone. L'hydrogène seul ne suffirait pas parce que sa flamme ne serait pas assez éclairante:

c'est le carbone qui, en brûlant, communique à celle-ci la propriété lumineuse dont elle est dépourvue.

3. Toutes les substances riches en carbone et en hydrogène, telles que les graisses, les différentes huiles, la tourbe, la résine, etc., pourraient servir à la production du gaz, mais on donne généralement la préférence à la houille, parce qu'elle le fournit à plus bas prix, la vente du coke et d'autres résidus de la fabrication suffisant à couvrir son prix d'achat.

TRENTIÈME LEÇON

Gaz d'éclairage (fabrication)

1. Les établissements où se fabrique le gaz d'éclairage se nomment *usines à gaz*. Cette fabrication comprend deux opérations très distinctes. La première, qu'on appelle **distillation**, consiste à chauffer fortement la houille dans des *cornues* (*fig.* 21) de fonte ou de terre réfractaire hermétiquement closes et placées, plusieurs ensemble, dans un large fourneau (*fig.* 22).

2. Par l'action de la chaleur, la houille se décompose et le gaz se dégage en entraînant une multitude de composés, les uns gazeux, comme lui, les autres liquides ou solides, tandis qu'il laisse dans les cornues une sorte de charbon poreux, qui n'est autre que le coke.

3. Quand il s'échappe des cornues, le gaz est donc loin d'être pur. Or, comme les corps étrangers qu'il renferme lui communiqueraient une mauvaise odeur, le rendraient nuisible à la santé et l'empêcheraient de brûler d'une manière convenable, il est indispensable de l'en débarrasser aussi complètement que possible.

Fig. 21. — Partie antérieure d'une cornue à gaz.

4. Cette seconde opération se nomme **épuration**. Elle

consiste à faire circuler le gaz impur dans divers appa-
reils disposés à la file, où il abandonne peu à peu ses impuretés. A la sortie du dernier de ces appareils, il se rend dans un *gazomètre*, vaste cloche en tôle, d'où il est en suite dirigé dans les conduites, qui, établies sous le pavé des rues, le transportent aux becs-brûleurs (*fig.* 23). La figure 24 peut donner une idée de l'ensemble d'une usine à gaz.

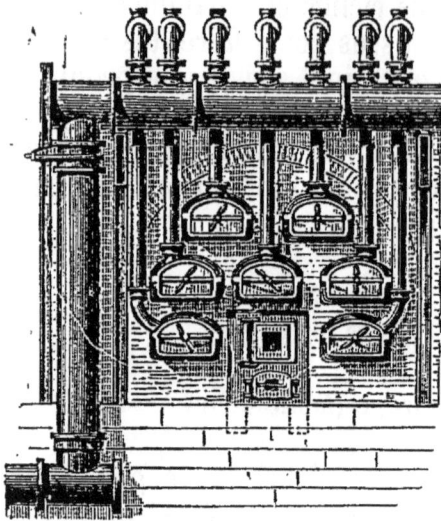

Fig. 22. — Four à sept cornues.

TRENTE-UNIÈME LEÇON

Gaz d'éclairage (résidus).

1. Comme nous venons de le voir, outre le gaz, le traitement de la houille donne ce qu'on appelle des *résidus*, lesquels sont de véritables sous-produits. On en compte trois : le *coke*, les *eaux ammoniacales* et le *goudron*.

2. Nous connaissons le *coke* et nous savons qu'il sert au chauffage ; il représente environ les trois quarts du poids de la houille distillée.

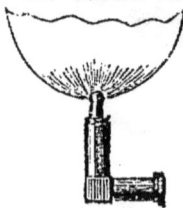

Fig. 23.
Bec papillon.

3. Les **eaux ammoniacales** sont utilisées pour la préparation de l'alcali volatil et de plusieurs autres composés qui ont de nombreuses applications dans les arts.

4. Quant au **goudron**, il a été, pendant fort longtemps, un grand embarras pour les usines, qui ne savaient comment s'en défaire ; mais, on a fini par lui

trouver une multitude d'usages. On l'emploie aujourd'hui pour chauffer les cornues, imperméabiliser le papier d'emballage, faire des enduits hydrofuges, désinfecter certaines plaies, etc. Enfin, on en extrait une foule de corps avec lesquels on prépare des essences à déta-

Fig. 24. — Vue d'une usine à gaz.

cher, des vernis, des parfums, des médicaments et de belles couleurs, qu'on appelle *couleurs de la houille* ou *couleurs* d'*aniline*.

TRENTE-DEUXIÈME LEÇON

Gaz d'éclairage. (*Histoire.*)

1. Résumons maintenant l'histoire de l'éclairage au gaz. On a su, dès l'année 1618, qu'il est possible de retirer de la houille un gaz combustible qui donne en brûlant une lumière très éclatante. Toutefois, l'idée d'appliquer ce gaz à l'éclairage n'est venue que longtemps après. En 1799, à la suite de recherches, commencées treize ans auparavant et poursuivies avec une persévérance inébranlable, un de nos compatriotes, Philippe Lebon, ingénieur des ponts-et-chaussées, alors en résidence à Paris, construisit un petit appareil au moyen duquel il éclaira l'hôtel qu'il habitait ; mais cette expérience ne put pas attirer l'attention publique, à cause de l'odeur détestable du nouveau combustible, qu'on ne savait pas encore purifier.

2. A la même époque, un ingénieur anglais, nommé Murdoch, s'occupait de travaux analogues à ceux de

Lebon. En 1798, après divers essais, dont le premier datait de 1792, il fut chargé d'appliquer le nouvel éclairage au bâtiment principal de la fabrique de machines de Boulton et James Watt, à Soho, près de Birmingham. Cette innovation excita un grand étonnement ; néanmoins, elle ne commença à se développer qu'à partir de 1802, époque à laquelle plusieurs manufacturiers de Birmingham, de Manchester, et d'Halifax l'introduisirent dans leurs établissements.

TRENTE-TROISIÈME LEÇON

Gaz d'éclairage. (*Histoire.*)

1. On vient de voir que Murdoch avait réussi à faire accepter le gaz pour les édifices privés ; restait à le faire adopter pour l'éclairage des villes. Cette tâche fut entreprise par un Allemand, du nom de Winzler, qui était venu chercher fortune en Angleterre, où il se faisait appeler Winsor, et avait servi d'aide à Murdoch dans les travaux que celui-ci avait exécutés à Soho et ailleurs. En 1804, ce Winsor prit une patente pour éclairer les rues de Londres, mais il ne put faire triompher ses idées qu'après plus de dix ans d'efforts. Enfin, le gaz fut définitivement établi dans la capitale de l'Angleterre, d'où il se répandit graduellement, d'abord dans les grandes cités de ce pays, puis sur le continent.

2. L'éclairage au gaz fut introduit en France par Winsor lui-même, qui, s'étant rendu à Paris en 1815, y construisit, deux ans après, c'est-à-dire en 1817, pour le passage dit *des Panoramas*, le premier gazomètre proprement dit qu'on ait vu dans cette ville. Toutefois, l'éclairage au gaz rencontra, chez une foule de nos compatriotes, une opposition des plus violentes, qui ne cessa qu'en 1820, lorsqu'une pratique suffisamment prolongée en eut démontré les avantages.

3. Aujourd'hui, on s'éclaire au gaz, non seulement dans l'Europe entière, mais encore dans toutes les parties de l'Afrique, de l'Asie, de l'Amérique et de l'Océanie, où les Européens ont pu faire pénétrer leur industrie. Si cette belle invention a pris un développement si

considérable, elle en est surtout redevable aux améliorations de détail que des centaines d'esprits ingénieux ont apportées et apportent encore, soit aux appareils qui servent à produire ou à brûler le gaz, soit aux moyens qui servent à le débarrasser des substances nuisibles ou simplement incommodes, qu'il renferme en si grande abondance.

INDUSTRIE DES HUILES MINÉRALES

TRENTE-QUATRIÈME LEÇON

Ce qu'on entend par huiles minérales et pétrole

1. De nos jours, de nouveaux liquides d'éclairage sont venus disputer la place à ceux qu'on avait jusqu'alors employés. Ce sont des matières semblables à des huiles ordinaires et qu'on désigne sous le nom d'*huiles minérales*, parce qu'elles proviennent du sein de la terre. Les unes, appelées *pétroles*, se rencontrent toutes faites dans la nature, tandis que les autres s'obtiennent par la distillation du goudron de houille, de la houille elle-même, des lignites, de la tourbe, ou de certaines roches schisteuses. Il y a donc, outre les *pétroles*, proprement dits, des *huiles de goudron*, des *huiles de houille*, des *huiles de lignite*, des *huiles de tourbe* et des *huiles de schiste*. De tous ces produits, les **pétroles** sont les plus importants, les seuls, par conséquent, dont nous nous occuperons.

2. Dans certains pays, tels que la Perse, la Birmanie, l'île de Zante, les environs de Bakou, le pétrole s'échappe naturellement du sol en formant des sources plus ou moins abondantes. Ce fait explique pourquoi il a été connu de tout temps ; mais, réduit, pendant des siècles, à la consommation locale, parce que les quantités recueillies étaient très faibles, il n'est devenu un produit commercial important qu'après la découverte des célèbres gisements de l'Amérique du Nord, c'est-à-dire depuis 1856.

TRENTE-CINQUIÈME LEÇON

Pétrole d'Amérique.

1. Au printemps de 1856, dans une vallée solitaire de la Pensylvanie, un fermier du nom de Drake, faisait creuser un puits artésien pour chercher de l'eau salée. Quand la sonde atteignit une profondeur de vingt mètres, il s'élança du trou, non pas de l'eau, mais un jet de pétrole qui ne donnait pas moins de 4,000 litres par jour.

2. La nouvelle de cette miraculeuse trouvaille parcourut, avec la rapidité de l'éclair, les États de l'Union et une *fièvre de l'huile*, auprès de laquelle la *fièvre de l'or* qu'avait produite la découverte des mines de la Californie, n'était qu'une affection bénigne, s'empara de toutes les têtes. En quelques mois, des armées de chercheurs d'huile eurent exploré le pays, et l'on trouva successivement des nappes souterraines, d'une abondance pour ainsi dire inépuisable, dans l'Ohio, le Tennessée, le Maryland, la Virginie, le Kentucky, la Georgie, l'Alabama.

3. Les Anglais du Canada se mirent à leur tour à l'œuvre et y découvrirent des sources tout aussi importantes que celles des États-Unis. On évalue à près de 10,000 le nombre des puits par lesquels l'Amérique du Nord vomit actuellement le pétrole. Une grande partie de la production est consommée dans le pays, le reste est envoyé en Europe.

TRENTE-SIXIÈME LEÇON

Pétrole.

1. L'exploitation du pétrole est des plus simples. S'il sort librement du sol, on le recueille dans des bassins de réception. Si le gisement est souterrain, on fore au trépan un ou plusieurs trous de sonde, on tube chaque trou et l'on y installe une pompe qui, suivant les localités, se manœuvre à bras ou à l'aide d'une machine à vapeur. Ces trous qu'on appelle vulgairement *puits à pétrole*, ont en général de 75 à 150 millimètres de diamètre. Quant à leur profondeur, elle varie depuis 12 à

15 mètres jusqu'à 200 mètres ; mais ordinairement, surtout aux États-Unis, on abandonne le forage si, à cette dernière limite, la sonde n'a pas rencontré l'huile.

2. Le pétrole brut, tel que le donnent les sources et les puits, se présente sous la forme d'une huile de couleur brun foncé, ayant une consistance presque égale à celle de la mélasse. Il renferme des composés très volatils et très inflammables dont il faut le débarrasser le plus complètement possible, et il ne peut être employé sans danger que lorsqu'il a été soumis à cette espèce de purification qu'on appelle *raffinage*. On donne le nom de *pétrole raffiné* à celui qui a été ainsi purifié. Brûlé alors dans des lampes bien construites, il procure un éclairage qui est le plus beau et le plus économique de tous, et qui, en outre, est absolument inoffensif.

INDUSTRIE MÉTALLURGIQUE

TRENTE-SEPTIÈME LEÇON

Ce qu'on entend par **métaux** (*Généralités*).

1. Qu'entend-on par **métaux** ? On appelle ainsi des substances minérales opaques, ordinairement très pesantes, douées d'un brillant très vif, caractéristique, ou pouvant l'acquérir par le frottement et conservant ce brillant même dans leurs parties les plus ténues. Elles sont blanches ou grises, quelquefois jaunes ou rougeâtres. Enfin, à l'exception d'une seule, elles sont toutes solides à la température ordinaire.

2. Le nombre des métaux dépasse une cinquantaine, mais douze au plus reçoivent des applications importantes. Sauf sept ou huit, ils ont tous été découverts par les peuples modernes ; il a même été un temps où les hommes n'en connaissaient aucun. Enfin, comme les autres minéraux, ils sont répartis, d'une manière fort inégale, à la surface ou dans le sein de la terre.

TRENTE-HUITIÈME LEÇON

Ce qu'on entend par **métaux** (*propriétés*).

1. Les métaux sont des *corps simples,* c'est-à-dire qu'ils ne renferment qu'une seule et même substance. Éminemment *durs,* ils résistent fortement à l'action qui tend à les diviser, et s'usent avec lenteur par le frottement; *tenaces,* ils supportent longtemps l'effort de la traction avant de se rompre; *malléables,* ils s'étendent et se réduisent en feuilles minces, sans que leurs parties se disjoignent; *ductiles,* ils s'allongent en fils d'une grande finesse.

2. A ces propriétés, les métaux en joignent encore d'autres. *Fusibles*, ils se ramollissent quand on les chauffe, puis deviennent pâteux et enfin liquides, ce qui permet de leur faire prendre les formes les plus variées par le forgeage et le coulage. Enfin, la plupart sont *inaltérables,* c'est-à-dire capables de résister aux causes de destruction qui, au contraire, détériorent si rapidement les produits du règne végétal et ceux du règne animal.

3. C'est sur l'ensemble de ces propriétés qui n'appartiennent qu'à eux, mais qu'ils ne possèdent pas tous au même degré, que les métaux doivent d'occuper un rang si considérable dans l'histoire de la civilisation. Ils sont la base de toutes les industries, et le bien-être dont jouissent les nations modernes n'est qu'une conséquence de la perfection à laquelle elles ont porté l'art de les travailler. Il n'y a pour ainsi dire aucune de leurs propriétés que l'on ne puisse mettre à profit et, comme elles sont très diverses, il en résulte aussi que les applications de ces corps précieux sont extrêmement nombreuses, soit qu'on les emploie isolément, soit qu'on les associe plusieurs ensemble pour former des composés, qui sont réellement des métaux nouveaux et qu'on nomme **alliages.**

TRENTE-NEUVIÈME LEÇON

Ce qu'on entend par **métaux** (*extraction*).

1. Les métaux ne se trouvent pas ordinairement dans le sein ou à la surface de la terre avec les caractères qu'ils présentent quand nous les faisons servir à nos besoins, c'est-à-dire séparés de tout autre corps. Quelques-uns seulement se montrent parfois ainsi; on dit alors qu'ils sont *libres* ou à l'*état natif*. Le plus souvent ils sont unis à d'autres substances qui, masquant leurs propriétés, empêchent de les reconnaître. Le nombre des composés qui résultent de ces unions est très grand, mais les uns sont rares, et les autres se prêtent très difficilement à l'extraction du métal ou des métaux qu'ils contiennent.

2. Tous les composés naturels qui renferment quelque métal portent le nom de *minerais*. Néanmoins, dans le langage de l'industrie, on réserve particulièrement ce nom à ceux d'où il est aisé et peu dispendieux d'isoler les métaux, et qui, de plus, sont assez abondants pour être l'objet d'une exploitation régulière et soutenue. L'extraction des minerais du sein de la terre constitue une des branches principales de l'industrie minière, et l'on donne le nom de **métallurgie** à l'ensemble des opérations au moyen desquelles on parvient à séparer les métaux de leurs minerais.

QUARANTIÈME LEÇON

Ce qu'on entend par **métaux** (*classification*).

1. Nous savons que douze métaux au plus ont des usages véritablement industriels. On les appelle **métaux usuels**, pour les distinguer des autres, qui sont, sauf quelques exceptions, de simples curiosités scientifiques. Ce sont : l'*or*, l'*argent*, le *fer*, le *cuivre*, l'*étain*, le *plomb*, le *zinc*, le *mercure*, le *nickel*, le *platine*, l'*aluminium*, l'*antimoine*. Toutefois, les trois derniers ont beaucoup moins d'importance que les autres.

2. On qualifie ordinairement l'or et l'argent de **mé-

taux précieux, à cause de leur grande valeur sous un faible volume et de l'idée de richesse qui s'est attachée de tout temps à leur possession. Le platine, qui est rare et très cher, est également compris sous ce nom. Tous les autres sont appelés **métaux communs**, uniquement parce qu'ils sont plus abondants ; c'est parmi eux que se trouvent les plus utiles, ceux qui nous rendent le plus de services. Donnons maintenant quelques détails sur les uns et les autres, en commençant par les premiers.

QUARANTE-UNIÈME LEÇON

Métaux précieux : l'**or**.

1. On sait que l'**or** est d'un jaune rougeâtre passant parfois à des nuances plus pâles, analogues à celle du laiton. C'est le plus ductile, le plus malléable et le plus tenace des métaux ; mais il a peu de dureté, ce qui fait que, dans la plupart des cas, on est obligé de le durcir : on obtient ce résultat en y ajoutant un peu de cuivre. Enfin, l'air ne l'altère pas, en sorte que les objets qui en sont fabriqués ont une durée très considérable, et qui peut atteindre un grand nombre de siècles.

2. Il n'y a guère de terres arables ou de sables de rivière qui ne renferment quelques parcelles d'or. Malgré cela, ce métal est un des moins communs, parce que la plupart de ses gîtes sont trop pauvres pour qu'on puisse les exploiter avec profit. « C'est là le secret de la cherté qu'il a eu jusqu'à ce jour, et qu'il continuera vraisemblablement d'avoir jusqu'à la fin du monde, malgré la fécondité relative des mines découvertes dans ces dernières années, en plusieurs régions de l'ancien monde et du nouveau. »

QUARANTE-DEUXIÈME LEÇON

Métaux précieux : l'**or**. (*Suite.*)

1. Le plus souvent, l'or est à l'état natif. Quelquefois, mais rarement, il forme des alliages naturels avec d'autres métaux, surtout avec l'argent. Dans le pre-

mier cas, il se rencontre tantôt en veinules disséminées dans des roches très dures, tantôt en paillettes
ou en grains d'une extrême petitesse, ou bien en masses
plus ou moins volumineuses qu'on nomme *pépites*, et
qui sont dispersées dans les terres et les sables provenant de la désagrégation de ces mêmes roches.

2. La découverte de l'or remonte aux premiers âges
de la civilisation, et, ce qu'il y a de remarquable, c'est
que, parmi les peuplades réputées les plus sauvages, il
n'y en a peut-être aucune qui ne l'ait connu. A cause de
sa belle et solide couleur et du brillant qu'il peut recevoir,
il a été employé de tout temps à la parure des hommes
et des femmes, ainsi qu'à la décoration des meubles et
des appartements. Sa grande valeur (il vaut 3,444 fr. 44
le kilogramme) sous un petit volume l'a fait également
adopter comme instrument des échanges.

3. La bijouterie, l'orfèvrerie, l'ameublement et le
monnayage, sont les industries qui se partagent aujour-
d'hui ses applications ; mais le monnayage, à lui seul,
absorbe plus des deux tiers de la production totale. Il est
presque entièrement fourni au commerce par l'Australie,
la Californie, la Russie asiatique et l'Amérique du Sud.
Ce qu'on extrait des mines d'Europe est insignifiant.

QUARANTE-TROISIÈME LEÇON

Métaux précieux : l'argent.

1. **L'argent** se reconnaît aisément à sa magnifique
couleur blanche. Sa ductilité et sa malléabilité sont presque aussi grandes que celles de l'or. Comme ce dernier,
il a besoin d'être durci par une addition de cuivre.
Comme lui aussi, il est inattaquable par l'air, mais le
soufre et toutes les substances qui en renferment dé-
truisent promptement son éclat et le rendent noirâtre.
Peu rare à l'état natif, c'est surtout uni à d'autres corps,
qu'il est le plus abondant.

2. L'argent a été connu aussi anciennement que l'or,
dont il a les mêmes usages. Quant aux mines qui le produisent, les plus importantes se trouvent aux États-Unis,

au Mexique, au Chili, et au Pérou. On sait qu'il vaut 222 fr. 22 le kilogramme.

QUARANTE-QUATRIÈME LEÇON

Métaux précieux : le platine.

1. Le **platine** n'est bien connu que depuis 1748 ; il avait été découvert cent cinquante ans auparavant par les mineurs espagnols du Pérou qui l'avaient pris pour une sorte d'argent de basse qualité, auquel sa couleur d'un blanc grisâtre le fait un peu ressembler. C'est le plus pesant et le moins dilatable des métaux usuels. L'air ne l'altère jamais. La plupart des acides sont sans action sur lui. Enfin, les plus violents feux des usines à fer ne peuvent que le ramollir, et, pour le fondre, il faut avoir recours à des moyens spéciaux, d'invention toute récente, qui permettent de produire des températures infiniment plus élevées.

2. Le platine est surtout utilisé pour faire des creusets, des cornues, des capsules et autres instruments à l'usage des chimistes. Les dentistes l'emploient quelquefois pour la base de leurs râteliers. On en confectionne aussi des poids et mesures, des thermomètres métalliques, des pièces d'horlogerie délicates. A plusieurs reprises, l'orfèvrerie et la bijouterie ont essayé d'en tirer parti, mais son peu d'éclat, son poids excessif et sa couleur peu avantageuse n'ont pas permis à cette application de se développer. Enfin, comme, lorsqu'il est réduit en fils très fins, il rend la flamme très éclairante, on l'a proposé pour augmenter l'éclat des becs d'éclairage. Toutefois, ces divers emplois sont relativement fort peu développés, à cause surtout du haut prix du platine, dont le kilogramme vaut environ 900 francs.

3. Jusqu'à présent, on n'a trouvé le platine qu'à l'état d'alliage, c'est-à-dire uni avec d'autres métaux. La Russie ouralienne et la Nouvelle-Grenade fournissent presque tout celui qu'emploie l'industrie.

QUARANTE-CINQUIÈME LEÇON

Métaux communs : le fer.

1. Bien que le fer ne soit pas le métal le plus brillant, c'est incontestablement le plus utile, celui qui rend les services les plus grands et les plus nombreux ; car il joue le principal rôle dans toutes les branches de l'industrie. Sous ses trois états de *fer doux*, de *fonte* et d'*acier*, il remplit tant de fonctions, qu'à lui seul il tient lieu d'une foule de métaux différents.

2. Sans le fer, l'homme ne serait jamais sorti de la barbarie. Enfin, son utilité est si considérable, tellement comprise, pour ainsi dire, d'instinct, par tous les peuples, même par les plus sauvages, que, lorsque, dans un voyage de découvertes, un navire aborde une île nouvelle, c'est une hachette, une coignée, un vieux clou de fer, qui fixent d'abord l'attention des naturels, et, pour les posséder, ils cèdent avec empressement leurs objets les plus précieux.

3. Le fer se montre partout comme un des éléments essentiels de l'écorce terrestre, le sang des animaux en contient même des quantités notables. Malgré la prodigalité avec laquelle la Providence l'a répandu à la surface du globe, il est d'une rareté extrême à l'état natif, en sorte qu'on est obligé de l'extraire de ses minerais.

QUARANTE-SIXIÈME LEÇON

Métaux communs : le fer. (*Suite.*)

1. Pour retirer le fer des minerais qui le contiennent, on emploie deux méthodes fort différentes. Dans l'une, qui est la plus ancienne, on l'obtient en une seule fois. Dans l'autre, qui semble avoir pris naissance en Allemagne, au quatorzième ou au quinzième siècle, on convertit d'abord le minerai en fonte, puis on soumet celle-ci à une opération, appelée *affinage*, qui la transforme en fer.

2. La première méthode est la plus ancienne, la seule qu'aient connue les peuples anciens. On l'appelle *directe*,

parce qu'elle retire le fer de ses minerais en une seule opération. On lui donne aussi le nom de *catalane* à cause de l'usage qu'on en a fait de tout temps en Catalogne. Pour la même raison, on appelle *feu* ou *four catalan* le fourneau qui sert au traitement du minerai (*fig.* 25). Cette méthode est d'une simplicité extrême, mais elle a l'inconvénient d'être très dispendieuse et de ne pouvoir s'appliquer qu'aux minerais d'une richesse exceptionnelle, parce qu'elle fait perdre une partie du métal. Aussi est-elle presque entièrement abandonnée.

Fig. 25 — Four catalan.

3. La seconde méthode est appelée *indirecte*, parce qu'elle ne fournit le fer qu'indirectement, c'est-à-dire en deux opérations distinctes. Quoique beaucoup plus compliquée que la précédente, elle est plus économique quant au résultat final. En outre, elle présente l'avantage de se prêter au traitement de tous les minerais sans exception. C'est la seule qu'on pratique dans les pays où la métallurgie du fer est très avancée. On lui donne habituellement le nom de *méthode des hauts-fourneaux*, à cause de l'élévation considérable qu'il faut donner aux fourneaux qu'on y emploie (*fig.* 26).

QUARANTE-SEPTIÈME LEÇON

Métaux communs : le fer. (Suite.)

1. Nous venons de voir que le fer se présente sous les trois états de *fer doux*, de *fonte* et d'*acier ;* disons brièvement en quoi ils diffèrent.

2. Le **fer doux** est le fer proprement dit. On le nomme aussi *fer forgé*, *fer commercial*. Il est d'un gris

bleuâtre, très ductile et très malléable, d'autant plus ductile et malléable en général qu'il est plus pur. Sa ténacité dépasse celle de tous les autres métaux. Il ne fond qu'à une chaleur très considérable; mais il se ramollit à une température bien inférieure à son point de fusion, ce qui permet de lui donner alors les formes les plus variées en le travaillant avec le marteau. Il possède, en outre, quand il est très chaud, la propriété de se souder à lui-même. Enfin, il se conserve indéfiniment dans l'air sec, mais, quand il est exposé à l'air humide, il se recouvre d'une matière rougeâtre qu'on appelle *rouille*, et qui le détruit à la longue.

3. La **fonte** n'est autre chose que du fer uni à une certaine quantité de car-

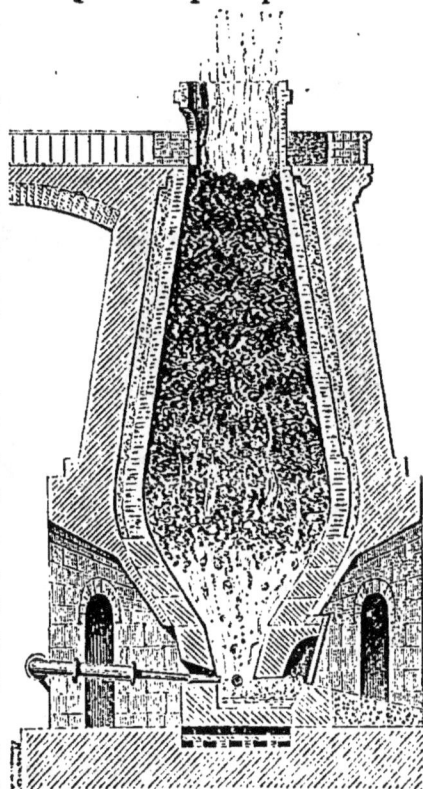

Fig. 26. — Haut-fourneau.

bone. Elle ne se soude pas à elle-même, elle n'a ni ductilité ni malléabilité; enfin, elle est beaucoup moins tenace que le fer. Mais sa résistance à l'écrasement est infiniment supérieure, ce qui permet de l'employer avec avantage à la fabrication de colonnes et de piliers destinés à supporter de lourds fardeaux. En outre, facilement fusible, elle augmente de volume quand, après l'avoir fondue, elle passe à l'état solide, propriété qui la rend très propre à la confection des objets moulés, parce qu'elle peut ainsi reproduire avec une extrême netteté les détails les plus délicats des moules.

4. L'**acier** est encore un composé de fer et de carbone, mais ce dernier s'y trouve en plus petite quantité. Il diffère du fer en ce qu'il est plus fusible, et de la fonte en ce qu'il se soude à lui-même; mais ce qui le caracté-

rise essentiellement, c'est qu'il peut se *tremper*, ce qui, en le rendant très dur, donne le moyen d'en faire les instruments tranchants. Quelquefois on le retire directement de certains minerais de fer. Le plus souvent, on le prépare en soumettant à un traitement particulier, soit le fer doux, soit différentes fontes. Dans tous les cas, on en fait des variétés très nombreuses et propres à toute espèce d'applications.

Fig. 27. — Ouvriers trempant des objets d'acier.

QUARANTE-HUITIÈME LEÇON

Métaux communs : le fer. (*Suite.*)

1. Les emplois du fer, sous ses divers états, sont, pour ainsi dire, illimités. Il est d'abord indispensable à l'agriculture. Ce qui se consomme en socs de charrue, fers de pioche, de hache, de faux, de faucille, outils de toute espèce, est prodigieux et exige déjà des usines spéciales très considérables. Les outils de toutes professions, outils tranchants, outils de percussion, machines pour percer, tailler, tourner, raboter les bois ou les métaux n'exigent pas de moindres quantités.

2. Sans le fer et l'acier, l'exploitation des mines et des carrières serait impossible. Les machines motrices, machines à vapeur, machines à gaz, machines hydrauliques, etc., sont composées d'organes de fonte, de fer et d'acier. Les rails des voies ferrées emploient, à eux seuls, le tiers ou le quart de la fabrication totale du fer et de l'acier.

3. L'art de bâtir absorbe des quantités de fonte et de fer qui vont toujours en augmentant. En effet, c'est en

fer que se font aujourd'hui les charpentes des édifices publics, des grands ateliers, des habitations importantes; il n'entre pas d'autre matière dans la plupart de ces ponts gigantesques au moyen desquels les voies ferrées franchissent les fleuves, même les bras de mer. Les chaudières à vapeur, les coques des navires se fabriquent en tôle de fer ou d'acier.

4. C'est avec d'épaisses plaques de fer qu'on rend invulnérables les bâtiments de guerre (*fig.* 28), et les choses en sont venues au point qu'un de ces engins de destruction, quand il est muni de son armement, porte plus de trois mille tonnes de fer, de

Fig. 28. — Navire cuirassé.

fonte ou d'acier, ce qui a exigé l'extraction d'au moins huit à dix mille tonnes de minerai et vingt à vingt-cinq mille tonnes de houille. Enfin, c'est avec des plaques semblables qu'on revêt les remparts des places fortes afin qu'ils puissent résister plus longtemps au choc des énormes projectiles inventés de nos jours par le génie du mal.

QUARANTE-NEUVIÈME LEÇON

Métaux communs : le **fer**. (*Suite.*)

1. Quelques mots maintenant sur l'histoire du fer. On admet généralement qu'il a été connu longtemps après la plupart des autres métaux communs, notamment le cuivre, l'étain et le plomb, parce que rien ne l'annonce dans la nature, ses minerais n'ayant presque jamais l'éclat métallique, et que l'art de l'extraire de ces derniers exige des connaissances que les hommes n'ont pu posséder qu'assez tard.

2. C'est pour cela que, chez tous les peuples de l'antiquité, les armes et les instruments de cuivre ou de bronze, ce dernier alliage de cuivre et d'étain, précédèrent les armes et les instruments de fer. C'est pour cela aussi qu'au seizième siècle, quand les Espagnols arrivèrent dans le Nouveau Monde, ils y trouvèrent le travail de l'or, de l'argent, du cuivre, très répandu, tandis que celui du fer y était inconnu, bien que les minerais de celui-ci fussent assez abondants.

3. Les Livres saints attribuent à Tubal-Caïn, fils de Lameth, la découverte du fer et l'invention de l'art de le travailler. Les Grecs faisaient honneur de ces deux progrès à plusieurs personnages fabuleux. Du reste, chaque nation de l'antiquité avait sur ce point des traditions différentes.

CINQUANTIÈME LEÇON

Métaux communs : le **fer**. (*Fin*).

1. Quelle que soit l'opinion que l'on se fasse sur l'époque où l'on a connu le fer, il est hors de doute que ce métal ne put recevoir de bien grandes applications qu'après qu'on eut trouvé le moyen de le convertir en *acier*, et que le hasard eût mis sur la voie du phénomène remarquable de la *trempe*, car, alors seulement, il devint possible de l'employer à la fabrication des instruments tranchants. Ces deux inventions remontent certainement à plusieurs milliers d'années avant notre ère ; sans elles, les Egyptiens n'auraient pu élever leurs impérissables monuments.

2. Les anciens connurent aussi la *fonte*, mais accidentellement, et sans savoir en tirer parti. La fabrication industrielle de ce métal n'est pas antérieure au seizième siècle ; c'est, dit-on, en Allemagne qu'elle a pris naissance. Toutefois, pendant fort longtemps, la fonte ne servit guère qu'à la production du fer. Ses grandes applications à l'art de bâtir et à la construction des machines ne datent même pas de plus de cinquante ans.

3. Depuis un demi-siècle, l'industrie du fer a pris en Europe et en Amérique une extension énorme, à laquelle

il semble impossible d'assigner des limites. Elle est aujourd'hui plus importante que toutes les autres branches de la métallurgie prises ensemble. L'Angleterre est à la tête des nations où elle est le plus développée. Viennent ensuite successivement les Etats-Unis, l'Allemagne, la France, la Belgique, l'Autriche-Hongrie, la Russie, la Suède et la Norwège.

CINQUANTE-UNIÈME LEÇON

Métaux communs: le **cuivre.**

1. Après le fer, le **cuivre** est le métal qui a les applications les plus étendues. Sa couleur rouge tirant sur le rose est tout à fait caractéristique, et lui a valu le nom de *cuivre rouge*, pour le distinguer de l'un de ses alliages, qui est jaune, et qu'on appelle communément *cuivre jaune*. Il est plus dur que l'or et l'argent, très ductile, très malléable et presque aussi tenace que le fer. A la température ordinaire, il se conserve indéfiniment à l'air sec; mais, s'il reste exposé à l'air humide, il s'altère rapidement et se recouvre d'une pellicule verte qui a reçu le nom de *vert-de-gris*.

2. L'eau forte attaque le cuivre avec énergie, circonstance qu'utilise l'art de la gravure. L'eau salée, le vinaigre, les autres acides végétaux, les corps gras, exercent également une action destructive sur lui, et, dans tous ces cas, il se forme des composés vénéneux. Voilà pourquoi, dans les ménages, les vases de cuivre ne peuvent servir que pour des aliments dont la cuisson est très rapide et, une fois préparés, les aliments ne doivent jamais y séjourner, ni même y être laissés refroidir. Une foule d'accidents arrivent journellement pour avoir négligé ces précautions, dont l'*étamage*, opération dont il sera question plus loin, ne saurait dispenser absolument.

3. Les emplois du cuivre sont bien connus. Il sert à fabriquer les chaudières des brasseurs, des distillateurs, des teinturiers, ainsi qu'une multitude de vases et d'ustensiles domestiques. On l'utilise aussi, après l'avoir réduit en plaques, pour le doublage des navires

et la gravure des estampes. La bijouterie, l'orfèvrerie, et l'art monétaire en font un usage constant pour durcir les objets d'or et d'argent. Uni à l'étain, en différentes proportions, il forme les divers *bronzes*, bronze des cloches, bronze des canons, bronze statuaire, etc. Enfin, associé au zinc, il constitue le *laiton*, appelé aussi *cuivre jaune*, à cause de sa couleur, et dont il existe plusieurs variétés, chacune plus particulièrement propre que les autres à telle ou telle fabrication, boutons, épingles, instruments de musique, etc.

CINQUANTE-DEUXIÈME LEÇON

Métaux communs : le cuivre. (Suite.)

1. De tous les métaux communs, le cuivre paraît être celui que les hommes ont connu le premier. Il est même généralement admis que sa découverte a dû avoir lieu presque en même temps que celle de l'or et de l'argent. Comme ces derniers, en effet, il se présente avec les caractères qui lui sont propres. En outre, on le trouve presque à la surface du sol, et, lorsqu'il n'est pas à l'état natif, il suffit ordinairement de quelques opérations fort simples pour le séparer des substances étrangères auxquelles il est associé. Dans tous les cas, les recherches des savants ont abouti à cette conclusion, que le cuivre est le seul métal commun que les peuples primitifs aient su travailler, et, pendant des milliers d'années, il a été employé aux mêmes usages pour lesquels nous faisons servir le fer ou l'acier.

2. Tous les écrivains de l'antiquité s'accordent à dire que, dans l'origine des sociétés, les armes, les instruments d'agriculture et les outils des divers métiers, étaient de cuivre ou de quelqu'un de ses alliages, et leur témoignage est confirmé par les nombreux objets qu'on a trouvés et qu'on trouve encore dans les sépultures de toutes les parties du globe, sépultures qui remontent à une époque immémoriale.

3. La production du cuivre repose presque entièrement sur cinq pays, qui sont : le Chili, la Bolivie, les Etats-Unis, la Russie ouralienne et l'Australie.

CINQUANTE-TROISIÈME LEÇON

Métaux communs : l'étain.

1. **L'étain** est presque aussi blanc que l'argent. C'est un métal peu dur, très malléable et très ductile, mais d'une très faible ténacité, et il se ternit à l'air avec une extrême facilité. Il fond si facilement que, lorsqu'il est en feuilles, on peut le couler sur du papier ou sur un linge sans brûler ces matières. Quand il est en baguettes, et qu'on le ploie, il fait entendre un petit bruit, qu'on appelle *cri de l'étain*, et qui provient du frottement qu'éprouvent les particules dont sa masse est composée. Les acides étendus exercent sur lui une action imperceptible. Il en est de même des préparations culinaires. Aussi l'emploie-t-on, de temps immémorial, pour faire les ustensiles de ménage et, depuis plus de dix-huit cents ans, pour empêcher ceux de cuivre d'être nuisibles à la santé. Pour produire ce dernier effet, on a recours à l'opération appelée *étamage*, laquelle consiste à les recouvrir d'une très mince couche d'étain pur.

2. Outre son emploi à la confection des vases et des ustensiles de ménage, l'étain sert à fabriquer une multitude d'objets d'utilité ou d'agrément, notamment des jouets, des boîtes, des flambeaux, etc. Sous le nom de *papier d'étain*, on le convertit en feuilles d'une excessive minceur pour envelopper le chocolat, le tabac, des pièces de charcuterie (jambons, saucissons, etc.), des fromages et diverses sucreries. Uni au cuivre, il constitue le *bronze*. Appliqué sur le fer en feuilles, pour le préserver de l'action de l'air, il contribue à la fabrication du *fer blanc*. Enfin, comme on vient de le voir, il empêche le cuivre d'être attaqué par les substances acides. C'est du reste un des métaux les plus recherchés et dont on ne produit jamais assez.

3. L'étain est fourni par un seul minerai, et il s'en sépare avec une si grande facilité qu'il a dû être connu de très bonne heure. On peut même supposer que sa découverte a suivi de très près celle du cuivre, si elle n'a pas eu lieu en même temps.

Dans tous les cas, aussi loin qu'on descende dans l'histoire des peuples, on trouve ses usages déjà considérés comme une chose très ancienne. Sauf des quantités insignifiantes, il est exclusivement fourni par les îles de Banda, par la presqu'île de Malacca, et les comtés de Cornouailles et de Devon, en Angleterre.

CINQUANTE-QUATRIÈME LEÇON

Métaux communs : le **plomb.**

1. Le **plomb** est si commun que tout le monde en connaît les principales propriétés. Récemment fondu ou coupé, il a une couleur argentine un peu bleuâtre et possède un assez vif éclat ; mais il est habituellement grisâtre, parce que l'action de l'air lui enlève rapidement son brillant, le ternit. Il est peu tenace, nullement ductile et si mou que l'ongle le raie sans peine. En revanche, il fond à une très basse température et possède une très grande malléabilité. La plupart de ses composés sont des poisons violents. Tels sont entre autres, la *céruse* ou *blanc de plomb*, le *minium* et la *litharge*, dont les peintres font un si grand usage.

2. Les usages du plomb sont peut-être plus nombreux que ceux de l'étain. Réduit en feuilles ou en lames, on l'emploie à garantir les murs de l'humidité, à faire des tuyaux de conduite, des bassins, des gouttières, des chaudières pour la fabrication de l'acide sulfurique. Par le moulage, on en confectionne des statues, des balles de fusil, des objets de toute sorte. Par la fusion, on le convertit en grains pour les chasseurs. L'exploitation des mines d'or et d'argent en consomme de grandes quantités ; elle ne pourrait même avoir lieu sans lui. Enfin, on s'en sert, à la place du soufre, pour sceller le fer dans la pierre.

3. Comme le cuivre et l'étain, le plomb est un des premiers métaux que les hommes aient connus. Les anciens en faisaient à peu près les mêmes usages que les modernes. Ils s'en servaient aussi, réduit en feuilles minces, pour y tracer avec un poinçon les signes de l'écriture. Cet emploi existait plusieurs milliers d'années avant notre ère,

puisqu'on voit, dans les Livres saints, Job faire des vœux
pour que ses discours soient écrits sur le plomb. Enfin,
chez les Grecs et les Romains, ainsi que chez la plupart
des peuples du moyen âge, on transcrivait ou mieux on
gravait sur des plaques de plomb les textes dont on
voulait assurer la durée. Ce métal n'existe point à l'état
natif; il ne peut donc s'extraire que de ses minerais.
L'Angleterre, l'Espagne et l'Allemagne sont à la tête de
la production. La France retire à peine de ses mines la
moitié du plomb dont elle a besoin.

CINQUANTE-CINQUIÈME LEÇON

Métaux communs : le zinc.

1. Le **zinc** se reconnaît à sa couleur blanche nuancée
de bleu. C'est un métal mou et peu tenace, qui se gerce
en même temps qu'il s'aplatit sous le marteau. Son laminage présente de grandes difficultés parce qu'il n'est
malléable qu'entre 130° et 150° centigrades. Au-dessus
de cette température, il devient si cassant qu'il peut être
pulvérisé dans un mortier. L'air humide le ternit en peu
de temps, mais une fois que sa surface est recouverte
d'une couche d'oxyde, c'est-à-dire ternie, il ne change
plus d'aspect.

2. Le zinc n'a pas encore été trouvé à l'état natif. On
le retire donc exclusivement de ses minerais. L'un de
ces derniers, appelé *calamine*, a été employé de tout
temps pour la préparation du laiton. Les Romains ont
également connu le zinc lui-même, mais ils le prenaient
pour une variété d'étain. Un savant du seizième siècle,
le médecin Paracelse, est le premier Européen qui l'ait
regardé comme un corps distinct. Néanmoins, on n'est
parvenu à le produire industriellement que vers la fin du
siècle dernier. Alors seulement, on a pu en bien étudier
les propriétés et, à mesure qu'il a été mieux connu, on
lui a trouvé de nouveaux emplois.

3. Deux pays seulement fournissent le zinc en grande
quantité; ce sont la Belgique et la Prusse. Les mines
belges se trouvent dans la vallée de la Meuse, aux
environs de Liège : elles alimentent les célèbres usines

de la Vieille-Montagne. Quant aux mines prussiennes, elles sont disséminées en Westphalie, dans la haute Silésie et dans les provinces rhénanes.

4. Quoique le zinc soit le plus récent des métaux communs produits par la grande métallurgie, c'est, après le fer, celui qui donne lieu au mouvement industriel le plus vaste et qui reçoit les applications les plus étendues. A l'état fondu, on l'emploie surtout pour faire des objets d'art ou d'ornement, galvaniser le fer, c'est-à-dire le préserver de la rouille, composer des alliages. Réduit en feuilles, il sert à couvrir des édifices, fabriquer des vases et des ustensiles de tout genre, satiner le papier et les étoffes, graver les dessins, doubler les navires, etc. Etiré, il donne des fils et des clous qui, dans plusieurs circonstances, sont supérieurs à ceux de fer et de cuivre.

CINQUANTE-SIXIÈME LEÇON

Métaux communs : le mercure.

1. Une particularité qui, à première vue, fait distinguer le **mercure** de tous les autres métaux, c'est qu'il possède seul la propriété d'être liquide à la température ordinaire; il ne devient même solide que par un froid de 40° ou par une chaleur de 360°. Toutefois, il ne mouille presque aucun corps. Quand on en verse une petite quantité sur une assiette ou sur une table de marbre, il se divise en une multitude de petits globules arrondis qui se meuvent avec une extrême rapidité. Cette circonstance, jointe à sa couleur blanche et à son bel éclat, lui a valu, dans le langage vulgaire, le nom de *vif-argent*. Quand on ne le tient pas renfermé dans des vases de verre bouchés hermétiquement, il émet des vapeurs qui exercent à la longue une action nuisible à la santé.

2. Ce métal singulier est assez rare dans la nature. On le trouve à l'état natif, ou bien on le retire d'un minerai, appelé *cinabre*, où il est uni au soufre. Tous les peuples civilisés de l'antiquité l'ont bien connu. On l'emploie pour étamer les glaces et les miroirs, faire les thermomètres et les baromètres, traiter plusieurs maladies, etc.; mais c'est l'extraction de l'or et de l'argent

qui en consomme le plus. Il est presque exclusivement fourni par les mines d'Almaden (Espagne), d'Idria (Carniole) et de la Californie.

CINQUANTE-SEPTIÈME LEÇON
Métaux communs : l'aluminium.

1. Découvert en 1827, par Wolher, chimiste allemand, **l'aluminium** n'a été, pendant longtemps, qu'un objet de curiosité, tant il était rare à cause des difficultés que présentait sa préparation. Il n'est devenu commun que depuis 1854, époque à laquelle M. Sainte-Claire Deville, chimiste français, trouva le moyen de le produire sur une grande échelle. Il existe dans toutes les argiles, et c'est de ces terres qu'on le retire. On le regarde avec raison comme une des plus brillantes conquêtes de l'industrie contemporaine. Il est d'un blanc légèrement bleuâtre. C'est le plus sonore de tous les métaux, et un des moins lourds. Aussi tenace que l'argent, aussi malléable que l'or, il est, quand il a été travaillé au marteau, presque aussi dur que le fer. Enfin, il résiste parfaitement à l'action de l'air et à celle de la plupart des acides, et les composés qui se produisent au contact des aliments sont inoffensifs.

2. Jusqu'à présent, on n'a pu utiliser l'aluminium, à cause de son prix élevé, que pour faire des bijoux, des médailles, des pièces d'orfèvrerie, des instruments de précision, des ustensiles de laboratoire; mais, à mesure qu'on parviendra à le produire à bon marché, il remplacera, pour les usages économiques et industriels, du moins dans une foule de circonstances, la plupart des métaux communs, surtout le cuivre, le zinc. le plomb et l'étain, auxquels ses remarquables propriétés, plus particulièrement sa légèreté et son inaltérabilité, le feront préférer. Il vaut encore 80 francs le kilogramme.

CINQUANTE-HUITIÈME LEÇON
Métaux communs: le **nickel.**

1. Les Chinois paraissent avoir connu le *nickel* dès une époque très reculée, mais les Européens en ont ignoré

3.

l'existence jusqu'à 1751, époque à laquelle un savant Suédois, du nom de Cronstedt, en fit la découverte. C'est un métal d'un blanc légèrement grisâtre, presque aussi dur que le fer, qui se polit aisément et ne s'altère pas à l'air. Il présente, en outre, cette particularité qu'on peut l'unir à une très forte proportion de cuivre rouge sans qu'il perde sa couleur blanche, particularité précieuse dont on tire chaque jour parti pour former de nombreux alliages imitant l'argent.

2. Pendant longtemps, le nickel n'a guère servi qu'à composer ces alliages blancs appelés *métal anglais, argentan, métal d'Alger, melchior,* etc., pour la fabrication des couverts et des ustensiles de table. Il était alors assez rare, et cette circonstance ne permettait pas de lui chercher d'autres applications. Aujourd'hui qu'on en a découvert de nouvelles et abondantes mines, et, qu'en outre, on est parvenu à le travailler comme les autres métaux usuels, à l'employer à l'état massif, on en fait aussi usage pour confectionner des objets d'utilité ou de fantaisie, tels que plaques, couverts, vases, montres, bracelets, monnaies, pièces de serrurerie, etc. On y a également ment recours pour recouvrir d'une couche brillante, par les procédés de l'argenture galvanique, les objets de cuivre, de laiton ou de fer, qui alors sont dits *nickelés.* Les principales mines qui le fournissent au commerce se trouvent aux États-Unis et en Nouvelle-Calédonie.

CINQUANTE-NEUVIÈME LEÇON

Métaux divers : l'antimoine, le cobalt, le manganèse.

1. Indépendamment des métaux qui viennent d'être passés en revue, les arts tirent parti de quelques autres auxquels nous devons consacrer une courte notice. Tels sont : l'*antimoine,* le *cobalt* et le *manganèse.*

2. L'antimoine est un métal d'un blanc bleuâtre qu'on emploie pour faire des alliages, notamment celui des caractères d'imprimerie. On le fait également entrer dans plusieurs préparations pharmaceutiques. L'on en attribue, mais sans preuves, la découverte à un moine

allemand du nom de Basile Valentin, que l'on suppose
avoir vécu au quinzième siècle.

3. Le **cobalt** est d'un gris d'acier. Il n'a aucun usage
à l'état métallique, mais on se sert de ses minerais pour
préparer la substance appelée *bleu d'empois, bleu de
safre, bleu de smalt, bleu d'azur* ou simplement *azur*,
avec laquelle on donne une teinte azurée au linge, au
papier, à la faïence, à la porcelaine. Il a été découvert
en 1742 par Georges Brandt, chimiste suédois.

4. Le **manganèse** est d'un gris blanchâtre. A l'état
métallique, il joue, depuis quelques années, un rôle considérable dans la fabrication du fer et de la fonte, dont il
améliore la qualité. Uni à d'autres corps, il forme plusieurs composés qui trouvent dans les arts de nombreuses
applications. Il a été découvert par le chimiste Suédois
Scheele, en 1774.

TRAVAIL DES MÉTAUX

SOIXANTIÈME LEÇON

Travail des métaux : le **forgeage**.

1. Après avoir indiqué les propriétés, les principaux
usages et les lieux de provenance des métaux usuels,
il ne sera peut-être pas inutile de dire quelques mots des
principales opérations au moyen desquelles on leur
donne les différentes formes ou les différents aspects
qu'ils doivent avoir. Ces opérations sont : le *forgeage*,
le *laminage*, le *battage*, la *tréfilerie*, la *fonte*, l'*estampage*, la *granulation*, la *dorure*, l'*argenture*, l'*étamage*.
— Commençons par le *forgeage*.

2. *Forger* un métal, c'est le travailler à chaud au
moyen du marteau. Le **forgeage** se compose donc
de deux opérations. Dans la première, on chauffe le
métal afin qu'il devienne assez mou pour être pétri
par le marteau ; elle se fait à l'aide d'un fourneau
spécial qu'on appelle *forge* (*fig.* 29). Dans la seconde,
on place le métal chauffé sur un bloc de fonte nommé
enclume, et on le façonne à coups de marteau. Ces opé-

rations sont fort simples en apparence; mais, dans la pratique, elles présentent des difficultés très grandes,

qu'une longue expérience peut seule apprendre à surmonter. On bat le métal tant qu'il est suffisamment chaud, après quoi on le chauffe de nouveau, on le replace sur l'enclume, et l'on continue ainsi jusqu'à ce qu'il a reçu la forme définitive qu'on veut lui donner.

Fig. 29. — Forge de petit serrurier.

SOIXANTE-UNIÈME LEÇON

Travail des métaux : le **forgeage**. (*Suite.*)

1. Tout le monde sait que le *marteau* consiste en

Fig. 30. — Enclume commune.

une masse de fer fixée à l'extrémité d'un manche de bois. C'est un des instruments les plus simples et les plus anciens, et l'un des premiers que l'homme ait inventés. Dans les grands établissements, on emploie non seulement des *marteaux à main* et des *marteaux à bras*, que font mouvoir des ouvriers, mais encore des *marteaux mécaniques*, dont il existe plusieurs sortes et qui tous sont mis en mouvement par des roues hydrauliques ou par des machines à vapeur.

2. Le plus remarquable marteau mécanique (*fig.* 32) est le célèbre **marteau-pilon à vapeur**, dont la construction, vaguement conçue en 1808, n'a été réalisée qu'en 1842, d'une part, en France, par M. François Bourdon, ingénieur à l'usine du Creuzot, d'autre part,

Fig. 31.
Marteau de forgeron.

en Angleterre, par M. James Nasmyth, maître de forges à Patricof, près de Manchester. Depuis 1850, il est devenu d'un usage général. C'est avec lui que se fabriquent actuellement toutes les grosses pièces de forge, et, comme il est facile d'en faire varier l'action à volonté, il permet d'obtenir des effets qui seraient impossibles par tout autre moyen.

Fig. 32. — Marteau-pilon à vapeur.

SOIXANTE-DEUXIÈME LEÇON

Travail des métaux : le laminage.

1. Dans le principe, c'est à l'aide du marteau qu'on réduisait les métaux en plaques ou en feuilles. Ce procédé est encore employé dans quelques circonstances ; mais, le plus souvent, on a recours au **laminage**. Cette opération se fait à l'aide d'une machine spéciale appelée **laminoir**, que l'on croit avoir été inventée à Paris vers le milieu du seizième siècle.

2. Cette machine se compose (*fig.* 33) de deux cylindres

ou rouleaux de fonte très dure ou d'acier, dont la surface est bien unie, et, qui, portés par un solide bâti sont disposés l'un au-dessus de l'autre, à une distance convenable, de manière à tourner en sens contraire, quand on agit sur une manivelle. On conçoit que lors-

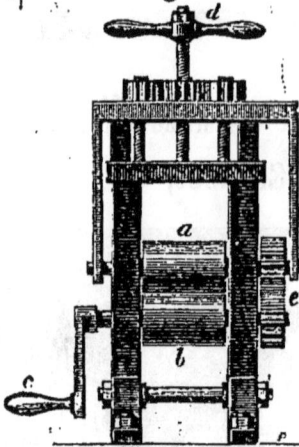

Fig. 33.
Laminoir à cylindres unis.

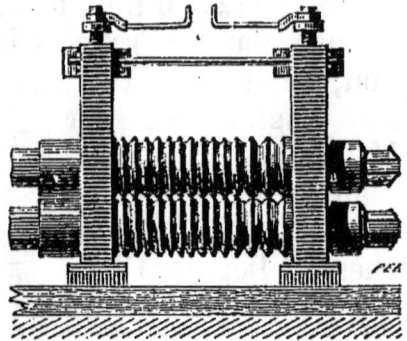

Fig. 34.
Laminoir à cylindres cannelés.

qu'une masse métallique est engagée entre ces cylindres, ils l'entraînent dans leur mouvement ; mais, comme leur écartement est invariable, elle ne peut les suivre qu'en s'étendant et s'amincissant.

3. C'est en opérant ainsi qu'on obtient ces feuilles de zinc et de plomb dont on a vu précédemment les usages, les planches de cuivre qu'emploient les graveurs, et les diverses sortes de *tôles* de fer et d'acier. On utilise aussi le laminoir, mais en remplaçant les cylindres unis par des cylindres diversement cannelés (*fig.* 34), pour fabriquer les rails de chemins de fer et transformer les métaux en barres rondes, carrées ou polygonales, de toutes formes et dimensions.

SOIXANTE-TROISIÈME LEÇON

Travail des métaux : le **battage.**

1. Le **laminage,** malgré les perfectionnements qu'on y a introduits, ne peut pas donner des feuilles de tous les degrés d'épaisseur. Quand la minceur des feuilles doit descendre au-dessous de certaines limites, on ne peut

les obtenir que par le **battage** au marteau. Toutefois, cette dernière opération n'est guère employée que pour produire ces feuilles d'or ou d'argent, légères comme le vent, qui servent à dorer et argenter les livres, le bois, le cuir, et, suivant le métal employé, l'on appelle *batteur d'or* ou *batteur d'argent* l'ouvrier qui l'exécute.

2. Pour effectuer le battage, on prend le métal aussi pur que possible et on l'étire au laminoir en un ruban d'environ un millimètre d'épaisseur, qu'on découpe en morceaux. On bat alors ces morceaux sur une enclume avec un lourd et large marteau à main.

3. Ces morceaux sont déjà si minces que le choc du marteau ne manquerait pas de les déchirer si l'on ne prenait quelque précaution pour prévenir cet accident. On y parvient en les plaçant entre les feuilles d'un cahier formé de carrés de parchemin. Après un premier battage, on divise les feuilles métalliques qu'on a obtenues, en un certain nombre de parties, et, après avoir réuni les nouveaux fragments dans un autre cahier de parchemin, on procède à un nouveau battage. On continue de la même manière jusqu'à ce que les feuilles soient arrivées au degré

Fig. 35. — Battage de l'or.

d'amincissement voulu. On les place alors entre les feuillets de petits cahiers de papier, appelés *livrets*, et on les livre au commerce sous les noms d'*or au livret*, d'*argent au livret*.

SOIXANTE-QUATRIÈME LEÇON

Travail des métaux : la **tréfilerie**.

1. Pour *étirer* les métaux, les convertir en fils, on se sert de laminoirs à cylindres cannelés; mais, avec ces appareils, on ne peut dépasser une finesse supérieure à

quatre millimètres de diamètre. Quand on veut obtenir
des fils plus fins, il est nécessaire de recourir à une autre
opération, qu'on appelle **tréfilerie** ou **filerie**, et qui
s'effectue au moyen d'une machine nommée **banc à
tirer**.

2. Le banc à tirer(*fig.* 36) se compose de trois parties
distinctes : 1° d'une plaque d'acier très dure, nommée
filière, qui est solidement fixée entre deux montants
verticaux, et dans laquelle sont percés des trous de
grandeur décroissante; 2° d'une *pince* attachée à l'extrémité d'une courroie qui, lorsque l'appareil fonctionne,
s'enroule sur un tambour tournant; 3° d'un mécanisme
disposé de manière à faire tourner le tambour assez vite
pour qu'il puisse entraîner la courroie.

3. On commence par réduire le métal, au moyen du
laminoir, en baguettes d'une grosseur convenable. Cela
fait, on prend successivement chacune de ces baguettes,
on appointe l'une de ses extrémités, et, après avoir introduit cette même extrémité dans le plus grand trou de

Fig. 36. — Banc à tirer.

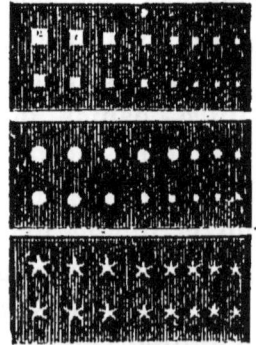

Fig. 37. — Filières.

la filière, on l'assujettit entre les mâchoires de la pince.
Il n'y a plus alors qu'à mettre le tambour en mouvement.

4. On conçoit qu'en tournant le tambour entraîne
la baguette de métal, mais comme cette baguette est
d'une matière plus molle que celle de la filière, elle
ne peut le suivre qu'en s'étendant dans le sens de la
longueur; elle s'amincit donc et, à mesure qu'elle
passe, s'enroule sur le tambour. Ce premier passage
terminé, on en effectue successivement plusieurs autres

et, chaque fois, on se sert d'un trou plus petit. On continue ainsi jusqu'à ce que le fil se trouve au degré de finesse voulu. On conçoit qu'en modifiant la forme des trous de la filière (*fig.* 37), on peut faire des fils carrés, triangulaires, etc., tout aussi bien que des fils ronds

5. C'est en procédant comme il vient d'être dit qu'on obtient le fil de fer pour les treillages, le fil de laiton et celui d'acier pour les pianos, les fils d'or et d'argent pour la broderie et la passementerie, etc. On appelle *tréfileries* ou *fileries* les usines où l'on travaille les métaux communs, et *argues* celles où l'on s'occupe spécialement de la fabrication du *trait*, c'est-à-dire des fils d'or et d'argent.

6. On attribue l'invention du Banc à tirer à un habitant de Nuremberg, nommé Rudolphe, qui l'aurait faite en 1400 ; mais le fait n'a jamais été prouvé : il est même probable que cette invention n'a pas été inconnue des grandes nations de l'antiquité. Aujourd'hui, on ne se borne pas à se servir du Banc à tirer pour faire des fils métalliques ; on l'emploie aussi pour produire une foule d'objets d'utilité ou de simple ornement.

SOIXANTE-CINQUIÈME LEÇON

Travail des métaux : fonte.

1. Une multitude d'objets sont obtenus par le *procédé de la fonte*, c'est-à-dire, en coulant dans un moule le métal en fusion. Leur fabrication constitue l'*art du fondeur*. Cet art emploie quelquefois l'or, l'argent, le plomb, le cuivre, l'étain et le zinc ; mais le bronze et la fonte sont les matières dont il fait le plus souvent usage.

2. Le bronze est surtout consacré à la reproduction des œuvres d'art : statues, vases, objets divers pour la décoration des édifices et de la voie publique ; on en fait aussi des cloches, des canons. La fonte domine, au contraire, dans les applications industrielles, telles que la confection des pièces de machines, des ustensiles de ménage, des charpentes métalliques, des conduites pour l'eau et le gaz.

3. Le travail du fondeur se compose de trois opéra-

tions distinctes : la *préparation des moules* ou le *moulage*, la *fonte du métal*, le *coulage* ou la *coulée*.

SOIXANTE-SIXIÈME LEÇON

Travail des métaux : **fonte.** (*Suite.*)

1. Les **moules** sont des creux, des espaces vides, auxquels on donne la forme et les dimensions des objets qu'on veut produire, et dans lesquels on introduit ensuite le métal en fusion. On les fait en terre, en sable, en fonte ou en cuivre. Très souvent ils sont d'une seule pièce ; d'autres fois ils sont formés de plusieurs parties, qui se confectionnent à part et qu'on réunit quand on veut s'en servir. Les moules de très grandes dimensions s'enterrent dans le sol de l'atelier. Les autres sont rangés sur des établis ou déposés à terre.

2. Comme son nom l'indique, la **fonte** a pour objet de faire passer le métal à l'état liquide. Elle s'effectue au moyen de fourneaux diversement construits.

3. Le métal étant arrivé au degré de fusion convenable, il s'agit de l'introduire dans les moules : c'est en cela que consiste le **coulage** ou la **coulée**.

Fig. 88. — Coulage du métal.

4. Quand les moules sont placés sur le sol, on puise le métal avec des cuillères en tôle, appelées *poches*, les unes assez petites pour qu'un homme puisse les manier, les autres d'une capacité beaucoup plus grande et qu'on est obligé d'accrocher à des grues tournantes (*fig.* 38) afin de pouvoir les porter là où il convient. Quand ils sont enterrés, on y dirige la matière au moyen de rigoles creusées dans le sol. Dans tous les cas, on ne retire les pièces de leurs moules que lorsqu'elles sont bien refroidies. On les débarrasse aussitôt de la terre ou du sable qui peut s'y être attaché, puis on les envoie dans des ateliers spéciaux, où on leur donne le fini et l'aspect que réclame l'emploi auquel elles sont destinées.

SOIXANTE-SEPTIÈME LEÇON

Travail des métaux : **fonte.** (*Suite.*)

1. Pour compléter les notions qui précèdent et donner une idée de la fabrication des objets d'un grand volume, nous allons dire sommairement comment on s'y prend pour *fondre une cloche.* Le coulage s'effectue dans une fosse, à proximité du fourneau de fusion. C'est également dans cette même fosse que l'on confectionne ordinairement le moule, et sur une espèce de plate-forme en terre ou en briques qu'on appelle *meule.*

2. La meule étant faite, on élève dessus (*fig.* 39), en maçonnerie de briques, une petite construction dont l'intérieur est vide pour faciliter le séchage, tandis que l'extérieur à la forme d'une cloche. Cette construction, qu'on nomme *noyau,* est la partie centrale du moule, celle qui doit reproduire le creux de la cloche. On la saupoudre de cendres ou

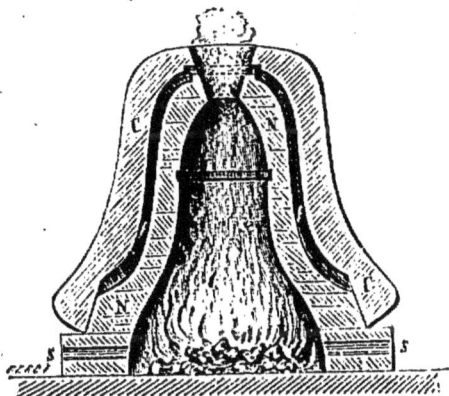

Fig. 39. — Moulage d'une cloche.

de charbon pulvérisé, puis on la recouvre de plusieurs couches superposées d'argile, à l'ensemble desquelles on donne exactement les dimensions qu'aura la cloche. Cette partie du moule s'appelle *modèle* ou *fausse cloche.*

3. C'est sur la face extérieure de la fausse cloche qu'on dispose les inscriptions et les ornements de tout genre : on se sert pour cela d'empreintes faites, d'un mélange de cire, de poix blanche et d'huile de pavot. Quand ces empreintes sont bien figées, on saupoudre la fausse cloche de la même manière qu'on a fait le noyau, après quoi on applique par dessus, d'abord, une couche d'une pâte très fine composée de terre et de fiente de vache, puis plusieurs autres couches d'une pâte plus grossière faite de terre et de bourre hachée ou de crottin de cheval. L'ensemble de ces diverses couches constitue la *chape* ou le *manteau*.

4. Le moule se trouvant ainsi terminé, on le fait sécher en allumant du feu sous le noyau. On enlève ensuite la chape pour détruire la fausse cloche. Enfin, on remet la chape en place. De cette façon, le vide produit par la disparition de la fausse cloche correspond à l'espace que doit remplir le métal. Il ne reste plus alors qu'à garnir le fond, encore ouvert, du noyau, d'un bouchon de terre dans lequel est fixé l'anneau destiné à supporter le battant, et à ajuster à sa partie supérieure le moule des anses, lequel se fait toujours à part. Enfin, on enterre le moule et l'on y fait arriver le bronze en fusion. Celui-ci pénètre dans la fausse cloche par un trou ménagé à côté des anses. Quant au battant, il se fabrique à part comme les anses, et on lui donne habituellement un poids égal au vingtième de celui de la cloche.

SOIXANTE-HUITIÈME LEÇON

Travail des métaux : estampage.

1. Très souvent, pour obtenir des ornements en relief, on place une feuille de métal sur un moule en creux, nommé *matrice*; on pose par dessus une pièce appelée *poinçon* ou *estampille*, qui présente des saillies correspondant aux creux du moule ; puis, au moyen d'un marteau ou de toute autre manière, on force le poinçon à pénétrer dans la matrice, ce qu'il ne peut faire qu'en

entraînant et poussant devant lui la feuille métallique. Cette opération porte le nom d'**estampage**. Pour qu'elle réussisse bien, il est indispensable que la matrice et le poinçon s'ajustent avec une extrême précision, ce qui oblige à fixer la première sur une base inébranlable, et à faire descendre le second verticalement, sans qu'il puisse dévier dans aucune autre direction.

2. L'ouvrier estampeur procède à son travail de plusieurs

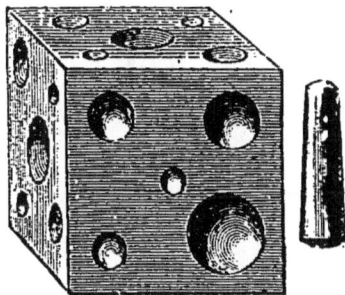

Fig. 40. — Dé et Bouterolle.

manières. Quand l'objet à produire le permet, il se sert de deux outils fort simples qu'on appelle *dé* et *bouterolle* (*fig.* 40). Le *dé* est un cube d'acier dont toutes les faces sont creusées de matrices de dimensions et de formes différentes. Quant à la *bouterolle*, ce n'est autre chose que le poinçon. On conçoit que chaque matrice est accompagnée de son poinçon et qu'on fait entrer celui-ci en frappant dessus avec un marteau ordinaire. Dans d'autres circonstances, on remplace le marteau par un *mouton*, par un *balancier* ou par une *presse* particulière. Quelques mots sur ces trois appareils ont donc ici une place naturelle.

SOIXANTE-NEUVIÈME LEÇON

Travail des métaux : **estampage.** (*Suite.*)

1. Le **mouton** consiste en une masse de fonte plus ou moins volumineuse, dont la partie inférieure porte le poinçon. Ce bloc (*fig.* 41) se meut entre deux poutrelles verticales, au moyen d'une corde qui passe dans la gorge d'une poulie disposée au sommet du bâti. La matrice est fixée immédiatement au dessous, sur un bloc de pierre ou de bois. On conçoit que, pour estamper, il suffit de soulever le mouton à une hauteur convenable, soit en tirant la corde avec la main, soit en appuyant le pied sur un étrier, puis de le laisser retomber de tout

son poids. Au moment du choc, la feuille de métal éprouve une pression énorme qui l'oblige à pénétrer dans les creux de la matrice.

2. Le **balancier** agit de la même manière que le mouton, c'est-à-dire par choc. Il se compose (*fig.* 42) essentiellement : 1° d'un bâti de fonte ou de bois, formant écrou à sa partie supérieure et ayant à sa partie inférieure, un bloc pour supporter la matrice ; 2° d'une grosse vis de fer qui traverse cet écrou, et au bas de laquelle est fixé le poinçon ; 3° d'une barre horizontale de fer, muni à chacune de ses extrémités d'une lourde masse de plomb. Les choses sont disposées de telle sorte, que la vis monte ou descend suivant qu'on fait tourner la barre dans un sens ou dans l'autre, ce qui se fait, soit au moyen de cordes attachées à ses deux bras, soit à l'aide d'un manche fixé

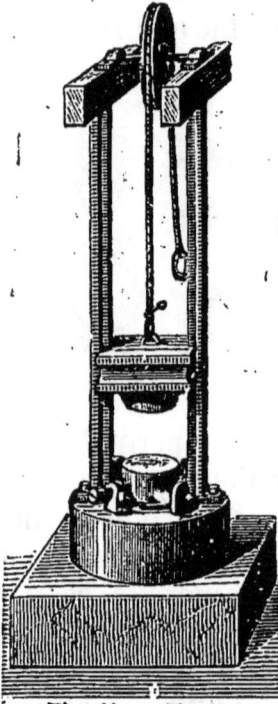

Fig. 41. — Mouton.

à l'un de ces mêmes bras, soit enfin, dans les balanciers de très petites dimensions, en agissant directement sur les bras avec les mains. Quand donc on fait tourner le balancier dans le sens voulu pour que la vis descende, celle-ci

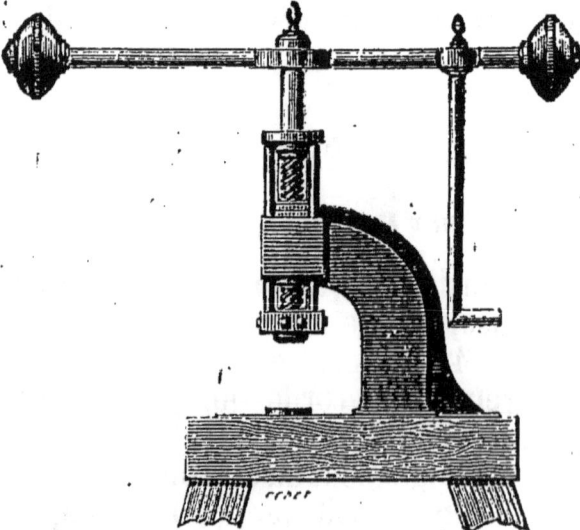

Fig. 42. — Balancier.

rencontre le métal à estamper et le force à s'imprimer

dans la matrice; puis, cet effet produit, elle remonte d'elle-même et regagne sa première position.

3. La **presse à estamper** est beaucoup trop compliquée pour que nous puissions la décrire. Nous dirons seulement qu'elle procède par compression et qu'on peut graduer à volonté l'énergie de son action, ce qui la fait préférer, dans une foule de circonstances, aux appareils qui précèdent.

SOIXANTE-DIXIÈME LEÇON

Travail des métaux : **estampage.** (*Fin.*)

1. Le procédé de l'estampage a les applications les plus variées. Il est l'âme de la fabrication des monnaies et de l'industrie, aujourd'hui si importante, des ustensiles en fer battu. La bijouterie, l'orfèvrerie, la chaudronnerie, en font continuellement usage. La reliure y a recours pour la décoration des livres. On s'en sert encore pour produire sur le cuir, le carton, la toile, les métaux, des ornements de tout genre. Enfin, il rend d'inappréciables services dans les fabriques de clous, d'aiguilles, de boutons, d'épingles, de plumes métalliques.

2. L'estampage remonte à l'origine de l'industrie des métaux. Toutefois, les anciens ne savaient l'opérer qu'à l'aide du *marteau à main* et du *mouton*. Aux modernes appartient l'invention du *balancier* et de la *presse*.

3. Le balancier est incontestablement d'origine française; mais on ne possède aucune indication précise sur ses commencements. On sait seulement qu'il existait en 1616, sous Louis XIII, peut-être même en 1550, sous Henri II. Quant à la presse, elle a été inventée, en 1827, par le mécanicien allemand Henri Ulhorn, et introduite en France, en 1847, par les ingénieurs Cail et Thonnelier. Dans le principe, ces deux machines furent uniquement destinées à la fabrication des monnaies; mais l'industrie ne tarda pas à leur trouver les autres applications qu'on en fait aujourd'hui.

SOIXANTE-ONZIÈME LEÇON

Travail des métaux : **granulation.**

1. Dans plusieurs industries, on a quelquefois besoin de se procurer les métaux ou leurs alliages sous la forme de grains ou de poudres de différents degrés de finesse. Plusieurs procédés sont employés pour cela ; mais nous ne parlerons que des plus simples et surtout de ceux qui servent à obtenir les *limailles* de fer, de fonte et d'acier, les *poudres d'or* et *d'argent* et le *plomb de chasse.*

2. On appelle *limailles* les poudres qu'on obtient au moyen de la **lime** (*fig.* 43). Elles résultent, comme produits secondaires, de toutes les opérations du tra-vail des métaux où l'on se sert de cet outil. La *limaille de fer* entre dans la composition d'un mastic propre à bou-cher les joints des chaudières de tôle. La médecine en fait également usage pour exciter lentement et augmenter par degrés les forces des personnes affaiblies. Quant aux *limailles de fonte* et *d'acier*, elles sont employées par les artificiers pour produire des étin-celles brillantes.

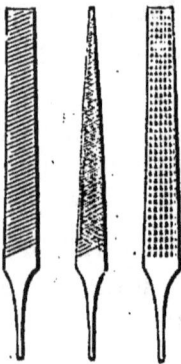

Fig. 43. — Limes.

SOIXANTE-DOUZIÈME LEÇON

Travail des métaux : **granulation.** (*Suite.*)

1. Les **poudres d'or** et **d'argent** se préparent, soit avec des feuilles d'or ou d'argent au livret, soit, ce qui est le plus fréquent, avec les rognures que four-nit la fabrication de ces feuilles. On prend donc une quantité quelconque de feuilles entières ou de rognures ; pour qu'elles ne puissent s'envoler, on en forme une pâte avec du miel blanc et l'on broie cette pâte sur une table de marbre. Quand on juge que l'opération a été suffisamment prolongée, on jette le tout dans de l'eau chaude, qui dissout le miel, tandis que le métal, étant insoluble, se précipite, tombe au fond du vase. Il n'y a

plus alors qu'à recueillir la poudre déposée, à la laver et à la faire sécher.

2. Les poudres d'or et d'argent sont principalement employées pour la décoration du verre et de la porcelaine, et le coloriage des estampes. Le plus souvent, pour les livrer au commerce, on les broie avec de l'eau gommée, puis on les étend, tantôt sur des godets de porcelaine, tantôt sur la partie creuse de coquilles de moules. Dans ce dernier cas, elles constituent ce qu'on appelle l'*or* ou *l'argent en coquilles*.

SOIXANTE-TREIZIÈME LEÇON

Travail des métaux : **granulation.** (*Suite.*)

1. La fabrication du **plomb granulé**, ou **plomb de chasse**, repose sur la propriété que possède le plomb de se convertir en grains sphériques quand on y ajoute une quantité convenable d'arsenic.

2. Après avoir fait fondre le métal, on le verse dans une passoire en tôle, percée de trous égaux et parfaitement ronds, et placée à la partie supérieure d'une tour (*fig.* 44), au bas de laquelle se trouve une cuve pleine d'eau. La hauteur de la chute varie de 30 à 70 mètres, suivant la grosseur que doivent avoir les grains. Si l'opération est bien conduite, ceux-ci

Fig. 44. — Fabrication du plomb de chasse.

se forment très nettement. Cependant, quoi qu'ils aient passé par des trous d'un même diamètre, ils ne sont pas tous d'égale grosseur, ce qui oblige à les trier. On effectue ce triage, ou classement, à l'aide de cribles. Il ne reste plus qu'à les *lisser*, c'est-à-dire à les rendre unis et luisants en les faisant tourner, avec un peu de plombagine[1], dans un tonneau horizontal que traverse un axe de fer terminé par une manivelle.

SOIXANTE-QUATORZIÈME LEÇON

Travail des métaux : **dorure** et **argenture.**

1. La **dorure** et l'**argenture** ont pour objet de donner à peu de frais aux métaux communs l'apparence de l'or ou de l'argent. Elles se font le plus souvent sur le bronze, le laiton et le zinc. On peut opérer de plusieurs manières, mais on commence toujours par nettoyer parfaitement les objets, ce qu'on appelle *décaper.*

2. Dans le procédé dit *à la feuille,* après avoir chauffé la pièce à dorer ou à argenter, on étend dessus une ou plusieurs feuilles d'or ou d'argent au livret, et l'on frotte avec un outil d'acier, nommé *brunissoir.* Cette méthode a été connue de tous les peuples de l'antiquité. On y a presque entièrement renoncé de nos jours, parce qu'elle est trop coûteuse. Néanmoins, on l'emploie encore pour dorer ou argenter le bois, le cuir, le carton, mais en ayant soin de recouvrir préalablement les objets d'une couche très mince d'un enduit visqueux qui tient lieu de colle, et fait adhérer les feuilles.

3. Dans le procédé dit *au mercure,* on prépare avec de l'or ou de l'argent et du mercure une pâte épaisse dans laquelle on trempe un pinceau en fils de laiton, qu'on nomme *gratte-boesse,* puis, avec ce pinceau on frotte vivement les pièces. Quand on juge que celles-ci sont recouvertes d'une quantité assez grande de cette pâte, on les expose à une chaleur modérée qui fait volatiliser le mercure et laisse le métal précieux, à la surface. Cette manière d'opérer a été également connue des anciens. C'est celle que les modernes ont le plus employée jusqu'à ces dernières années. On y a rarement recours aujourd'hui, parce qu'elle est excessivement dangereuse pour les ouvriers.

4. Les procédés qui précèdent, et beaucoup d'autres que nous passons sous silence, ont été presque entièrement abandonnés depuis l'invention de la *dorure* et de *l'argenture galvaniques :* il sera question de ces dernières quand nous nous occuperons de l'Électro-Métallurgie, dont elles ne sont que des applications particulières.

SOIXANTE-QUINZIÈME LEÇON

Travail des métaux : **étamage.**

1. *Étamer*, c'est recouvrir un métal d'une couche d'étain ou de zinc. Quand on emploie l'étain, l'opération s'appelle *étamage :* c'est l'étamage proprement dit. Quand on se sert du zinc, elle porte le nom de *zingage*. On étame le cuivre et le fer, mais pour des raisons différentes. Parlons d'abord du cuivre.

2. Personne n'ignore que lorsqu'on laisse refroidir des aliments dans des vases de cuivre, ces aliments deviennent dangereux, parce que, sous l'influence du sel, des acides et des graisses qu'ils contiennent, le métal donne naissance à des composés vénéneux qui se dissolvent dans la masse. C'est pour prévenir cet inconvénient, source de beaucoup d'accidents, qu'on a imaginé d'étamer le cuivre, parce que les matières qui l'attaquent sont sans action sur l'étain.

3. L'opération est des plus simples. On commence par nettoyer l'objet à étamer. A cet effet, on le chauffe, et, en même temps, on le frotte avec un tampon d'étoupe saupoudré de sel ammoniac. Quand il est devenu très brillant, on verse dessus, en continuant de le chauffer, une quantité convenable d'étain fondu, qui doit être très pur, et qu'on étend avec l'étoupe, de manière qu'il y en ait partout une épaisseur uniforme.

4. On attribue l'invention de l'étamage à nos pères, les Gaulois ; mais on ne dit pas s'ils la firent pour empêcher le cuivre d'être nuisible, ou s'ils n'y virent qu'un moyen de se procurer, à bon marché, des ornements imitant ceux d'argent.

SOIXANTE-SEIZIÈME LEÇON

Travail des métaux : **étamage.** (*Suite.*)

1. On sait que la *tôle* ordinaire, ou tôle de fer, n'est que du fer réduit en feuilles minces au moyen du laminage. Quand elle est exposée au contact de l'air humide,

elle se couvre très rapidement d'une couche de rouille, qui, augmentant toujours, finit par amener la destruction du métal. On prévient cet effet, en étamant la tôle, ce qui la transforme en **ferblanc**. La tôle qu'on destine à cette opération doit toujours être de la meilleure qualité. Après l'avoir décapée, on la plonge dans de l'étain liquide, et on l'y laisse pendant une heure et demie ou deux. Au sortir de ce bain, elle retient sur ses deux faces une pellicule d'étain qui s'est intimement unie au fer, et qui ne tarde pas à se solidifier.

Fig. 45. — Colbert.

2. La fabrication du ferblanc a, dit-on, commencé en Bohême vers la fin du seizième siècle ou au commencement du dix-septième. On raconte que, vers 1620, elle fut introduite en Saxe, d'où, en 1670, un Anglais, du nom d'André Yaranton, la fit connaître à son pays. A cette dernière époque, il y avait déjà dix ans que des ouvriers allemands, attirés par le grand Colbert (*fig.* 45), l'avaient apportée en France.

SOIXANTE-DIX-SEPTIÈME LEÇON

Travail des métaux : **étamage.** (*Fin.*)

1. Aujourd'hui, au lieu d'étain, on emploie souvent le zinc pour soustraire le fer à l'action de l'air humide. Ainsi que l'on vient de le voir, cette espèce d'étamage se nomme **zingage** ; mais, dans le langage usuel, on l'appelle souvent, et très improprement, **galvanisation**. Cet emploi du zinc forme un préservatif d'une très grande valeur ; ce qui le rend encore plus précieux, c'est qu'il s'applique à tous les objets de fer sans exception, même à ceux de fonte.

2. Le zingage est d'origine française. Proposé, dès

1742, par le chimiste Malouin, il était oublié depuis fort longtemps, lorsqu'en 1836, un ingénieur parisien du nom de Sorel eut l'idée de le faire revivre et le bonheur de le rendre pratique.

INDUSTRIE DES POTERIES

SOIXANTE-DIX-HUITIÈME LEÇON

Poteries (*Généralités*).

1. Tout le monde sait que les matières terreuses de la classe des *argiles* forment avec l'eau des pâtes onctueuses et liantes auxquelles on peut faire prendre les formes les plus diverses, et qui, par l'action du feu, deviennent extrêmement dures et tenaces. Ces matières sont communément appelées *terres à potier*, parce que, en raison des propriétés que nous venons de rappeler, elles servent à la fabrication de ces vases si nombreux et si différents qu'on désigne tous ensemble sous le nom de **poteries**. On emploie l'une ou l'autre de leurs variétés suivant l'usage qu'on veut faire des objets fabriqués.

2. Ce n'est pas tout; quand l'argile est cuite, c'est-à-dire a été exposée à une certaine chaleur, elle est tellement poreuse, c'est-à-dire criblée de tant de trous microscopiques, que l'eau peut la pénétrer. Si les vases doivent contenir des liquides, on est donc obligé de les rendre imperméables. Il suffit pour cela de recouvrir la pâte d'un enduit qui, sous l'influence du feu, se convertit en une espèce de verre. Cet enduit constitue ce qu'on appelle *glaçure*.

SOIXANTE-DIX-NEUVIÈME LEÇON

Poteries (*Principales espèces*).

1. Il existe un grand nombre d'espèces de poteries. Néanmoins, en prenant pour base la composition de leur pâte, on les divise en cinq grandes classes ou

catégories qu'on appelle : *poteries vernissées, faïences communes, faïences fines, grès* et *porcelaines.*

2. Les **poteries vernissées** sont les produits les plus simples et les plus grossiers de l'art du potier, ceux qui coûtent le moins cher et qu'emploient, par conséquent, les ménages pauvres. La pâte est faite d'argile commune, de marne argileuse et de sable. La glaçure, toujours très mince et peu solide, contient du plomb, ce qui les rend fort dangereuses.

3. Les **faïences communes** sont les **faïences ordinaires** du commerce, elles ont la pâte à peu près composée comme celle des précédentes, mais elle est préparée avec plus de soin. La glaçure est très épaisse, généralement assez solide, et renferme de l'étain.

4. Les **faïences fines** sont également appelées **faïences anglaises**, parce que l'industrie qui les produit a pris naissance en Angleterre. La pâte, préparée avec de grandes précautions, est un mélange d'argile de choix et de silex pulvérisé très fin; on y ajoute souvent un peu de craie. La glaçure est un véritable verre pour la préparation duquel on emploie le quartz, la soude et l'oxyde de plomb.

5. Les **grès** ont la pâte généralement formée d'argile, de sable et de silex ou de ciment. Ils sont naturellement imperméables, ce qui peut dispenser de toute glaçure. Quand on les glace, on se contente de jeter dans le four quelques poignées de sel marin humide.

6. La **porcelaine** est la reine des poteries, c'est-à-dire la plus belle et la plus précieuse. Ce qui la distingue essentiellement de toutes les autres, c'est qu'elle est translucide. Aussi, quand on regarde à la lumière une assiette qui en est faite, on voit à travers, ce qui n'a jamais lieu lorsqu'on place dans la même position une assiette de faïence ordinaire ou de faïence anglaise, encore moins de poterie commune. L'espèce d'argile qu'on appelle *kaolin*, est la matière principale de la pâte, le feldspath quartzeux, autre substance minérale, celle de la glaçure, qui est complètement terreuse.

QUATRE-VINGTIÈME LEÇON

Poteries (*Fabrication*).

1. La fabrication des poteries est beaucoup trop compliquée pour que nous puissions la décrire d'une manière détaillée. Aussi, nous contenterons-nous d'en donner une idée générale. Elle comprend quatre opérations principales : La *préparation de la pâte*, le *façonnage*, le *posage des glaçures* et la *cuisson*.

2. Comme son nom l'indique, la **préparation de la pâte** a pour objet de convertir les matières premières en une masse molle propre à être travaillée convenablement. On commence par les nettoyer des pierres et des autres impuretés qu'elles peuvent contenir, après quoi on broie plus ou moins finement celles qui en ont besoin; enfin, on les mélange suivant les proportions voulues.

3. Le mélange terminé, on y ajoute la quantité d'eau nécessaire et l'on pétrit le tout, soit avec les pieds, soit au moyen de moulins. Quand on a ainsi obtenu une pâte bien homogène, on l'emploie immédiatement, s'il s'agit de poteries communes ; si, au contraire, on veut produire des pièces soignées, on la laisse reposer pendant un temps qui, pour certaines porcelaines, dure quelquefois des années entières. On donne le nom de **pourrissage** au temps que dure ce repos; il a pour objet de rendre la pâte meilleure.

QUATRE-VINGT-UNIÈME LEÇON

Poteries (*Fabrication*).

1. La pâte étant préparée, il s'agit de lui faire prendre la forme des objets : c'est en cela que consiste le **façonnage**. Dans l'origine, cette opération se pratiquait uniquement à la main; aujourd'hui encore les choses n'ont pas changé pour certains vases que leurs dimensions ne permettraient pas de produire autrement : partout ailleurs, chez les nations tant soit peu civilisées, il s'ef-

fectue par le procédé du *tournage* ou par celui du *moulage*.

2. Le **tournage** est ainsi appelé parce qu'il exige l'emploi d'un instrument qu'on nomme **tour** ou **roue du potier**. La pièce principale de cet instrument est un axe vertical (*fig.*46) en fer portant à son extrémité supé-

Fig. 46. — Roue du potier.

rieure un petit plateau de bois appelé *girelle*, et à son extrémité inférieure un plateau semblable, mais plus grand, qu'on appelle *roue*. L'ouvrier place un bloc de pâte sur la girelle, puis, faisant tourner la roue avec le pied, il élève cette pâte en forme de cône, la rabaisse de manière à la convertir en une espèce de gâteau, rond et plat, qu'il perce avec les pouces. Il l'élève ensuite de nouveau en la pinçant entre les pouces et les autres doigts, et lui donne le commencement de la forme qu'il veut lui faire prendre. Il l'étend ainsi peu à peu en la maintenant humide à l'aide d'une bouillie très claire d'argile qu'il prend de temps en temps avec la main, et la rapproche graduellement de la forme définitive qu'elle doit avoir. On obtient ainsi toutes les pièces rondes ou cylindriques.

3. Comme son nom l'indique, le **moulage** a lieu au moyen de modèles creux, ou *moules*, qui sont de plâtre, d'argile ou de métal. Il consiste à introduire la pâte dans ces modèles, dont on la force par la pression à épouser tous les détails. Ce mode d'opérer s'emploie pour tous les objets sans exception, depuis les briques les plus

grossières jusqu'aux statuettes les plus délicates. Certains ne peuvent
même être obte-
nus autrement.
Dans la pratique,
on l'applique de
plusieurs maniè-
res fort diffé-
rentes, qu'on ap-
pelle *à la balle*,
à la croûte ou *à
la housse*, et l'on
emploie l'une
plutôt que l'au-
tre, suivant le
genre des pote-
ries qu'on veut
produire. Une de

Fig. 47. — Moulage à la croûte.

ces manières, la deuxième, est indiquée par la figure 47.

QUATRE-VINGT-DEUXIÈME LEÇON

Poteries. (*Fabrication.*)

1. On sait qu'on appelle **glaçures** les enduits qui
servent à rendre les poteries imperméables aux liquides.
Ces enduits sont eux-mêmes liquides, et c'est leur application sur les pièces qu'on appelle **posage.** Tantôt, cette
opération se fait aussitôt après le façonnage ; tantôt,
au contraire, elle n'a lieu qu'après que les objets ont
subi un commencement de cuisson ou pendant la cuisson
elle-même. Cela dépend de la composition des poteries,
et même de la manière de l'effectuer.

2. Cuire les poteries, c'est les exposer, pendant un
certain temps, à une forte chaleur. Cette opération, qu'on
appelle **cuisson,** a pour objet principal de les rendre
assez solides pour qu'on puisse les manier sans les
briser. Elle se fait au moyen de fours particuliers dont la
forme peut beaucoup varier, mais qui doivent toujours
être disposés de façon que la fumée, les cendres et les
fragments du combustible ne puissent toucher les poteries.

4.

3. L'enfournement des poteries présente aussi de grandes différences. S'agit-il d'objets grossiers, qui n'ont point de glaçure ou dont la glaçure ne peut pas se ramollir à la température où la cuisson de la pâte a lieu? On se contente de les mettre les uns dans les autres ou les uns sur les autres ; c'est ainsi qu'on agit pour les poteries communes (*fig.* 48).

Fig. 48. — Four à poteries communes.

Sont-ils, au contraire, fragiles ou bien leur glaçure entre-t-elle en fusion avant que la cuisson de la pâte ne s'effectue? On les place les uns à côté des autres sur des plaques de terre cuite que supportent des piliers de même matière; on enfourne de cette façon les faïences communes. Les choses sont encore bien plus compliquées pour les diverses sortes de porcelaines et de faïences fines. Ces poteries sont enfermées dans des boîtes ou étuis en terre cuite, qu'on nomme *cazettes*, et qui sont ensuite fermés hermétiquement. La *fig.* 49, qui représente un four à porcelaine, vu en coupe, montre comment les pièces sont disposées dans les cazettes et celles-ci dans le four.

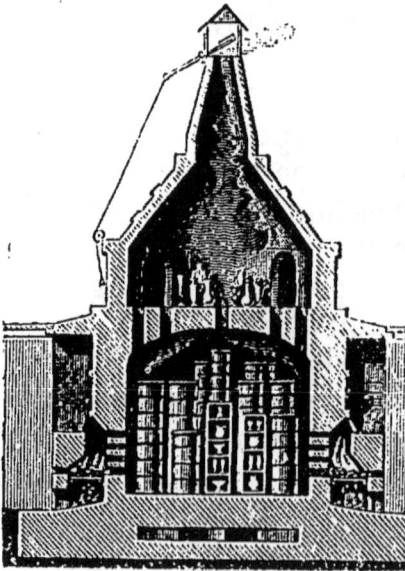

Fig. 49. — Four à porcelaine.

QUATRE-VINGT-TROISIÈME LEÇON

Poteries. (*Histoire.*)

1. Comme on a trouvé des poteries chez tous les peuples et aux époques les plus reculées, il est naturel de

Fig. 50. — Roue du potier des peuples primitifs.

penser que l'art du potier remonte aux premiers âges de l'histoire. Toutefois, dans le principe, les poteries durent être très grossières et simplement séchées au soleil. Plus tard, l'expérience ayant appris que l'argile durcit beaucoup au feu, on tira parti de cette découverte pour augmenter leur solidité au moyen de la cuisson. Plus tard encore, on remarqua que les poteries qui ne sont pas naturellement imperméables peuvent le devenir si l'on a soin de les recouvrir d'une matière vitrifiable, et alors prit naissance l'emploi de ces enduits que nous avons dit s'appeler *glaçures*. Chez tous les peuples, les choses se sont passées ainsi et dans le même ordre.

2. Parmi les poteries que fabriquent actuellement les nations européennes, les plus anciennes sont celles que l'on nomme *vernissées*, parce que, comme nous le savons, elles sont revêtues d'un vernis, c'est-à-dire d'une glaçure à base de plomb, et qui constituent nos *poteries*

communes. On suppose qu'elles ont été inventées en Asie, et que leur introduction en Europe a eu lieu du sixième au huitième siècle de notre ère. On en faisait déjà en France au commencement du treizième.

3. Les *poteries émaillées*, c'est-à-dire nos *faïences communes*, sont également d'origine orientale. Leurs procédés de fabrication paraissent avoir été apportés par les Arabes, d'une part, à Constantinople, vers le septième siècle, d'autre part, en Espagne, un peu plus tard. Dans tous les cas, ils étaient connus, depuis longtemps dans toutes les provinces méridionales de l'Espagne, peut-être même en Allemagne, quand vers le milieu du quinzième siècle, Luca della Robbia, célèbre sculpteur florentin, en ayant eu connaissance, on ignore comment, les importa en Italie, où l'on ne tarda pas à les appliquer sur une vaste échelle. C'est de Faenza, l'une des villes de la Romagne, où la production de ces poteries se développa le plus, que vient le nom de *faïence*, sous lequel on les désigne dans notre pays. Cette industrie fut introduite en France, en 1602, sous Henri IV, par des ouvriers italiens qui vinrent s'établir à Nevers.

QUATRE-VINGT-QUATRIÈME LEÇON

Poteries. (*Histoire.*)

1. La *porcelaine* est originaire de la Chine. On ignore à quelle époque précise elle a été connue des peuples européens. Dans tous les cas, c'est vers le milieu du dix-septième siècle qu'ils ont, pour la première fois, cherché à l'imiter. A partir de ce moment, une foule de savants et d'artistes se mirent à l'œuvre pour résoudre le problème ; mais, pendant longtemps, ce fut en vain parce qu'on ne savait où trouver les matières premières. Enfin, le hasard ayant fait découvrir un gîte de kaolin en Saxe, le chimiste allemand Jean-Frédéric Bottger réussit le premier à produire une poterie absolument semblable à celle de la Chine. Cet événement eut lieu à la fin de 1709.

2. Le secret si longtemps cherché, étant trouvé, tous les souverains voulurent avoir des fabriques de porcelaine ; mais, comme leurs États ne contenaient

pas de kaolin, ils éprouvèrent les plus grands obstacles, parce qu'il fallait tirer à grands frais cette substance de la Saxe, et que le gouvernement de ce pays faisait les plus grands efforts pour en empêcher ou du moins en restreindre la sortie. La France se trouva dans cet embarras jusqu'en 1768, époque à laquelle on découvrit aux environs de Saint-Yrieix, en Limousin, les gîtes de kaolin qui n'ont cessé depuis d'alimenter nos porcelaineries.

3. Pendant que, dans toute l'Europe continentale, on cherchait à faire de la porcelaine, les potiers anglais s'occupaient uniquement d'améliorer leurs poteries communes. Enfin, vers 1763, l'un d'eux, Josiah Wedgwood, réunissant et complétant les travaux de ses devanciers, fonda la fabrication de la *faïence fine*, qui fut introduite en France, vers 1780. Quant aux *grès*, on admet assez généralement qu'ils ont été connus des potiers de l'ancienne Égypte, et que les peuples européens n'ont commencé à les produire que dans le courant du huitième siècle.

INDUSTRIE DU VERRE

QUATRE-VINGT-CINQUIÈME LEÇON

Comment on fait le **verre**. (*Généralités.*)

1. Parmi les produits de l'industrie qui donnent la plus haute idée du génie de l'homme, on doit citer le **verre** comme un des plus importants. On donne ce nom à une matière transparente, dure, cassante et douée d'un éclat particulier qu'on appelle *éclat vitreux*. On sait que cette matière passe, quand on la chauffe, par tous les degrés de mollesse possible, et qu'elle peut alors être soufflée en bulles comme l'eau de savon, se mouler comme la cire, s'étirer en tubes ou en fils comme le caoutchouc, après quoi elle reprend sa dureté primitive par le refroidissement.

2. Le verre est un des plus puissants auxiliaires de l'hygiène. Comme *vitre*, il nous met à l'abri des in-

tempéries, sans nous priver de l'action bienfaisante de la lumière ; comme *glace*, il devient miroir et facilite nos soins de propreté ; comme *gobeleterie*, il s'applique à une multitude d'usages, surtout à la conservation de nos boissons et de nos aliments ; enfin, sous forme de *lentilles* ou de *tubes*, il rend à la science des services si considérables que, sans lui, la chimie, la physique, l'astronomie et l'histoire naturelle n'auraient pu faire leurs plus brillantes découvertes.

QUATRE-VINGT-SIXIÈME LEÇON

Comment on fait le **verre**. (*Matières premières*.)

1. On obtient le verre en unissant un silicate à base de potasse ou de soude à un silicate à base de chaux, de magnésie ou d'alumine. On ajoute au mélange diverses substances, suivant les qualités particulières qu'on veut donner au verre. Quand les matières employées sont très pures, le verre est généralement incolore ; mais on lui communique les teintes les plus variées en y incorporant des oxydes métalliques.

2. Pour fabriquer le verre, on commence par pulvériser finement les matières, puis, après les avoir mêlées avec soin, on les calcine afin de chasser toute l'humidité qu'elles peuvent contenir. On les introduit alors dans des vases, ou *pots*, en terre très réfractaire (*fig.* 51), qui sont disposés dans des fours d'une construction particulière. Sous l'action du feu, elles entrent en fusion et quand la pâte presque liquide qu'elles forment est bonne à employer,

Fig. 51.
A Pot à verre commun.   B Pot à cristal.

on lui donne les façons qu'elle doit recevoir. Les pièces fabriquées sont ensuite soumises à un refroidissement gradué, opération qu'on appelle *recuit*, et sans laquelle elles ne présenteraient aucune solidité, car elles se briseraient au moindre choc.

QUATRE-VINGT-SEPTIÈME LEÇON

Comment on fait le **verre** (*Différentes sortes*).

1. Il y a plusieurs espèces de verres. Elles diffèrent entre elles suivant la nature des matières employées et la proportion dans laquelle ces matières ont été mélangées. En général, on les divise toutes en deux grandes classes, en *verres ordinaires* ou *verres sans plomb*, et en *verres plombeux*, c'est-à-dire contenant du plomb.

2. Les verres de la première classe sont le *verre à vitres*, le *verre à gobeleterie*, le *verre à glaces* et le *verre à bouteilles*. Ceux de la seconde comprennent le *cristal*, le *flint-glass* et le *strass*. Notons encore que le verre à vitres et le verre à glaces, sont, l'un et l'autre, du *verre en table*, c'est-à-dire produits sous forme de feuilles ou de plaques, tandis que le verre à gobeleterie et le verre à bouteilles sont du *verre en creux*, parce qu'ils servent principalement à fabriquer les vases destinés à renfermer des liquides. Quant aux verres plombeux, ils sont, suivant le cas, du verre en table ou du verre en creux.

QUATRE-VINGT-HUITIÈME LEÇON

Comment on fait le **verre** (*Verre à vitres*).

1. Les matières premières du **verre à vitres** sont : le sable, la craie et la soude ou la potasse. C'est par le **soufflage** qu'on fabrique les vitres. L'outil dont on se sert est un tube de fer, appelé *canne*, qui, long d'un mètre et demi à deux mètres, est entouré de bois à son extrémité supérieure, pour qu'on puisse le manier

Fig. 52. — Ouvrier soufflant le verre.

sans se brûler. Essayons de donner une idée de cette
fabrication.

2. L'ouvrier, tenant sa canne par la partie garnie de
bois, plonge le bout opposé dans le pot rempli de verre
fondu et le retire aussitôt avec la matière pâteuse qui s'y
est attachée. Il tourne et retourne cette matière sur une
plaque de fonte,
puis, soufflant dans
la canne, lui fait
prendre la forme
d'une boule creuse.
Il la ramène ensuite
en bas et, toujours
soufflant (*fig*. 52), lui
imprime un balan-
cement de droite à
gauche et de gauche
à droite, afin qu'elle
s'allonge peu à peu
et de boule se change
en cylindre (*fig*. 53).

Fig. 53. — Fabrication du verre à vitres.

3. Ce cylindre se
nomme *manchon*.
Après en avoir déta-
ché les deux calottes,
on le fend dans sa
longueur (*fig*. 54), puis on l'étend en appliquant dessus

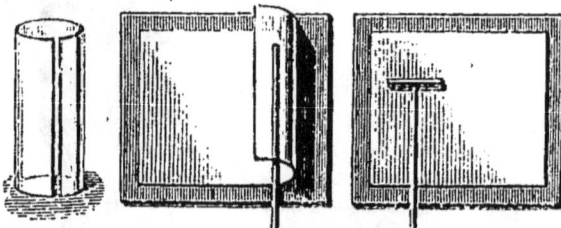

Fig. 54, 55, 56. — Fabrication du verre à vitres.

une baguette
de fer (*fig*. 55).
Il n'y a plus
alors qu'à po-
ser dans une
salle la feuille
produite et à
l'unir en y pro-
menant un râteau de bois (*fig*. 56).

4. Les cylindres, au moyen desquels on met les pendules à l'abri de la poussière, se fabriquent de la même
manière ; seulement, on n'enlève qu'une seule calotte et
l'on ne fend pas le manchon dans sa longueur.

QUATRE-VINGT-NEUVIÈME LEÇON

Comment on fait le **verre**. (*Verre à glaces.*)

1. Le verre à glaces se prépare avec un mélange de sable très blanc et très pur, de chaux éteinte et de carbonate de soude ; ce dernier en forte proportion pour que la masse soit plus, fusible et plus fluide. On le met en œuvre par le procédé du **coulage**. A cet effet, aussitôt qu'il est arrivé au point de fusion convenable, on le verse sur une table de bronze parfaitement dressée (*fig.* 57), et qui a été préalablement chauffée. Les côtés de

Fig. 57. — Coulage des glaces.

cette table sont munis de tringles de fer qui servent à retenir la matière pâteuse et à en régler l'épaisseur. Celle-ci s'étale donc sur une table et, pour qu'elle s'étende uniformément, on passe dessus un lourd rouleau de fonte, dont les extrémités portent sur les tringles.

2. L'opération terminée, on pousse la glace dans un four où on la laisse refroidir entièrement. Quand elle est froide, on la *dégrossit*, c'est-à-dire qu'on en fait disparaître les aspérités en la frottant avec de l'émeri sur lequel on promène une autre glace plus petite :après ce travail, elle est mate. Pour la rendre transparente, on la *polit*.

Cette opération consiste à la saupoudrer de colcothar délayé dans de l'eau, et à la frotter, ainsi garnie, avec des pièces de bois revêtues de feutre, et qu'on fait mouvoir à la main ou à l'aide d'une machine à vapeur.

3. Les glaces sont livrées au commerce dans deux états : *nues* ou *étamées*. Dans le premier cas, elles sont simplement polies et servent à garnir les devantures des magasins. Dans le second cas, elles sont non seulement polies, mais encore *étamées*, c'est-à-dire recouvertes sur l'une de leurs faces d'une pellicule métallique. Cette pellicule est formée, tantôt d'un amalgame d'étain et de mercure, tantôt d'une couche d'argent. C'est elle qui leur donne la propriété de réfléchir la lumière et de pouvoir servir de miroir.

QUATRE-VINGT-DIXIÈME LEÇON

Comment on fait le **verre**. (*Verre à bouteilles, à gobeleterie*).

1. Le mot **gobeleterie** sert à désigner tous les objets communs du service de table : verres à boire, salières, carafes, etc., ainsi que les vases et flacons en usage dans la pharmacie et dans les laboratoires de chimie et de physique. Le verre avec lequel on les confectionne diffère très peu du verre à vitres. On le travaille, soit par le **soufflage** ou le **moulage** seulement, soit en combinant les deux procédés. Dans ce dernier cas, on commence par souffler le verre en boule, puis on introduit cette boule dans des moules de terre cuite, de bois mouillé ou de métal, dont on la force, en soufflant, à prendre toutes les empreintes.

2. Pour faire le **verre à bouteilles** on emploie des matières communes, par conséquent, très impures, telles que le sable ocreux, la soude brute de varechs, les cendres lessivées, car il faut avant tout livrer les produits à très bas prix. C'est presque toujours à l'aide du **soufflage** combiné avec le **moulage** qu'on fabrique les bouteilles. Après avoir, avec la canne, *cueilli*, c'est-à-dire pris une quantité convenable de verre fondu, l'ouvrier la souffle de manière à l'allonger, d'abord en

forme de poire (*fig.* 58), puis en une sorte de cylindre.
Enfin, il l'introduit, toujours en soufflant, dans un moule
de terre cuite ou de bronze (*fig.* 59), pour lui donner
la forme définitive qu'elle doit con-
server. Renversant alors la canne et
l'appuyant contre terre, il enfonce
le fond de la bouteille avec un
instrument approprié. Il ne reste
plus, pour terminer celle-ci, qu'à
la retourner, à l'attacher à la canne
par son fond, et enfin à former à
l'extrémité du goulot, avec un peu
de pâte vitreuse, l'anneau ou cor-
don qui sert à renforcer cette
partie.

Fig. 58.   Fig. 59.

QUATRE-VINGT-ONZIÈME LEÇON

Comment on fait le **verre** (*Cristal*).

1. Occupons-nous maintenant des verres plombeux.
Ces verres sont constitués par le **cristal** et ses variétés.
Ce qui distingue ce verre de tous les autres, c'est qu'il
est complètement incolore, d'une homogénéité parfaite
et d'une transparence irréprochable. Pour obtenir ces
résultats, on emploie des matières d'une pureté aussi
grande que possible, et qui sont le sable blanc, le
carbonate de potasse et l'oxyde de plomb.

2. Le cristal se fond dans des pots couverts (*fig.* 60).
On le travaille, comme le verre à bou-
teilles et à gobeleterie, c'est-à-dire
tantôt au moyen du soufflage ou du
moulage, tantôt en combinant les deux
procédés ; mais toujours avec le soin
le plus minutieux.

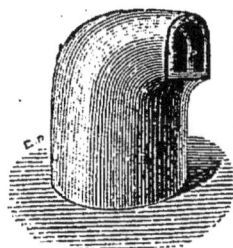

Fig. 60.
Pot à cristal.

3. Le **flint-glass** et le **strass**,
sont deux variétés de cristal, qui s'emploient exclusivement, le premier pour
les instruments d'optique, le second pour imiter les
pierres précieuses.

QUATRE-VINGT-DOUZIÈME LEÇON

Comment on fait le **verre.** (*Histoire.*)

1. L'époque de l'invention du verre est absolument inconnue. On sait seulement que plus de trois mille ans avant J.-C., les verriers de l'Égypte et de la Phénicie étaient déjà d'une très grande habileté et que, à l'exception de la gravure, qui est toute moderne, ils connaissaient et appliquaient les mêmes procédés que ceux de nos jours. Ce furent les Égyptiens qui enseignèrent aux Grecs et aux Romains l'art du verrier, mais ces derniers seuls le cultivèrent avec succès ; aux anciens usages du verre ils en joignirent même un tout nouveau, celui des **vitres** d'appartement.

2. Au cinquième siècle, c'est-à-dire à l'époque de l'invasion des Barbares, l'industrie du verre tomba en pleine décadence dans toute l'Europe occidentale, où pendant longtemps, on ne sut faire que des objets grossiers. Au contraire, elle resta florissante en Orient, et c'est là que les Vénitiens allèrent chercher des ouvriers et des connaissances pratiques, lorsque, vers l'an 1350, ils voulurent s'occuper de la fabrication de la verrerie de luxe.

3. Les habitants de Venise firent revivre tous les genres qui s'étaient perdus et, pendant plus de trois cents ans, inondèrent de leurs produits toutes les parties de l'Europe, ainsi que le nord de l'Afrique et jusqu'au centre de l'Asie. Ils inventèrent l'étamage du verre, par conséquent, les **glaces-miroirs.** Cependant, leurs succès excitèrent peu à peu l'émulation des autres peuples ; mais ils ne rencontrèrent de véritables rivaux que dans la seconde moitié du dix-septième siècle.

QUATRE-VINGT-TREIZIÈME LEÇON

Comment on fait le **verre.** (*Histoire.*)

1. On vient de voir que les Vénitiens furent en possession de l'industrie des verres de luxe jusque dans la seconde moitié du dix-septième siècle. C'est, en effet, à

cette époque que les verriers de la Bohême commencèrent à fabriquer en grand leur verre célèbre. Presque en même temps, des ouvriers français, encouragés par le grand Colbert, ministre de Louis XIV, fondèrent à Tourlaville, près de Cherbourg, une manufacture de glaces qui devint bientôt célèbre, et dans un établissement du même genre créé à Paris, un peu avant 1688, un homme de génie, Abraham Thévart, révolutionna cette branche d'industrie en remplaçant le procédé du soufflage par le procédé actuel du coulage. Enfin, entre 1635 et 1700, les Anglais inventèrent le verre à base de plomb, ou **cristal,** dont la fabrication fut introduite en France, vers 1784, par un verrier de Saint-Cloud, nommé Lambert.

2. Au commencement de notre siècle est due l'invention des **verres pour l'optique.** On appelle ainsi les disques ou lentilles des lunettes d'approche, des microscopes et des autres instruments analogues. Dans le principe, ces instruments avaient le défaut de produire des images dont les bords n'étaient pas bien nets. Après une foule de recherches, auxquelles prirent part, les savants les plus renommés de l'époque, un opticien de Londres, nommé Dollond, reconnut, vers 1757, que pour remédier à ce défaut, il suffisait de former les lentilles de deux verres de composition différente, le flint-glass et le verre à vitres. Toutefois, il fut d'abord impossible de profiter de cette découverte parce que le flint-glass qu'on trouvait dans le commerce n'avait pas les qualités convenables. Ce fut un ouvrier suisse, du nom de Guinand, qui, aux environs de 1805, réussit à fabriquer ce verre tel qu'il le fallait. Il tint son procédé secret jusqu'en 1816, époque de sa mort, après laquelle sa femme et ses enfants le vendirent à différentes personnes. Dès ce moment, les verres pour l'optique purent être fabriqués partout.

INDUSTRIES TEXTILES

QUATRE-VINGT-QUATORZIÈME LEÇON

Principaux textiles : le coton.

1. Le **coton** est fourni par un arbuste des pays chauds, qu'on appelle *cotonnier*. Le fruit de cet arbuste consiste en une capsule ayant à peu près la grosseur et la forme d'une noisette, et dont les graines sont enveloppées d'un duvet fin et soyeux. A l'époque de la maturité, il s'ouvre de lui-même et laisse déborder le duvet, qui offre alors l'aspect d'une houppe floconneuse (*fig.* 61). La matière textile que l'industrie emploie n'est autre chose que les poils ou brins qui composent cette houppe. Pour se la procurer, il suffit de récolter les capsules et de les livrer à des machines spéciales qui les brisent et en séparent les graines et les débris ligneux. Enfin, quand le coton est convenablement nettoyé, on l'expédie aux filatures sous le nom de *coton en laine.*

Fig. 61.—Branche de cotonnier, avec deux fruits dont l'un, mûr et ouvert, laissant déborder la houppe de duvet.

2. Il existe plusieurs variétés de cotonniers; mais, dans le commerce, on distingue tous les cotons suivant la longueur de leurs fibres, parce qu'on a remarqué que cette qualité est généralement accompagnée de

toutes les autres. En conséquence, on les divise en *cotons à longues soies* et en *cotons à courtes soies*. Les premiers viennent principalement de la Géorgie et de la Caroline du Sud, aux Etats-Unis, de l'île Bourbon, de Cuba et du Brésil. Les mêmes pays fournissent les seconds, concurremment avec le Bengale, la Louisiane, le Levant, etc. Depuis plusieurs années, l'Algérie en produit des uns et des autres de très belle qualité.

QUATRE-VINGT-QUINZIÈME LEÇON

Principaux textiles : le **coton.** (*Suite.*)

1. Le coton a été employé, de temps immémorial, à la fabrication des étoffes, dans l'Inde, sur la côte occidentale d'Afrique, au Mexique, au Pérou, c'est-à-dire dans les pays que l'on regarde comme la patrie du cotonnier. Cette industrie fut introduite en Europe par les Maures d'Espagne, dans le courant du huitième siècle ; mais elle ne commença à s'y développer qu'au dix-septième, et ce fut en Angleterre que ce progrès se réalisa. Depuis cette époque, elle a pris une extension si considérable dans cette partie de l'ancien monde, qu'on y estime à près de six millions le nombre des personnes qu'elle y fait vivre, et à plus de trois milliards de francs la valeur des produits qu'elle livre annuellement à la consommation. L'Angleterre, la France et les Etats-Unis sont à la tête de cet immense mouvement, que suivent, à des distances très variables, la Russie, l'Autriche, l'Allemagne, la Belgique et la Suisse.

2. En raison de ses nombreuses variétés, le coton se prête aux emplois les plus divers. Les longues soies servent à fabriquer les tissus les plus fins, tels que les percales, les mousselines, les beaux madapolams, les tulles, la bonneterie de luxe. Les courtes soies, au contraire, sont surtout propres à la confection des calicots ordinaires, de la passementerie et de ces étoffes communes ou de finesse moyenne que l'industrie invente tous les jours, et dont l'usage a tant contribué à l'amélioration de l'hygiène du vêtement.

QUATRE-VINGT-SEIZIÈME LEÇON

Principaux textiles : **le lin.**

1. Tout le monde connaît le **lin** : c'est une plante annuelle à tige fine, dont la hauteur ne dépasse pas
quatre-vingt centimètres (*fig.* 62). On le suppose originaire de l'Asie tempérée ; mais, depuis plusieurs milliers
d'années, l'homme l'a introduit dans
presque tous les pays où il a pu s'ac-
climater. Après les provinces russes
de la Baltique et de la Finlande, les
contrées où on le cultive aujourd'hui
sur la plus grande échelle sont : la
Hollande, la Belgique, nos départements du Nord, la Saxe, la Silésie,
la Westphalie et l'Italie.

2. Comme chacun sait, la tige
du lin se compose d'une partie
ligneuse, appelée *chènevotte*, et
d'une écorce qui se sépare aisément
en filaments déliés. Ces filaments
sont agglutinés entre eux par une
espèce de gomme, qui les unit aussi
à la partie ligneuse. Avant donc de
les livrer au commerce, il faut les
débarrasser de cette gomme et de la

Fig. 61. — Tige de lin.

chènevotte. A cet effet, on étend les
tiges sur un pré et on les abandonne, pendant un certain
temps, à l'action de l'air et de la rosée, ou bien, on les
fait séjourner, pendant plusieurs jours, dans une eau
courante : le premier procédé s'appelle **rorage** ou **se-
reinage**, tandis que le second se nomme **rouissage
à l'eau** ou simplement **rouissage**. Dans l'un et dans
l'autre, les tiges éprouvent une espèce de décomposition
partielle qui ramollit et détruit la gomme.

3. Reste donc la chènevotte, qui n'est presque plus
adhérente. Pour la détacher on fait sécher les tiges afin
de les rendre plus fragiles, puis on les brise, soit à la
main, soit au moyen de machines diversement disposées.

qui, tout à la fois, divisent et font tomber les parties ligneuses : c'est à cette opération qu'on donne les noms de **broyage**, de **teillage** et de **macquage** (*fig.* 63). Toutefois, les filaments sont encore souillés par de très menus fragments de chènevotte. On les en débarrasse complètement en les râtissant avec une espèce de couteau ou d'épée de bois : c'est en cela que consiste l'**espadage**. Ils reçoivent alors les noms de *filasse*, de *teille* ou de *lin brut*.

Fig. 63. — Broyage du lin.

4. Dans le commerce, on divise les lins de deux manières : — 1° Suivant leur couleur, en *lins blancs* et *lins gris;* — 2° Suivant leur grosseur, en *lins de fin*, *lins moyens* et *lins tétards*. Les plus estimés sont naturellement ceux qui réunissent la plus grande finesse à la plus grande blancheur. C'est avec les lins de fin que se font les plus belles dentelles et les batistes les plus fines. Les lins moyens servent à fabriquer les services de table et le beau linge de corps. Quant aux lins tétards, appelés aussi *lins de gros*, on en confectionne les toiles de ménage ordinaires.

QUATRE-VINGT-DIX-SEPTIÈME LEÇON

Principaux textiles : le **chanvre**.

1. Comme le lin, le **chanvre** est une plante annuelle, mais il a une hauteur plus grande. Selon les uns, il est originaire des Indes orientales; selon les autres, du nord de l'Asie centrale. Quoi qu'il en soit, on le cultive aujourd'hui dans toutes les contrées de l'Europe. Le plus estimé de notre pays est celui que produisent les anciennes provinces d'Anjou et d'Auvergne (*fig.* 64).

2. Les tiges du chanvre sont constituées de la même

manière que celles du lin. Elles se composent, en effet, d'une partie ligneuse, ou *chènevotte*, et d'une écorce filamenteuse, le tout soudé ensemble par une matière gommeuse. Afin de pouvoir en détacher les filaments, on est obligé de les traiter comme nous l'avons dit pour le lin. Seulement, comme, en raison de leur extrême rudesse, le broyage n'est pas suffisant pour les rendre assez souples, on leur communique cette propriété, soit en les battant avec un maillet, soit en les foulant avec des pilons, soit encore en les faisant passer sous des meules ou entre des cylindres compresseurs.

Fig. 64. — Deux tiges de chanvre, l'une de chanvre femelle (1), l'autre de chanvre mâle (2).

3. Les usages du chanvre sont beaucoup plus bornés que ceux du lin. On en fait presque uniquement des toiles de ménage, de la toile pour les voiles des navires, de la ficelle et toute espèce de grosses cordes.

QUATRE-VINGT-DIX-HUITIÈME LEÇON

Principaux textiles : la laine.

1. On sait que la **laine** est la matière textile qui recouvre la peau des moutons, ce qui a valu, de tout temps, à ces animaux d'être spécialement appelés *bêtes à laine*. Les brins dont elle est faite sont toujours plus ou moins ondulés et frisés, ce qui leur permet de contracter entre eux une certaine adhérence. Ils sont, en outre, hérissés de petits crochets recourbés auxquels ils doivent la

propriété de se *feutrer*, c'est-à-dire de pouvoir, par l'agitation et le foulage, s'enchevêtrer au point de former, sans l'intervention du tissage, un tissu extrêmement solide, qu'on nomme *feutre*.

2. Personne n'ignore que la récolte de la laine se nomme *tonte*. Elle se fait annuellement, et consiste à couper la matière filamenteuse, le plus près possible de la peau, avec des ciseaux particuliers appelés *forces* (*fig.* 65). La dépouille de l'animal se nomme *toison*. Elle est détachée de manière à rester entière. Elle se compose de *mèches* ou *flocons* séparés, chacun contenant un certain nombre de brins.

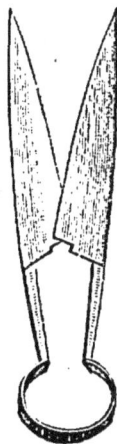

3. La laine qui provient de l'opération de la tonte, et qui, par conséquent, est prise sur l'animal vivant, est dite *laine de toison*. Celle, au contraire, qui provient de la peau des animaux tués pour la boucherie ou morts de maladie se nomme *laine morte* ou *pelure*. Cette distinction n'est pas indifférente pour l'industrie, parce que ces deux sortes de laines ne prennent pas la teinture avec la même facilité.

Fig. 65.
Forces.

4. Une autre distinction est celle de la *laine en suint* ou *laine surge* et de la *laine lavée*. La première expression désigne la laine qui est dans son état naturel, c'est-à-dire enduite d'une matière grasse, appelée *suint* ou *surge*, que le mouton sécrète en même temps que la laine. Quant à la seconde, elle indique que la laine a été débarrassée de cette matière au moyen de lavages, qui tantôt se font avant la tonte (*lavage à dos*) et tantôt après (*lavage marchand*).

QUATRE-VINGT-DIX-NEUVIÈME LEÇON

Principaux textiles : **la laine.** (*Suite.*)

1. Il existe une grande variété de laines. Elles se distinguent entre elles par la longueur, la finesse, la douceur, la flexibilité, le nombre des ondulations et la grosseur des brins. Ces différences ont pour cause,

non seulement la diversité des races de bêtes, mais
encore, dans la même race, l'influence du climat et du
régime, et, dans le même individu, la partie du corps.
On appelle *laines mérinos*, celles qui sont fournies par
la race mérinos (*fig.* 66): ce sont les plus estimées; *laines*

Fig. 66. — Mouton mérinos.

communes, celles qui proviennent des races ordinaires ;
laines métis, celles que donnent les races intermédiaires.
  2. Relativement aux produits qu'elle en confectionne,
l'industrie divise toutes les laines en deux catégories, en
laines longues et *laines courtes*. On classe dans les laines
longues celles dont les brins ont au moins douze centimètres de longueur. C'est avec elles que se fabriquent
les étoffes rases et moelleuses, telles que les mérinos,
les flanelles, les mousselines-laines, les châles, et autres
articles analogues. Comme il est nécessaire, pour qu'elles
soient propres à cet emploi, que leurs filaments soient
aussi droits que possible, et que le peignage permet
d'obtenir ce résultat, on les appelle aussi *laines à peigne*.
La section des laines courtes comprend celles dont la
longueur des brins ne dépasse pas généralement douze
centimètres. Elles servent à faire toutes les étoffes plus

ou moins feutrées ou foulées, depuis les draps les plus fins jusqu'aux couvertures les plus grossières. Comme pour les approprier à cet usage, il faut qu'elles soient travaillées de manière à les prédisposer au feutrage et au foulage, et qu'on produit facilement cet effet au moyen du cardage, on les nomme aussi *laines à carde*.

CENTIÈME LEÇON

Principaux textiles : la **soie.**

1. Parmi les insectes qui naissent d'œufs, beaucoup n'ont pas, en venant au monde, la forme qu'ils auront à l'âge adulte, et qu'ils conserveront jusqu'à la mort. Ils subissent des changements ou *métamorphoses*, qui, dans la plupart, sont au nombre de trois. Ainsi, au moment où il sort de l'œuf, l'animal est à ce qu'on appelle l'état de *larve*, de *ver* ou de *chenille*. Au bout d'un certain temps, il devient *chrysalide*. Enfin, un peu plus tard, il prend sa forme définitive, qui est celle de l'*insecte parfait*. Or, les larves de plusieurs sortes d'insectes se construisent une *coque* ou *cocon*, c'est-à-dire une enveloppe solide pour y

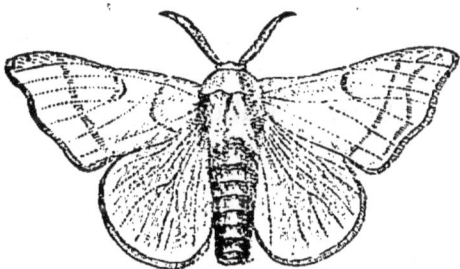
Fig. 67. — Bombyx du mûrier.

passer à l'état de chrysalide, à l'abri des influences atmosphériques.

2. Pour faire leur cocon, les insectes dont il s'agit se servent d'un fil fin, élastique et plus ou moins solide, qu'ils élaborent, à mesure qu'ils en ont besoin, au moyen

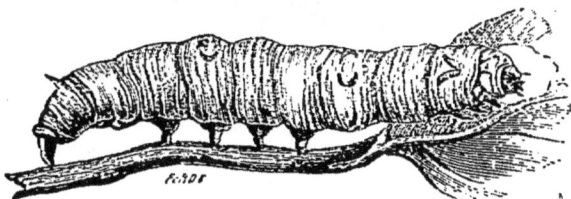
Fig. 68. — Ver à soie du mûrier.

d'un appareil extrêmement ingénieux dont la Providence les a pourvus. Ce fil a reçu le nom de **soie.** En Europe, pour obtenir cette précieuse substance, on élève un petit papillon blanchâtre (*fig.* 67) qu'on appelle *bombyx du mûrier*, parce qu'il se nourrit des feuilles du Mûrier blanc. L'art de faire cette éducation se nomme **sériciculture**, et l'on appelle *magnaneries* les établissements où l'on s'y livre. La larve ou chenille de ce papillon est notre *ver à soie* (*fig.* 68).

CENT UNIÈME LEÇON

Principaux textiles : la **soie.** (*Suite.*)

1. Donnons une idée des opérations de la sériciculture. Après s'être procuré des œufs d'une récolte précédente, des *graines* comme disent les éducateurs, on les fait éclore dans une chambre chauffée convenablement, au moment où les mûriers vont pousser leurs premières feuilles. Les chenilles qui naissent de ces œufs sont d'abord entièrement noires et hérissées de poils. Trois ou quatre jours après, elles subissent une première *mue*, c'est-à-dire un premier changement de peau, et leur couleur commence à s'éclaircir. Un peu plus tard, une seconde mue a lieu, à la suite de laquelle elles sont presque entièrement blanchâtres. Elles se dépouillent encore trois fois de leur ancienne peau, avant d'avoir acquis tout leur développement.

Fig. 69. — Ver filant son cocon.

2. Après sa dernière mue, le ver à soie mange gloutonnement pendant quelques jours, après quoi il perd de son appétit, diminue un peu de volume et cherche une place pour y filer son cocon. A ce moment, on dispose des menues branches de genêt ou de bruyère, sur lesquelles il ne tarde pas à grimper. Aussitôt qu'il a trouvé un endroit convenable, il accroche çà et là des brins de fil de façon à produire un canevas grossier destiné à lui servir de support.

3. Se plaçant alors au milieu de cette espèce d'écha-faudage, il construit le cocon proprement dit en décri-vant des tours qui donnent à ce dernier une forme ovale (*fig.* 69). Les fils sont d'abord peu serrés, de sorte qu'on aperçoit encore le ver travailler, mais la quantité de soie déposée ne tarde pas à devenir assez compacte pour qu'il cesse d'être visible.

4. La construction du cocon dure environ trois jours. Quand elle est terminée, l'insecte se raccourcit, se renfle par le milieu du corps et se transforme en chrysalide. Dans cet état, il ressemble grossièrement à une *fève* sèche (*fig.* 70), circonstance qui lui en fait donner le nom. Enfin, une quinzaine de jours plus tard, la peau de la chrysalide se fend, et le papillon en sort. Toutefois, il est encore prisonnier dans la coque soyeuse. Pour la percer, il jette contre l'un des bouts une espèce de salive qui, en ramollissant la soie, lui permet d'en écarter les brins pour se frayer un passage. Mais on ne laisse achever ainsi leurs métamorphoses que les animaux qui doivent fournir les œufs pour perpétuer l'espèce. Quant aux cocons qu'on destine à l'industrie, on les expose à la cha-leur d'un four ou bien à un courant de va-

Fig. 70.
Chrysalide.

peur d'eau ou d'air chaud, afin de faire périr les chrysa-lides, parce que, si l'on donnait aux papillons le temps d'éclore et de sortir, la soie ne pourrait être filée régu-lièrement.

CENT DEUXIÈME LEÇON

Principaux textiles: la **soie**. (*Suite.*)

1. Le cocon du ver à soie peut être considéré comme une petite pelote creuse, formée d'un fil unique que le ver a replié autour de lui par couches superposées, et dont la disposition offre une suite de courbures semblables à des 8 (*fig.* 71). La longueur de ce brin est proportionnelle à la grosseur du cocon qui le fournit ; elle dépasse en général 370 mètres.

2. Après la récolte, les cocons sont remis à des

femmes, appelées *fileuses* ou *tireuses*, qui les dévident (*fig.* 72) et, en même temps, réunissent ensemble les fils de plusieurs d'entre eux pour en former un fil unique. Les fils ainsi produits constituent la *soie grège*. Ils sont employés quelquefois dans cet état, mais le plus souvent, l'industrie n'en fait usage qu'après qu'ils ont été doublés et tordus afin que leur solidité ait été rendue plus grande. Ces opérations se nomment **ouvraison** ou **moulinage**. Elles sont effectuées par des ouvriers spéciaux appelés *mouliniers*, dans des établissements qu'on désigne communément sous le nom de *fabriques de soie*.

Fig. 71.

CENT TROISIÈME LEÇON

Principaux textiles : **la soie.** (*Suite.*)

1. Il est universellement admis que l'industrie de la soie a pris naissance en Chine, on ignore à quelle époque, et que, pendant fort longtemps, l'art de produire cette précieuse matière n'a existé que dans ce pays. Les Grecs sont les premiers Européens qui aient connu la soie. Ils acquièrent cette connaissance

Fig. 72. — Filage de la soie.

vers le quatrième siècle avant notre ère, mais ils ignorèrent toujours la nature du nouveau textile : ils le recevaient du centre de l'Asie, soit à l'état de fil pour être tissé, soit à l'état d'étoffes. Les Romains se trouvèrent dans le même cas. Au reste, chez les uns, comme chez les autres, la soie fut toujours une marchandise peu commune., par conséquent très chère.

2. Les Européens ne commencèrent à produire eux-mêmes la soie que vers le milieu du sixième siècle de notre ère, sous le règne de l'empereur Justinien, époque à laquelle des moines de l'ordre de Saint-Basile qui, pendant un long séjour à Khotan, ville de la petite Boukharie, sur les frontières de la Chine, s'étaient mis au courant des procédés de la Sériciculture, les apportèrent à Constantinople, en même temps que des œufs de vers à soie, ceux-ci enfermés dans leurs bâtons de voyage.

CENT QUATRIÈME LEÇON

Principaux textiles : la **soie**. (*Suite.*)

1. Pendant plusieurs centaines d'années, la Sériciculture n'exista qu'en Grèce, principalement dans la Morée ; mais, au douzième siècle, Roger II, roi de Sicile, l'introduisit dans cette île, d'où elle ne tarda pas à se répandre dans le royaume de Naples, puis dans les États de l'Église, jusqu'en Lombardie et en Piémont. D'un autre côté, au huitième siècle, les Arabes avaient déjà importé cette industrie en Egypte, dans les pays Barbaresques, et de là dans les provinces méridionales de l'Espagne.

2. En France, Avignon, alors possession des souverains Pontifes, fut la première ville qui eut des fabriques de soieries. Elle en fut dotée, vers 1274, par le pape Grégoire X, qui, en même temps, prodigua des encouragements pour répandre la culture du mûrier et l'éducation des vers à soie dans les environs de cette ville. Par la suite, des établissements analogues se fondèrent, d'abord à Nîmes (vers 1400), puis à Lyon (1450), à Tours (1 470), etc. Néanmoins, ce furent ceux de Lyon qui se développèrent le plus rapidement : en 1680, il y avait déjà plus de cent ans qu'ils occupaient le premier rang. Dans le même siècle, des réfugiés français introduisirent ou mirent en pleine prospérité le travail de la soie en Angleterre, en Suisse, en Allemagne et en Hollande.

3. Actuellement, la fabrication des soieries forme, après celle du coton, la branche la plus importante de l'industrie des tissus. En Asie, elle est toujours exploitée sur la plus grande échelle, principalement en Chine, au Japon, dans l'Inde, en Perse et dans l'Indo-Chine. En Amérique, elle est surtout florissante aux Etats-Unis. Enfin, en Europe, elle est répandue dans tous les Etats du centre et du midi, c'est-à-dire en France, en Autriche, en Allemagne, en Suisse, en Espagne, en Italie et en Turquie; mais c'est dans notre pays qu'elle occupe le plus de bras et donne lieu au plus grand mouvement d'affaires. En effet, les manufactures françaises produisent à elles seules presque autant que celles de toutes les autres contrées ensemble, et Lyon est toujours le centre principal de cette branche de notre richesse industrielle.

CENT CINQUIÈME LEÇON

Comment se fait le fil. (*Généralités.*)

1. A l'exception de la soie, qui est à l'état de fil quand le précieux insecte la produit, toutes les matières textiles se présentent sous la forme de filaments d'une grosseur irrégulière et d'une longueur très limitée. Pour les rendre propres à la confection des étoffes et aux autres usages de l'industrie, il est indispensable de les *filer*, c'est-à-dire d'en former un fil d'une étendue indéfinie, et d'une grosseur égale d'un bout à l'autre. On appelle **filage** les opérations qui servent à produire ce résultat, et **filature** l'ensemble des procédés à l'aide desquels on les effectue. On donne également ce dernier nom aux établissements dans lesquels on pratique cette branche d'industrie.

2. Dans la pratique de la filature, on distingue deux séries d'opérations : la première comprend ce qu'on appelle les *préparations*, la seconde constitue le *filage proprement dit*. Dans l'une et dans l'autre, le travail se fait, tantôt à la main, tantôt au moyen de machines; de là deux systèmes de filature : la *filature à la main* et la *filature mécanique*.

CENT SIXIÈME LEÇON

Comment se fait le fil. (*Préparations*.)

1. Les **préparations** ont pour objet de prédisposer les matières à être filées. Elles sont au nombre de trois principales : le *battage*, le *cardage* et le *peignage*.

2. Par le **battage** on démêle les matières, et, en même temps, on les débarrasse de la terre, du sable et des autres impuretés analogues qu'elles peuvent contenir. A cet effet, on les étend à l'air, sur une claie, puis on les frappe avec des baguettes longues et flexibles. On conçoit que, sous le choc de ces baguettes, la terre et le gros sable se dégagent des filaments et tombent sous la claie, tandis que les poussières, étant plus légères, sont entraînées par le courant d'air.

3. Les filaments sortent du battage bien nettoyés, mais ils sont tortillés très irrégulièrement. Le **cardage** et le **peignage**, qui viennent immédiatement après, servent à les dénouer, à les redresser un à un, autant que possible, afin de les ranger parallèlement entre eux. Ces deux opérations tendent donc au même but. Néanmoins, on n'y soumet pas indistinctement tous les textiles. On ne carde généralement que les matières de peu de longueur, comme la laine courte et les cotons courtes soies, tandis qu'on peigne celles d'une grande longueur, comme le chanvre, le lin, la laine longue, les cotons longues soies. Dans les deux cas, pour faciliter le travail de la laine, on est obligé de la graisser légèrement, autrement elle ne glisserait pas facilement sous l'action de l'outil. On emploie pour cela un corps gras, qui est ordinairement l'huile d'olive, ou mieux l'acide oléique.

4. Le cardage consiste à faire cheminer la matière, par petites portions, entre deux séries d'aiguilles à pointes opposées, auxquelles on imprime des mouvements en sens contraire. On se sert pour cela de deux planchettes, nommées *cardes*, chacune munie d'un manche et portant une des deux séries d'aiguilles (*fig*. 73). Dans le peignage, on fait aussi passer la matière sur des aiguilles, mais ces aiguilles sont droites, très longues et très aiguës. Elles

sont implantées, sur plusieurs rangs, dans une pièce de bois. L'instrument, ainsi disposé, constitue le *peigne du fileur*, mais on distingue le peigne pour le chanvre et le

Fig. 73. — Principe de la carde.

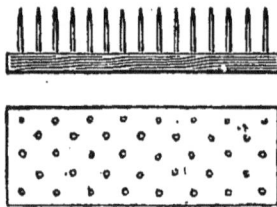

Fig. 74. — Peigne à chanvre et à lin.

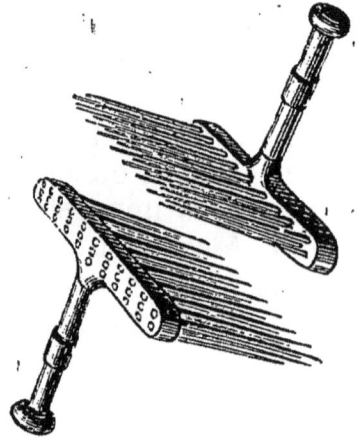

Fig. 75. — Peigne à laine.

lin (*fig.* 74) et le peigne pour la laine (*fig.* 75), qui ne sont pas absolument faits et ne s'emploient pas de la même manière.

CENT SEPTIÈME LEÇON

Comment se fait le fil. (*Filage.*)

1. Les opérations préparatoires fournissent la laine et le coton à l'état de plaquettes presque transparentes, ou de boudins plus ou moins gros, le chanvre et le lin sous forme de poignées plus ou moins volumineuses. Pour convertir en fil ces plaquettes, ces boudins ou ces poignées, il suffit de faire glisser les uns sur les autres les brins dont leurs filaments sont formés, puis de les réunir les uns à côté ou à la suite des autres, en les tordant suffisamment, de manière que la tension puisse plutôt les rompre que les séparer. C'est en cela que consiste le **filage**. Pour l'effectuer, on emploie la *quenouille* (*fig.* 76) ou le *rouet* (*fig.* 77), instruments bien connus.

2. Ce qui précède se rapporte au travail manuel. Dans la filature mécanique, les opérations sont les mêmes,

mais elles s'effectuent au moyen de machines qui, placées dans un certain ordre, les unes à la suite
des autres, et mues par la vapeur ou par une
roue hydraulique, font plus d'ouvrage en une
heure que pourraient en faire en plusieurs
journées des centaines d'ouvriers habiles. Ces
machines étant trop compliquées pour que
nous puissions les décrire, nous nous bornerons à énumérer les principales. Pour les
préparations, on emploie successivement des
ouvreuses ou *batteries*, des *cardeuses*, des
peigneuses, des *bancs à étirer*, des *bancs à
broches*, etc., tandis que, pour le filage, on se
sert de *métiers continus* ou de *mulls-jennys*,
des premiers pour le chanvre, le lin et les cotons ordinaires, des seconds pour la laine et
les cotons fins. Ces différentes machines sont

Fig. 76.
Quenouille
garnie et
sou fuseau.

placées à la file, comme il vient d'être dit, et dans l'ordre
où elles doivent être successivement employées, en sorte
que les matières peuvent passer de l'une à l'autre,
sans interruption et sans que la main de l'ouvrier ait,
pour ainsi dire, besoin d'intervenir.

CENT HUITIÈME LEÇON

Comment se fait le fil. (*Histoire.*)

1. L'art du filage est si ancien qu'on n'a jamais pu
connaître l'époque de son invention. Toutefois, ce n'est
que depuis la seconde moitié du dix-huitième siècle qu'il
est devenu une industrie proprement dite. Avant ce
temps, il constituait partout une modeste occupation
presque exclusivement réservée aux ménagères des
campagnes, et c'est à peine si le *rouet*, connu dans l'Inde
depuis une époque immémoriale, et réinventé en Europe
vers 1630, avait pu réussir, dans quelques pays, à remplacer l'humble *quenouille*, instrument primitif qu'on a
trouvé jusque chez les peuplades les plus sauvages du
Nouveau Monde et de l'Afrique centrale.

2. La transformation radicale que le filage a subie
dans les temps modernes, et qui a eu pour résultat la

création de la **filature mécanique**, a pris naissance en Angleterre. Elle a commencé par le coton. Vers 1760, la fabrication des cotonnades anglaises était déjà si florissante, que les fileurs à la main ne pouvaient plus fournir assez de fil aux tisserands. Cette circonstance engagea plusieurs personnes à chercher un moyen qui pût permettre à un seul homme de faire autant de travail que plusieurs fileuses à la

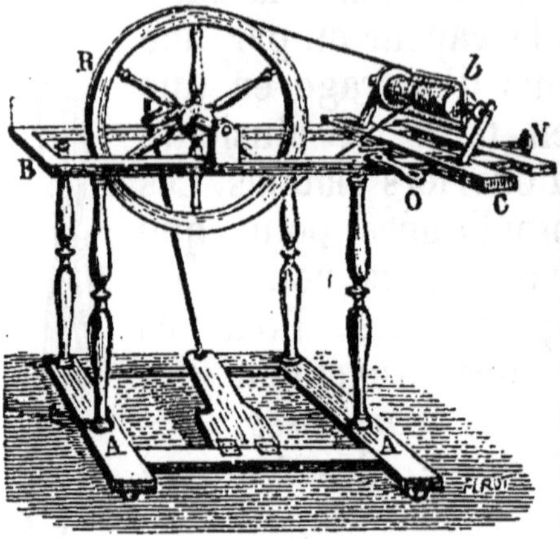

Fig. 77. — Rouet de la fileuse.

fois. La première machine destinée à cet usage fut construite vers 1765, par Thomas Highs, fabricant de peignes à tisser, qui, du nom de sa fille, l'appela *Jeannette la fileuse*, en anglais *spinning Jenny*. S'apercevant qu'elle ne pouvait donner que du fil de trame, cet inventeur en fit presque aussitôt une autre qui produisait admirablement le fil de chaîne, et qui fut appelée *throstle* ou *métier continu*. C'est dans cette seconde machine, qui fut répandue dans toute l'Angleterre, par Richard Arkwright, de barbier devenu grand manufacturier, qu'on a vu, pour la première fois, figurer les *cylindres étireurs*, c'est-à-dire l'organe sur lequel repose surtout la filature mécanique. En 1775, Samuel Crompton inventa le *mull-Jenny* ou *moulin de Jeannette*, qui opéra dans la filature par machines, telle qu'elle existait alors, la même révolution que les appareils précédents avaient opérée dans le filage à la quenouille et au rouet. La machine appelée *banc à broches* ne parut qu'après 1815 : on l'attribue généralement à Cocker et Higgins.

3. A mesure que ces diverses inventions se réalisèrent, les appareils qui servent à donner les préparations se transformèrent à leur tour, ce qui obligea à remplacer les cardes et les peignes à main par des *machines à carder* et *à peigner*, et, grâce à toutes ces

innovations, la filature mécanique du coton se trouva réalisée. Celle de la laine ne tarda pas à la suivre. Toutefois, pendant longtemps, on ne put employer les machines que pour les laines courtes ; ce ne fut même qu'en 1816 qu'elles commencèrent à être appliquées aux laines longues. Restait à filer mécaniquement le chanvre et le lin. A cause de la nature particulière de ces substances, on n'avait en-

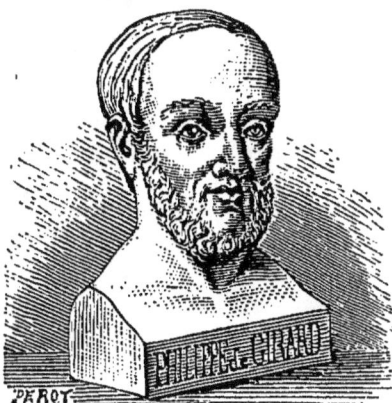

Fig. 78. — Philippe de Girard.

core pu réussir qu'à produire des fils grossiers et très imparfaits, lorsque, dans le courant de 1810, à l'occasion d'un concours ouvert par l'empereur Napoléon Ier, un de nos compatriotes, Philippe de Girard, eut le bonheur de résoudre la question.

TISSAGE

CENT NEUVIÈME LEÇON

Comment se font les étoffes. (*Tissage.*)

1. Quand on examine une *étoffe* quelconque, un *tissu* comme on dit également, on remarque à première vue qu'elle résulte de l'entrelacement régulier de fils tendus avec plus ou moins de force. Entrelacer des fils pour former des étoffes se nomme *tisser*. Le **tissage** est l'art de tisser. Enfin, on appelle *tisseur* ou *tisserand* celui qui pratique le tissage, qui en fait sa profession.

2. Il existe beaucoup de sortes de tissus, mais elles ne diffèrent entre elles que par la manière dont leurs fils sont entrelacés. La sorte la plus importante est celle des tissus *unis*, c'est-à-dire dont la surface ne présente aucune figure, aucun dessin, sauf quelquefois des raies. Elle comprend la toile de ménage, la toile à voiles, le calicot, le madapolam, la percale, la mousseline, la batiste, presque tous les draps et une grande partie des

soieries. En termes de métier, toutes ces étoffes sont dites *à corps plein, à fils serrés et rectilignes*, parce qu'elles ont les fils droits et tellement serrés les uns contre les autres qu'on n'aperçoit pas le jour à travers.

3. Ce qui caractérise les tissus dont nous parlons, c'est qu'ils sont formés (*fig.* 79) par deux séries de fils qui se croisent invariablement à angle droit, en ne laissant entre eux que des espaces imperceptibles à la vue. Les fils de la première série sont placés dans le sens de la longueur de la pièce d'étoffe et isolés les uns des autres. Les fils de la seconde série les entrelacent transversalement et peuvent être considérés comme un fil unique successivement replié et serré sur lui-même, de manière à remplir exactement les vides laissés par les premiers. On nomme *chaîne* l'ensemble des fils longitudinaux, et *trame* celui des fils transversaux. Dans le dessin ci-dessus, les lettres *aaa* indiquent les fils de chaîne et les lettres *bb* ceux de trame.

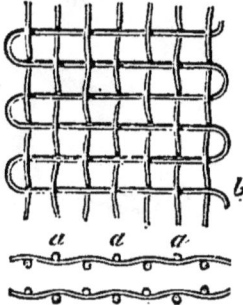

Fig. 79.

CENT DIXIÈME LEÇON

Comment se font les **étoffes**. (*Suite du Tissage.*)

1. Il résulte de ce qu'on vient de voir, que la fabrication d'un tissu ordinaire consiste à tendre un certain nombre de fils dans le sens de la longueur de la pièce, puis à les entrecroiser, dans le sens de la largeur, avec un fil unique que l'on fait aller alternativement de droite à gauche et de gauche à droite. Pour produire ces entrecroisements, on se sert d'appareils spéciaux, appelés **métiers à tisser**.

2. Le plus simple de ces appareils, et en même temps le plus ancien, est celui (*fig.* 80) qu'on voit chez les tisserands de village, et qu'on nomme *métier à marches*; il y a moins d'un siècle qu'on n'en connaissait pas d'autre, et, comme on sait, c'est la main de l'homme qui le fait fonctionner. Mais, aujourd'hui,

dans les ateliers importants, on l'a remplacé par des engins beaucoup plus compliqués, qu'on appelle **métiers mécaniques,** et qui, moins encombrants que les anciens, fournissent dans le même temps une quantité d'ouvrage infiniment plus considérable.

3. Outre les tissus unis, il y en a d'autres dont la surface présente des ornements de toute espèce, plantes, animaux, paysages, etc., obtenus par le simple croisement des fils. Les tissus de cette espèce sont dits *façonnés* ou *figurés*. Ils sont également formés d'une chaîne et d'une trame, mais l'exécution des dessins dont ils sont enrichis exige que les fils de la chaîne puissent se mouvoir, soit isolément, soit groupés plusieurs ensemble, ce qui rend indispensable l'emploi de métiers disposés d'une manière toute particulière.

Fig. 80. — Métier à marches.

CENT ONZIÈME LEÇON

Comment se font les **étoffes.** (*Histoire.*)

1. Quelques mots maintenant sur **l'histoire du tissage.** Comme la filature, cet art a une origine immémoriale; mais ce qu'il offre de singulier, c'est qu'il a fait de très bonne heure des progrès extrêmement remarquables. Si l'on en juge même par les récits des historiens et par les rares échantillons qui sont parvenus jusqu'à nous, il est incontestable que, pendant le moyen âge, ainsi que chez les nations civilisées de l'antiquité, les tisserands connaissaient et employaient

la plupart des artifices qu'emploient ceux de nos jours. Les modernes n'ont réellement fait que simplifier le travail des tissus façonnés et créer la fabrication mécanique des tissus simples et unis.

2. Les premières tentatives pour fabriquer mécaniquement les étoffes unies ont été effectuées en France, d'abord en 1678, par un officier de marine nommé de Gennes, puis en 1745, par l'illustre mécanicien Vaucanson ; mais elles n'eurent aucun succès, parce que l'état où était alors notre industrie ne réclamait pas ce progrès. Quelques années plus tard, les choses se passèrent tout autrement en Angleterre. Ce pays possédant déjà la filature mécanique du coton, il était nécessaire que de nouveaux métiers à tisser vinssent donner le moyen d'utiliser l'énorme quantité de fil que les fileurs produisaient chaque jour, et à la consommation de laquelle les anciens procédés de tissage ne pouvaient suffire. Le docteur Edmond Cartwright répondit à ce besoin en construisant une machine à tisser qui, terminée dès 1787, devint presque aussitôt l'objet de perfectionnements sans nombre, à la suite desquels le tissage des étoffes unies par procédés mécaniques se trouva un fait accompli. Cette innovation fut introduite en France pendant les premières années de notre siècle.

3. La révolution accomplie par les modernes dans le tissage des étoffes façonnées est également d'origine française. De plus, c'est dans notre pays, à Lyon, qu'elle

Fig. 81.
Statue de Jacquard.

a produit ses premiers résultats pratiques. Le mécanicien Claude Dangon la commença en 1606. Au siècle suivant, plusieurs artistes, entre autres Garon, Bouchon, Falcon et Vaucanson, firent des recherches dans la même direction. Enfin, dans les premières années de ce siècle, un ouvrier tisseur, appelé Jacquard, mettant à profit les découvertes de ses devanciers, plus particulièrement celles de Falcon et de Vaucanson, produisit le métier auquel on a donné son nom, et qui lui a fait élever une statue (*fig.* 81). Toutefois, ce métier (*fig.* 82), sorti très imparfait d'entre ses

Fig. 82. — Ouvrier travaillant au métier Jacquard.

mains, ne put devenir d'un usage général qu'à partir de 1816, quand plusieurs habiles constructeurs, entre autres, Breton et Skola, furent parvenus, en le dotant de perfectionnements indispensables, à le faire marcher d'une manière satisfaisante.

CENT DOUZIÈME LEÇON

Blanchiment des matières textiles. (*Généralités.*)

1. Quand elles sont absolument pures, les matières textiles sont d'une blancheur parfaite; mais, dans la nature, elles sont généralement recouvertes de corps étrangers qui adhèrent à leur surface, cachent leur couleur et nuisent à leur souplesse. Dans cet état, on les appelle *écrues* ou *en écru*. Il est rare qu'on les emploie ainsi. Le plus souvent, avant de les mettre en usage, on les débarrasse de tous ces corps, afin de les rendre aussi blanches que possible. On dit alors qu'elles sont *blanchies* ou *en blanc*, et l'on donne le nom de **blanchiment** à l'ensemble des opérations à l'aide desquelles on obtient ce résultat.

2. Comme son nom l'indique, le blanchiment des

matières textiles a donc pour but de les *rendre blanches*, en les débarrassant des corps étrangers qui adhèrent naturellement à leur surface et cachent leur teinte. Par conséquent, il ne doit pas être confondu avec le *blanchissage*, qui, s'appliquant uniquement aux tissus de chanvre, de lin et de coton, salis par l'usage, consiste à les nettoyer, c'est-à-dire à les *rendre propres*, en les dépouillant des saletés qui les souillent accidentellement et leur ont fait perdre leur première blancheur.

3. Toutes les matières textiles peuvent être blanchies, mais le traitement n'est pas le même pour celles d'origine animale, comme la laine et la soie, que pour celles d'origine végétale, comme le chanvre, le lin et le coton. En outre, il est toujours plus long et plus difficile pour les matières tissées que pour les matières simplement filées, parce que les premières, ayant passé par un plus grand nombre de mains que les secondes, se trouvent chargées d'une plus grande quantité de corps étrangers. Sauf cette circonstance, il est basé sur les mêmes principes pour chaque nature de fibres, en sorte que, pour en donner une idée, il suffira de dire comment on procède pour les tissus. Occupons-nous d'abord des étoffes d'origine végétale.

CENT TREIZIÈME LEÇON

Blanchiment des matières textiles. (Le *Coton*.)

1. Le blanchiment du coton comprend cinq opérations principales : savoir le *trempage* ou la *macération*, le *lavage* ou le *dégorgeage*, le *coulage* ou le *lessivage*, enfin le *chlorage* et le *vitriolage*. Elles se font dans l'ordre que nous venons de suivre en les nommant.

2. Par le **trempage**, on ramollit les poussières, la farine ou la fécule du parou et les saletés provenant de la main des ouvriers. On obtient ce résultat en faisant tremper les toiles, pendant un certain temps, dans de l'eau modérément chauffée.

3. Les matières étrangères étant ramollies, on les élimine en frottant vivement les toiles dans une eau froide qui se renouvelle sans cesse. Le frottement les

force à quitter la toile, et l'eau courante les entraîne. C'est cette opération que l'on appelle **lavage** ou **dégorgeage**.

4. Le dégorgeage achevé, il s'agit d'enlever une matière résineuse et diverses substances grasses que le coton apporte naturellement avec lui. On y parvient en convertissant tous ces corps en une espèce de savon pouvant ensuite être dissous et entraîné par un lavage à l'eau pure. Tel est l'objet du **coulage**. Cette opération consiste à passer les pièces, à deux ou trois reprises, dans une lessive bouillante de soude caustique, en ayant soin de les laver chaque fois à l'eau pure.

5. Le coulage n'extrait pas seulement les corps gras ; il enlève aussi une partie des matières colorantes. C'est pour achever la destruction de ces matières qu'on effectue le **chlorage**, c'est-à-dire qu'on soumet les toiles à l'action du chlore. On emploie pour cela une dissolution de chlorure de chaux, corps qui possède toutes les propriétés du chlore et n'en a point les inconvénients.

6. Après le chlorage, les tissus de coton peuvent encore retenir des parcelles de fer et des substances terreuses. On les débarrasse de tous ces corps par le **vitriolage**, en les passant dans de l'acide sulfurique tiède auquel on a ajouté beaucoup d'eau. Il n'y a plus alors qu'à laver à grande eau et à faire sécher.

CENT QUATORZIÈME LEÇON

Blanchiment des matières textiles. (Le *Chanvre* et le *Lin*.)

1. Le *chanvre* et le *lin* se blanchissent de la même manière que le coton. Seulement, comme ils contiennent une plus forte proportion de matière colorante, il est nécessaire de les soumettre un plus grand nombre de fois aux diverses opérations, surtout à l'action des lessives. En outre, après chaque lessivage, au lieu de les passer au chlorure de chaux, on a généralement conservé l'ancien usage de l'exposition sur le pré.

2. Il est à remarquer que lorsque le chanvre et le lin n'ont pas été rouis, ils sont le plus souvent beaucoup moins colorés, à tel point même qu'on pourrait les

blanchir au moyen de simples lavages à l'eau de savon.
Ce serait donc un heureux perfectionnement que de
pouvoir supprimer le rouissage ; malheureusement, il est
indispensable pour séparer les filaments textiles de la
partie ligneuse des plantes.

3. Nous venons de parler de *l'exposition sur le pré*.
C'est le procédé que l'on employait anciennement pour
blanchir toutes les matières textiles d'origine végétale.
A cet effet, après avoir humecté les toiles, on les étendait
sur une pelouse ou sur une prairie bien exposée au
soleil, et dont l'herbe, sans être trop haute, devait cependant l'être assez pour que l'air pût circuler librement en
dessous des pièces. On les arrosait de temps en temps
pour les maintenir dans un état constant d'humidité,
lequel n'était jamais interrompu, même pendant la nuit,
grâce à la rosée. Au bout d'environ six jours, on lessi-
vait les toiles, puis on les rinçait, et l'on répétait les
mêmes opérations, l'exposition sur le pré, le lessivage
et le rinçage, autant de fois qu'il le fallait pour atteindre
au degré de blancheur voulu, ce qui entraînait toujours
une perte de temps très considérable.

CENT QUINZIÈME LEÇON

Blanchiment des matières textiles. (La *Laine* et la *Soie*.)

1. On blanchit la *laine*, tantôt en toison, tantôt
à l'état de fil ; les procédés sont les mêmes, mais,
dans le second cas, on obtient un plus beau blanc.

2. Nous avons vu que la laine, quand elle quitte le dos
de l'animal, est enduite d'une matière grasse qu'on appelle *suint*. On commence par la débarrasser de cette
matière. Il suffit pour cela de la tenir dans de l'eau tiède
pendant dix-huit à vingt heures (**désuintage**), puis de
la plonger, pendant quinze à vingt minutes, dans de l'eau
encore tiède, mais contenant du savon et des cristaux de
soude (**dégraissage**), enfin, de la rincer à fond dans
une eau courante. On procède alors au **soufrage**, qui
est le blanchiment proprement dit. Cette opération consiste à suspendre la laine encore humide dans une
chambre close hermétiquement, et à faire brûler du

soufre dans cette chambre. L'acide sulfureux, provenant de cette combustion, se porte sur le principe colorant et le détruit. Après le soufrage, la laine est rude au toucher. On lui rend sa douceur primitive en la passant successivement dans de l'eau chaude et dans un bain de savon très léger : ce qu'on appelle **désoufrage**.

3. La soie se blanchit le plus souvent en écheveaux. Les opérations auxquelles on la soumet généralement sont au nombre de trois : le **dégommage**, le **décreusage** et le **blanchiment**. La première consiste à plonger les écheveaux dans un bain de savon non bouillant ; la seconde, qu'on appelle aussi **cuite**, à les tenir, pendant une heure et demie environ, dans un bain semblable, mais bouillant et renfermant moins de savon ; enfin, la troisième, à les passer dans un bain savonneux encore plus léger. Pour certains usages, on soufre la soie. Au reste, et cette observation s'applique également aux autres textiles, chaque fabricant modifie plus ou moins les procédés, suivant la nature particulière des matières sur lesquelles il opère et le degré de blancheur qu'il veut obtenir.

CENT SEIZIÈME LEÇON

Blanchiment des matières textiles. (*Histoire.*)

1. La plupart des modes de blanchiment dont nous venons de parler remontent à une très haute antiquité. Ainsi, le **soufrage** a été employé de tout temps au traitement de la laine, mais on croit que l'idée de l'appliquer à celui de la soie est due aux Européens, car les Chinois ne paraissent pas le connaître ; du moins, ils n'en font pas usage. Quant au coton, au chanvre et au lin, on s'est contenté, pendant des siècles, de les laver, puis de les *exposer sur le pré* à l'action simultanée de l'humidité et de la lumière solaire. Plus tard, à une époque inconnue, on imagina de les traiter par des *lessives alcalines*, avant de les soumettre à l'exposition ; mais ce progrès, car c'en était un véritable, fut laissé bien loin en arrière, lorsque, dans le courant de 1785,

le chimiste français Berthollet découvrit les propriétés décolorantes du **chlore**.

2. On employa d'abord le chlore, soit à l'état de gaz, soit en dissolution dans l'eau, ce qui avait parfois l'inconvénient d'altérer plus ou moins les tissus. Enfin, en 1798, on réussit à le rendre inoffensif en se servant des composés qu'il forme avec la chaux, la soude et la potasse, et qu'on appelle **chlorures** ou **hypochlorites**. Depuis cette époque, les efforts de l'industrie ont eu surtout pour objet de rendre le travail plus rapide et plus économique, et l'on y est si bien parvenu, par l'invention de nouvelles manières d'opérer et de machines ingénieuses, qu'aujourd'hui ce qui coûtait cinq francs de blanchiment, il y a une cinquantaine d'années, revient à peine à quelques centimes et, en outre, on obtient des blancs plus parfaits.

CENT DIX-SEPTIÈME LEÇON

Teinture des tissus. (*Généralités.*)

1. Très souvent, les matières textiles, soit filées, soit tissées, sont employées *en blanc*, c'est-à-dire telles qu'elles sortent du blanchiment. Très souvent aussi, on n'en fait usage qu'après les avoir *teintes*, c'est-à-dire leur avoir communiqué une coloration artificielle, ce qui constitue la **teinture** ou l'**art du teinturier**.

2. Pour teindre, on a recours à des substances appelées, d'une manière générale, *matières colorantes* ou *couleurs,* dont les unes sont fournies par des animaux ou des végétaux, tandis que les autres proviennent du traitement de divers minéraux, et que d'autres encore, dites *artificielles*, se préparent avec des corps de nature, tantôt organique, tantôt inorganique, et surtout avec ce résidu infect de la fabrication du gaz d'éclairage, qu'on désigne sous le nom de *goudron de houille*.

3. Les couleurs les plus précieuses sont celles qui, à un très grand éclat, joignent une transparence assez parfaite pour laisser voir nettement la surface des étoffes. Tel est le cas des couleurs animales, des couleurs végétales et des couleurs artificielles.

CENT DIX-HUITIÈME LEÇON

Teinture des tissus. (*Généralités.*)

1. Parmi les couleurs usitées en teinture, les unes résistent parfaitement aussi bien à l'action de l'eau, de l'air et du soleil qu'à celle des moyens qu'on emploie généralement pour l'entretien des étoffes, tels que les savonnages et les lessives faibles; on les appelle *couleurs de grand teint* ou *de bon teint*. Les autres, au contraire, ne résistent pas ou résistent peu à ces divers agents de destruction; on les nomme *couleurs de petit teint* ou de *faux teint*.

2. Parmi ces mêmes couleurs, il y en a quelques-unes qui ont assez de disposition à s'unir aux fibres textiles pour s'y fixer directement. Toutes les autres n'adhèrent, c'est-à-dire ne s'attachent aux fibres d'une manière solide et durable, qu'à l'aide de substances particulières, appelées *mordants,* qui possèdent à la fois une très grande aptitude à se joindre aux couleurs et aux étoffes.

3. Les substances qui peuvent servir de mordants sont peu nombreuses. Sauf quelques-unes, elles appartiennent toutes au règne minéral. Il en existe d'incolores et de colorées. Les premières ne font que fixer les couleurs. Quant aux secondes, non seulement elles rendent les couleurs solides ; en outre, elles en modifient plus ou moins la teinte primitive. De là cette conséquence, qu'il est possible, avec une seule couleur et des mordants bien choisis, de produire des nuances différentes. Dans tous les cas, les couleurs et les mordants ne peuvent être employés qu'à l'état fluide, et on les met dans cet état en les dissolvant dans un liquide approprié. Toute dissolution de matière colorante porte le nom de *bain de teinture*.

CENT DIX-NEUVIÈME LEÇON

Teinture des tissus. (*Opérations.*)

1. Passons maintenant en revue les opérations de teinture. Elles sont au nombre de deux principales :

Le **mordançage**, ou l'application des mordants, que les teinturiers appellent aussi **apprêtage**.

Le passage dans les bains tinctoriaux, ou la **teinture** *proprement dite*.

Mais on procède différemment suivant la nature des mordants et des couleurs, et surtout des matières textiles.

2. Ainsi, pour le coton, le chanvre et le lin, on commence presque toujours par les faire tremper dans le mordant, puis, quand ils en sont bien imprégnés, on les lave pour les débarrasser de la portion en excès, après quoi on les passe dans le bain tinctorial. Pour la soie et la laine, on mêle le plus souvent le mordant à la dissolution de la matière colorante, ou bien on mordance d'abord et l'on plonge ensuite dans un bain mixte de mordant et de couleur.

3. Le mordançage est naturellement supprimé pour les couleurs qui se fixent d'elles-mêmes sur les textiles. Enfin, dans certaines circonstances, on est obligé d'*aviver* la couleur après la teinture, c'est-à-dire de la soumettre à l'action de l'air ou à quelque autre pratique, afin que, devenant plus *vive*, elle acquière tout son éclat.

CENT VINGTIÈME LEÇON

Teinture des tissus. (*Opérations*.)

1. Tantôt on teint les matières textiles à l'état brut : c'est la *teinture en laine, en flocons* ou *en toison ;* tantôt on opère sur les matières filées : c'est la *teinture en écheveaux* ou *en fils ;* tantôt enfin, on agit sur les matières tissées : c'est la *teinture en pièces.* En général, les matières en fils ou en flocons prennent plus de couleur et se teignent plus facilement que lorsqu'elles sont en tissus ; mais il n'est pas toujours possible de les travailler sous les deux premières formes, parce que certaines nuances sont plus ou moins altérées par les manipulations du tissage.

2. Quel que soit l'état des matières sur lesquelles il opère, le teinturier doit agir de manière à obtenir des nuances aussi égales que possible. Pour cela, il est in-

dispensable de renouveler souvent les surfaces de contact et de tenir toutes les parties des substances à teindre plongées, pendant le même temps, aussi bien dans la dissolution de mordant que dans le bain tinctorial proprement dit.

3. A cet effet, quand on agit sur la laine en flocons, on la remue à plusieurs reprises, sans la fouler, après l'avoir ou non renfermée dans des paniers

Fig. 83. — Lisage.

ou dans des filets. Quand on teint des fils, on passe des bâtons dans les écheveaux, puis on fait tourner ces derniers sur les bâtons, dans le bain (*fig.* 83), ce qu'on appelle *liser* : dans les grands ateliers, on fait cette opération au moyen de machines appelées **liseuses.** Pour les lainages, on étend l'étoffe sur un **tourniquet** (*fig.* 84) placé au-dessus de la cuve, l'on en coud les extrémités, puis on la manœuvre dans le bain de manière que le

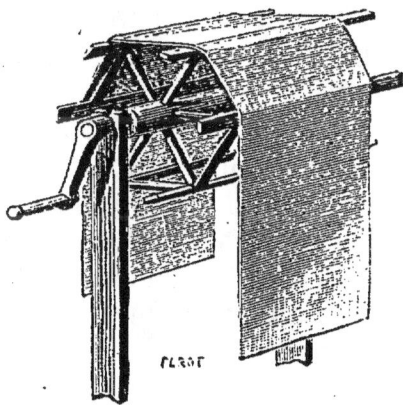

Fig. 84. — Tourniquet.

mordant ou la couleur s'y fixe aussi également que possible. Pour les toiles de coton, de chanvre et de lin, on emploie le plus ordinairement une machine (*fig.* 85), appelée **foulard,** ce qui fait donner à l'opération le nom de **foulardage.** La teinture terminée, on lave les fils ou les tissus à l'eau froide, et on les fait sécher.

CENT VINGT-UNIÈME LEÇON

Teinture des tissus. (*Histoire.*)

1. L'art du teinturier a été pratiqué, d'une manière très remarquable par toutes les nations civilisées de l'antiquité, plus particulièrement dans l'Inde, en Perse, en Assyrie, en Egypte, en Phénicie. Malheureusement, nous ne possédons pas de renseignements bien précis sur la manière dont les peuples de ces divers pays appliquaient les couleurs sur les étoffes, parce que les Grecs et les Romains, qui héritèrent en partie de leurs procédés industriels, ont oublié ou plutôt dédaigné de nous en transmettre la description.

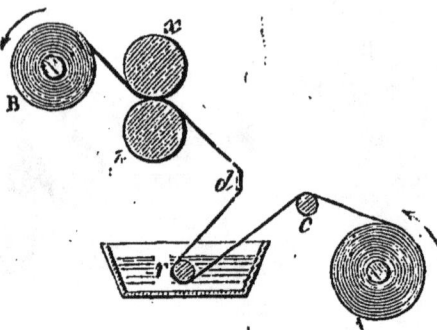

Fig. 85. — Foulard.

2. Au cinquième siècle de notre ère, à la suite des invasions des Barbares, la teinture de luxe disparut dans l'occident de l'Europe. Elle se maintint, au contraire, dans l'empire grec et dans tout l'Orient, et, pendant près de huit cents ans, ces contrées eurent le privilège d'approvisionner notre commerce des étoffes à couleurs solides et éclatantes.

3. Les Italiens furent les premiers Européens occidentaux qui pratiquèrent la teinture avec habileté. Ils durent cet avantage aux relations commerciales qu'ils entretenaient avec les villes du Levant, et qui leur permirent de s'initier aux arts qu'on y exerçait. Dès le douzième siècle, il existait à Venise et à Gênes, des teintureries renommées dont les produits étaient aussi beaux que ceux des Orientaux. Le mouvement se propagea dans le reste de l'Europe, mais avec beaucoup de lenteur. En France, par exemple, les progrès marquants ne commencèrent que vers le milieu du quinzième siècle.

4. Dans la seconde moitié du siècle dernier, l'art de

la teinture éprouva une transformation complète. Les efforts des chimistes en expulsèrent les procédés empiriques, seuls employés jusqu'alors, et introduisirent dans l'application des couleurs un esprit philosophique qui en répandit la théorie et donna le moyen d'en assurer le succès. Les savants de notre époque ont continué et complété l'œuvre de leurs devanciers, soit en simplifiant la préparation et l'emploi des mordants et des couleurs, soit en découvrant de nouvelles matières colorantes, soit enfin en imaginant des appareils et des méthodes qui permettent de teindre mieux et plus économiquement que par le passé.

CENT VINGT-DEUXIÈME LEÇON

Impression des tissus. (*Généralités.*)

1. Les *tissus teints* sont d'une couleur uniforme sur toutes leurs faces. Au contraire, les *tissus imprimés* ne sont colorés que sur un de leurs côtés, et, en outre, les couleurs n'y sont appliquées que par places, sur certains points déterminés, de manière à former des dessins dont la nuance tranche sur celle du fond. Ces derniers ont d'abord été appelés *tissus peints,* parce que, dans le principe, on y exécutait les dessins, l'un après l'autre, au moyen du pinceau; mais aujourd'hui, on ne se sert plus que du procédé infiniment plus rapide de l'*impression.* Autrefois encore, on ne peignait que les tissus de coton; aujourd'hui, on imprime indistinctement les étoffes de toute nature. Actuellement donc, on produit des dessins colorés aussi bien sur la soie, la laine et le lin que sur le coton. Toutefois, la partie la plus importante de cette branche d'industrie est celle qui s'exerce sur le coton.

2. L'imprimeur sur tissus emploie les mêmes couleurs et les mêmes mordants que le teinturier, mais dans un autre état. En effet, comme ces substances doivent être fixées sur des points déterminés, on conçoit qu'elles ne doivent pas être liquides, parce qu'elles s'étendraient au delà des limites des dessins. On prévient cet inconvénient en les *épaississant* avec de

l'amidon, de la fécule, de la gomme, etc. Enfin, autre
précaution non moins indispensable, mais qui est particulière au coton, les étoffes destinées à l'impression
doivent être non seulement blanchies, mais encore
débarrassées de tout duvet, ce que l'on obtient en brûlant ce duvet, opération que l'on appelle **flambage**
ou **grillage.**

3. Pour obtenir des effets de coloration sur les tissus,
on procède différemment selon la nature de l'étoffe,
les couleurs à employer, les dessins à produire, etc.
Ces différentes manières d'opérer se nomment **genres
d'impression.** La nature de cet ouvrage ne nous permettant pas de les décrire, nous nous bornerons à dire
quelques mots sur les moyens dont on se sert pour appliquer sur les tissus les matières destinées à y former
les dessins.

CENT VINGT-TROISIÈME LEÇON

Impression des tissus. (*Opérations.*)

1. Sauf quelques exceptions, les moyens en usage
pour appliquer les couleurs sur les tissus reposent sur
l'emploi de la gravure combiné avec une forte pression.
On en distingue quatre principaux que l'on appelle :
*impression au bloc, impression à la perrotine, impres-
sion à la planche plate, impression au rouleau.*

2. Pour l'*impression* **au bloc,** on se sert de planches

Fig. 86. — Bloc.

épaisses de bois, ou *blocs*
(*fig.* 86), assez légères
pour qu'on puisse les ma-
nier aisément avec une
seule main, et dont l'une
des faces porte, gravé en
relief, le dessin à reproduire, tandis que la face
opposée est munie de trous pour recevoir les doigts.
Après avoir bien tendu une certaine longueur d'étoffe
sur une table recouverte de deux draps grossiers
(*fig.* 87), l'ouvrier saisit sa planche, la charge de
couleur ou de mordant en l'appuyant sur un cadre
disposé pour cela, puis la pose sur l'étoffe, et, pour

qu'elle abandonne à cette dernière la matière dont elle est imprégnée, il la frappe sur le dos avec le poing ou avec un maillet. Il continue ainsi jusqu'à ce que toute l'étoffe placée sur la table se trouve imprimée. Il étend

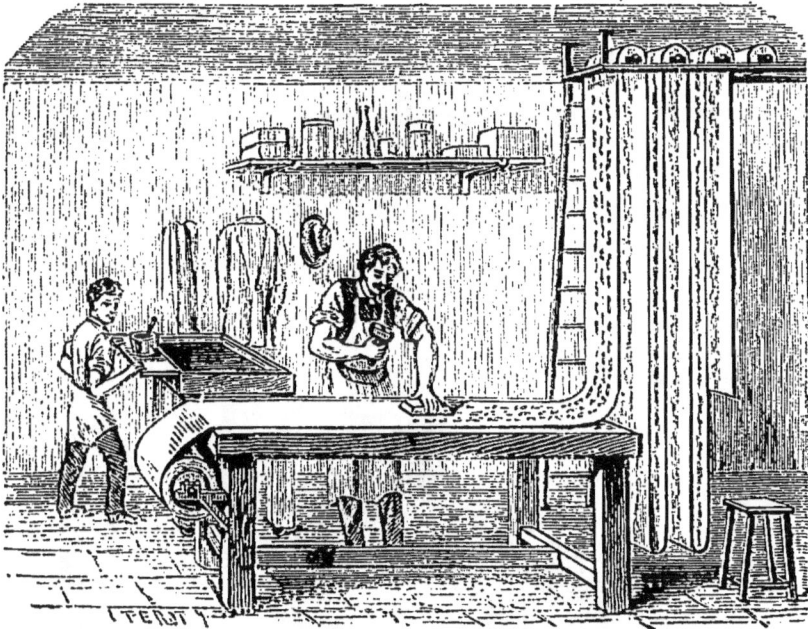

Fig. 87. — Impression au bloc.

alors sur cette même table une nouvelle quantité d'étoffe, et il répète les mêmes opérations.

3. A mesure que le travail avance, les parties imprimées passent successivement sur des rouleaux fixés au plafond de l'atelier, et d'où elles se rendent, une fois sèches, sur une table ou sur un chevalet. Quand le dessin a plusieurs couleurs, il faut une planche pour chaque couleur, et l'on procède pour chaque planche comme il a été fait pour la première. Des clous émoussés et enfoncés en divers endroits des planches indiquent les points de l'étoffe où elles doivent être posées.

4. L'impression au bloc étant très lente, on remédie à cet inconvénient, quand il est nécessaire d'agir rapidement, au moyen de la **perrotine**. Cette machine est ainsi appelée, du nom de son inventeur, Perrot, de Rouen. Elle se compose de plusieurs planches, également de bois gravées en relief, mais disposées dans un bâti,

de telle sorte qu'après avoir été chargées de couleur ou
de mordant par un mécanisme spécial, un autre mécanisme les force à s'appliquer, l'une après l'autre, sans
interruption, sur l'étoffe qui passe toute seule devant
chacune d'elles.

CENT VINGT-QUATRIÈME LEÇON

Impression des tissus. (*Opérations.*)

1. Dans l'*impression à la* **planche plate** (*fig.* 88), les
dessins sont gravés en creux sur une planche de cuivre

Fig. 88. — Impression à la planche plate.

d'environ un mètre carré de surface, et parfaitement
plane. On barbouille cette planche avec une brosse
chargée de mordant ou de couleur, puis on la fait passer
entre deux rouleaux disposés comme ceux des laminoirs
ordinaires. Au moment où elle va s'engager entre les
rouleaux, elle est essuyée par une lame d'acier qui enlève toute la matière, à l'exception de celle qui remplit
les creux de la gravure, et, aussitôt après, le tissu à
imprimer vient s'appliquer de lui-même sur sa surface.
L'étoffe et la planche cheminent alors ensemble entre les
rouleaux, dont la pression force la première à se charger
de la couleur déposée dans les creux de la seconde.

2. Dans l'*impression au* **rouleau** (*fig.* 89), le dessin est également gravé en creux mais sur un cylindre de cuivre, auquel on peut donner un mouvement de rotation plus ou moins rapide. En tournant, ce cylindre plonge inférieurement dans une boîte d'égale longueur, où il se charge uniformément de mordant ou de couleur ; quand il sort de cette boîte, un racloir d'acier fait tomber la matière qui n'est pas dans les tailles de la gravure, et, aussitôt après, l'étoffe, pressée par un gros rouleau garni de drap, vient s'appliquer sur la partie nettoyée. Les

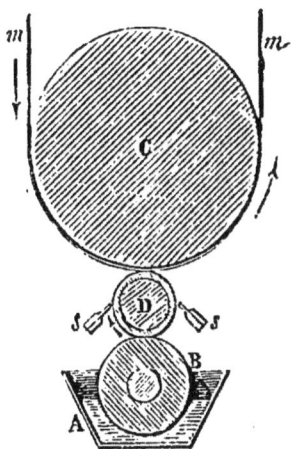

Fig. 89.
Impression au rouleau.

choses continuent alors comme nous venons de le dire en parlant de la planche plate.

3. La même machine imprime ordinairement plusieurs couleurs à la fois, ce qui nécessite autant de rouleaux gravés, accompagnés de leurs divers accessoires. Celle que représente le dessin ci-joint (*fig.* 90) est à six couleurs.

Fig. 90. — Machine à six couleurs.

CENT VINGT-CINQUIÈME LEÇON

Impression des tissus. (*Histoire.*)

1. De tous les tissus imprimés les plus anciens sont ceux de coton et, jusqu'aux premières années de notre

6.

siècle, on n'en a pas connu d'autres. On a vu précédemment que, dans le principe, c'est au moyen du pinceau, par les procédés ordinaires de la peinture, que les étoffes étaient ornées de dessins ; de là le nom de *toiles peintes* donné aux cotonnades ainsi enjolivées, et que la force de l'habitude leur a conservé dans le langage vulgaire, bien que les moyens d'exécution aient été entièrement changés. Ces mêmes cotonnades ont également été appelées *indiennes*, dénomination que portent encore certaines d'entre elles, parce que l'industrie qui les produit a pris naissance dans l'Inde, à une époque immémoriale.

2. De l'Asie méridionale, l'art de l'indienneur pénétra, de très bonne heure, dans tout l'Orient, surtout en Perse, en Assyrie et en Egypte. Quant à la date de la première apparition des indiennes en Europe, elle est tout à fait inconnue. On sait seulement que, pendant le moyen âge, ces étoffes furent très rares, par conséquent très chères. On les tirait des ports de la Syrie, de l'Asie-Mineure et de l'Egypte, où elles arrivaient, soit par les caravanes de la Perse, soit par les navires des Arabes. Les Européens ne se les procurèrent directement, dans les lieux de production, qu'après la découverte du cap de Bonne-Espérance, en 1486. Les Portugais, qui exploitèrent les premiers cette nouvelle branche de profits, se contentèrent d'importer les tissus tout fabriqués. Les Hollandais, plus industrieux, importèrent, un peu plus tard, et ces mêmes tissus et les moyens de les imiter.

CENT VINGT-SIXIÈME LEÇON

Impression des tissus. (*Histoire.*)

1. On rapporte au commencement du dix-septième siècle les plus anciennes tentatives faites en Europe pour faire des toiles peintes. Elles eurent lieu dans les Pays-Bas, mais ce fut en Suisse qu'elles commencèrent à donner des résultats satisfaisants. La France ne posséda cette industrie qu'à partir de 1743, époque à laquelle plusieurs fabriques furent fondées à Paris, à

Corbeil, à Sèvres, à Nantes, à Orange et à Marseille. Elle fut introduite à Mulhouse en 1746, à Rouen en 1759.

2. Les indienneurs européens se servirent d'abord des mêmes moyens d'exécution que leurs confrères de l'Inde, mais à mesure que leur art s'étendit, ils sentirent la nécessité de rendre leur travail plus rapide et plus économique. Les recherches auxquelles ils se livrèrent dans ce but les conduisirent à remplacer le procédé du pinceautage par celui de l'impression.

3. L'impression *au bloc* parut vers la fin du dix-septième siècle, mais on ne connaît ni le pays, ni le nom de celui à qui l'on en est redevable. La même obscurité existe sur l'origine de *l'impression à la planche plate* : on sait seulement qu'elle date de 1768 ou de 1769. Presque en même temps, ou peu après, on commença en France, aussi bien qu'en Angleterre, à imprimer au *rouleau*. Quant à la *perrotine*, nous avons vu qu'elle a été inventée par un mécanicien de Rouen ; elle n'est pas antérieure à 1834. Tous ces progrès furent accompagnés ou suivis par l'invention d'ingénieux appareils destinés à préparer ou à compléter l'impression proprement dite, et par celle de diverses méthodes donnant le moyen de fixer et de combiner les couleurs beaucoup mieux que par le passé. Enfin, ils ont été couronnés de nos jours par l'application à l'art de l'indienneur de toutes les découvertes dont la chimie a doté celui du teinturier.

INDUSTRIES DES CUIRS ET PEAUX

CENT VINGT-SEPTIÈME LEÇON

Ce qu'on fait de la **peau des animaux**. (*Généralités*.)

1. La peau des animaux ne sert pas seulement à confectionner nos chaussures, les harnais de nos chevaux, certaines parties de nos vêtements. Le carrossier en a également besoin pour ses voitures, le fontainier pour ses tuyaux, le relieur pour la couverture de ses livres, le mécanicien pour ses courroies de transmission, le

souffletier pour ses soufflets, l'armurier pour ses four-
reaux, etc. Les gainiers, les coffretiers, les malletiers, les
chapeliers, les gantiers, etc., en consomment également
de grandes quantités. Aussi son usage remonte-t-il aux
premiers âges de la civilisation.

2. Malheureusement, la peau ne peut être utilisée
dans l'état où la nature la fournit parce qu'elle a le triple
inconvénient d'être détruite en peu de temps par l'humidité, la chaleur et l'action de l'air. Afin de pouvoir en
tirer parti, il est donc nécessaire de la soumettre à des
préparations particulières qui ont pour objet, les unes
de la rendre inaltérable, les autres de lui communiquer
des qualités en rapport avec l'emploi particulier qu'on
veut en faire.

3. Tous les peuples, même les plus sauvages, ont
connu quelque moyen de rendre la peau des animaux
propre à leurs besoins. Dans les pays qui passent aujour-
d'hui pour les plus civilisés, le travail des matières de
cette espèce alimente plusieurs professions distinctes,
telles que celles du *tanneur*, du *corroyeur*, du *hongroyeur*, du *mégissier*, du *chamoiseur*, du *maroquinier*,
du *chagrinier*, du *parcheminier*, du *fabricant de cuir
verni* et du *pelletier-fourreur*, à chacune desquelles
nous allons consacrer quelques lignes.

CENT VINGT-HUITIÈME LEÇON

Ce qu'on fait de la **peau des animaux**. (*Art du Tanneur*.)

1. Parlons d'abord de l'**art du tanneur** : c'est la
plus importante des industries du travail des cuirs. Il consiste à *tanner* les peaux, à les rendre inaltérables en y
incorporant une substance qui existe dans les fleurs,
les feuilles, les fruits, l'écorce, les sucs d'une multitude
de plantes, et qu'on appelle *tannin* ou *acide tannique*,
parce qu'on l'a d'abord étudiée dans le *tan*, c'est-à-dire
dans l'écorce broyée du chêne. En Europe, particulièrement en France, c'est même cette écorce qu'on emploie
exclusivement dans la plupart des tanneries. Toutefois,
là où elle n'est pas assez abondante, on la remplace, en
totalité ou en partie, soit par celle de l'aulne, du bou-

leau, du peuplier, du châtaignier, du marronnier d'Inde, du sapin du Canada, soit par la vallonée, les knopperns, le divi-divi.

2. Toutes les peaux peuvent être tannées. Néanmoins, on ne travaille ordinairement ainsi que celles de bœuf, de vache, de veau et de cheval, et ce n'est que lorsqu'elles ont été préparées qu'elles prennent le nom de *cuirs*. Avec les peaux de taureau, de bœuf et de vache adulte, on fait les *cuirs forts* pour les grosses semelles et les autres articles qui demandent beaucoup de solidité. Avec celles de jeune bœuf, de jeune vache, de veau et de cheval, on fait les *cuirs à œuvre*, ou *cuirs mous*, appelés aussi *cuirs de molleterie* ou simplement *molleterie*, pour les empeignes des chaussures et les divers ouvrages qui ont besoin d'une grande souplesse.

CENT VINGT-NEUVIÈME LEÇON

Ce qu'on fait de la **peau des animaux**. (*Art du Tanneur.*)

1. Les peaux arrivent chez le tanneur à l'état frais ou à l'état sec. Dans le premier cas, on se contente de les laver. Dans le second, il faut, tout à la fois, les ramollir et les laver (**reverdissage**). Après ces manipulations préliminaires, on les débarrasse de leur poil (**épilage**) et l'on en égalise l'épaisseur en retranchant, du côté de la chair, les parties inutiles (**écharnage**).Ces différentes opérations se font en étendant les peaux sur un chevalet (*fig.* 91), sorte de banc incliné et de forme arrondie, puis les raclant de haut en bas avec un couteau spécial qui, suivant l'effet à obtenir, a le tranchant tantôt émoussé et tantôt coupant. Le tannage, qui vient aussitôt après, se compose de deux opérations principales. La première, appelée *gonflement* ou

Fig. 91.

passerie, a pour objet de dilater les pores de la peau

afin de faciliter la pénétration du tannin, tandis que la seconde, nommée *mise en fosses*, est le tannage proprement dit.

2. Le **gonflement** consiste à faire séjourner les peaux dans des bains plus ou moins acides, que l'on prépare avec de l'eau et du tan ayant déjà servi. Pour la **mise en fosses**, on range les peaux dans de grandes cuves, en ayant soin de les séparer par du tan en poudre, et quand chaque cuve est à peu près pleine, on achève de la remplir avec de l'eau. Sous l'action de celle-ci, le tannin contenu dans l'écorce se dissout et pénètre dans les peaux ; mais, pour que celles-ci fassent du cuir de bonne qualité, il est indispensable que cette pénétration ait lieu avec une extrême lenteur.

3. Le tannage, terminé, il n'y a plus qu'à battre les cuirs afin de les rendre plus fermes, plus résistants et d'une épaisseur plus égale. Suivant les fabriques, cette opération, qu'on nomme **battage**, se fait à la main, avec des marteaux de cuivre, ou mécaniquement, au moyen de pilons ou de laminoirs mus par la vapeur ou par l'eau. Toutefois, elle n'a lieu que pour les cuirs forts.

CENT TRENTIÈME LEÇON

Ce qu'on fait de la **peau des animaux**. (*Art du Corroyeur.*)

1. Après le tannage, le battage est la seule opération que l'on fasse subir aux *cuirs forts*, après quoi ils sont prêts pour l'emploi. Les *cuirs à œuvre*, au contraire, doivent recevoir de nouvelles préparations afin d'être propres aux divers usages où la souplesse, le brillant, le poli, parfois même la couleur, sont nécessaires. On leur communique toutes ces propriétés en les *corroyant*, c'est-à-dire en les détrempant dans l'eau, puis les foulant, les frottant avec des instruments appelés *paumelles* ou *marguerites* (*fig.* 92), les enduisant de corps gras, les teignant et les lissant.

2. Ces manipulations sont désignées, toutes ensemble, sous le nom de **corroyage** et constituent la profession du *corroyeur*. Elles varient plus ou moins, quant aux détails, suivant la destination particulière que doivent

recevoir les cuirs, c'est-à-dire selon qu'ils doivent être employés par les cordonniers, les bottiers, les bourreliers, les selliers, les re-lieurs, les gai-niers, les con-structeurs de machines, etc.

3. Les cuirs corroyés for-ment plusieurs catégories, cha-cune destinée à un ou plusieurs emplois spé-

Fig. 92. — Travail à la paumelle.

ciaux. Une des plus importantes est celle des *veaux cirés* qu'on emploie presque exclusivement pour les chaus-sures fines ou mi-fines des hommes. C'est également avec eux que se font les tiges de bottes et, dans les grands ateliers, on donne à celles-ci la forme voulue au moyen d'appareils appelés *machines à cambrer*.

CENT TRENTE-UNIÈME LEÇON

Ce qu'on fait de la **peau des animaux**. (*Art du Corroyeur.*)

1. Les **cuirs hongroyés**, dits aussi **cuirs de Hongrie**, sont des cuirs très forts, très épais et, en même temps, très souples et très onctueux, pour la pré-paration desquels on remplace l'acide tannique par une dissolution de sel marin et d'alun, et auxquels on fait ensuite absorber une grande quantité de suif. Le sel et l'alun conservent la matière animale sans altérer le tissu. Quant au suif, il empêche la dessiccation du cuir, et lui donne la souplesse et l'onctuosité nécessaires.

2. Les cuirs hongroyés sont donc tannés à l'alun. Ils se font avec des peaux de bœuf, de vache, de taureau et de cheval ; mais les meilleurs sont fournis par les plus fortes peaux de bœuf. Comme ils sont de couleur blanche,

on les appelle souvent *cuirs blancs*. Ils sont principalement utilisés pour la confection des harnais communs, emploi auquel leur souplesse, leur ténacité et leur solidité les rendent éminemment propres. On donne le nom de *hongroyeurs* aux ouvriers qui les préparent.

CENT TRENTE-DEUXIÈME LEÇON

Ce qu'on fait de la **peau des animaux**. (*Art du Mégissier.*)

1. Le mégissier prépare les peaux de mouton, de chevreau et d'agneau qui servent à confectionner les chaussures fines et les gants de luxe, ainsi que les doublures des chaussures ordinaires. Il travaille aussi les peaux de toute espèce qui doivent conserver leur laine ou leur poil. Ses produits forment donc deux classes : celle des *peaux pelées*, c'est-à-dire dépilées ou débourrées, et celle des *peaux en laine*, c'est-à-dire garnies de leur poil ou de leur laine. Ce qui les caractérise, quant à la matière employée pour les conserver, c'est que cette matière est, comme dans l'art du hongroyeur, le sel de cuisine et l'alun.

3. Les *peaux pelées* sont destinées à la ganterie et à la cordonnerie. Elles se font avec des peaux d'agneau, de mouton et de chevreau et, pour les articles de choix, on ajoute au sel et à l'alun une certaine quantité de farine de froment et de jaune d'œuf. — Les *peaux en laine* se préparent ordinairement avec des peaux de mouton ou de veau. Celles de mouton sont dites *houssées*, parce qu'elles servent surtout à confectionner des housses de cheval. Celles de veau portent le nom de *veaux à poil* : c'est avec elles que se font les sacs des troupes d'infanterie, les gibecières, les carniers et, en général, tous les havre-sacs de voyage.

CENT TRENTE-TROISIÈME LEÇON

Ce qu'on fait de la **peau des animaux**. (*Art du Chamoiseur.*)

1. Chamoiser une peau, c'est la préparer à ses divers usages en se servant, comme agent conservateur, d'huile de poisson. Celui qui fait cette opération s'appelle *chamoiseur* et sa profession porte le nom de *chamoiserie*. Les peaux chamoisées, ou *passées en chamois*, comme on les appelle, sont donc tannées à l'huile. Elles se recommandent par une extrême souplesse unie au moelleux le plus doux, à l'élasticité la plus parfaite, qualités qui les rendent éminemment propres à la buffleterie militaire, ainsi qu'à la confection des bandages chirurgicaux et d'une foule de pièces de vêtement, telles que culottes de chasse et de cavalerie, gants, bretelles, guêtres, chaussures légères, etc.

2. Toutes les peaux peuvent être chamoisées. Anciennement, on travaillait généralement ainsi les peaux de chamois (*fig.* 93). Aujourd'hui, on n'emploie guère que celles de mouton, d'agneau, de chèvre, de chevreau, de jeune bœuf, de jeune vache et de veau. A cause de leur peu d'abondance, les peaux de chevreuil, de daim, de cerf, de chamois, de renne, sont rarement employées. Quant aux peaux dites *de castor*, elles ne proviennent pas de l'animal dont elles portent le nom : ce sont de simples peaux de bouc, de chèvre, de veau ou de mouton,

Fig. 93. — Chamois.

qu'on a teintes en noir ou en gris après le chamoisage.

CENT TRENTE-QUATRIÈME LEÇON

Ce qu'on fait de la **peau des animaux.** (*Art du Maroquinier.*)

1. On appelle **maroquin**, un cuir teint, très souple et très mou, pour la préparation duquel on emploie le tannin du sumac. C'est un produit d'origine asiatique dont la fabrication paraît n'avoir été bien connue dans l'Europe occidentale que vers le milieu du siècle dernier. La première fabrique qu'il y ait eu en France n'est même

pas antérieure à 1750. Avant cette époque, on le tirait du Levant et des pays barbaresques, surtout du Maroc, qui lui a donné son nom.

2. Aujourd'hui, le maroquin se fait en Europe aussi bien qu'en Orient et, grâce aux progrès des arts chimiques, on peut en varier les nuances presque à l'infini, tandis que, dans les pays où il a été inventé, on ne sait encore lui donner qu'un fort petit nombre de teintes.

3. On distingue deux sortes de maroquins : les *maroquins véritables*, qui se font avec des peaux de chèvre ou de bouc ; et les *maroquins faux*, appelés aussi *peaux maroquinées*, qui s'obtiennent avec des peaux de mouton, des moutons dédoublés, c'est-à-dire divisés dans leur épaisseur, et des veaux très minces. Ces derniers sont principalement utilisés par les relieurs, les chapeliers, les portefeuillistes et les gainiers, pour les articles communs.

CENT TRENTE-CINQUIÈME LEÇON

Ce qu'on fait de la **peau des animaux.** (*Cuir verni* et *Cuir de Russie.*)

1. Le **cuir verni** n'est autre chose que du cuir de vache ou de veau, tanné et corroyé avec le plus grand soin, et sur la face extérieure duquel, la *fleur*, comme on dit, on a étendu plusieurs couches d'un vernis dont la composition est assez compliquée. On croit qu'il a été inventé en Angleterre, vers 1780. C'est un produit de luxe qui est universellement employé par les cordonniers, les selliers, les carrossiers, les ceinturiers, parce qu'il joint à un très beau brillant la qualité d'être impénétrable à l'eau et celle, non moins précieuse, d'être toujours propre, car un simple lavage suffit pour le nettoyer.

2. Le **cuir de Russie** porte le nom du pays où il a, dit-on, commencé à être fabriqué. C'est même de ce pays que vient encore le meilleur. Ce qui le caractérise essentiellement, c'est qu'il est très solide, presque inaltérable à l'humidité, et qu'il exhale une odeur à la fois forte et aromatique qui éloigne les insectes. Aussi, en fait-on usage pour la reliure des livres précieux et pour la confection des objets de gainerie de luxe. On le teint

le plus souvent en rouge roussâtre, mais rien n'empêche de lui donner toute autre couleur. Ce cuir se prépare le plus souvent avec des peaux de jeune bœuf ou de veau. On le tanne avec des écorces de saule ou de bouleau, et on l'aromatise en l'imprégnant d'une huile extraite de l'écorce et des bourgeons du bouleau blanc.

CENT TRENTE-SIXIÈME LEÇON

Ce qu'on fait de la **peau des animaux.** (*Art du Chagrinier.*)

1. On appelle **chagrin** un cuir très solide dont la surface est grenue, c'est-à-dire recouverte de petits tubercules arrondis. Les relieurs, les gainiers et les portefeuillistes en font surtout usage. Comme le maroquin, il est originaire du Levant. Aujourd'hui encore, le plus renommé vient de cette partie de l'Asie.

2. Les Orientaux préparent ordinairement leur chagrin avec la peau de la croupe du cheval et de l'âne sauvage. Après avoir nettoyé cette peau, ils la ramollissent dans l'eau, puis ils l'étendent, le côté de la chair tourné en haut, et la saupoudrent, aussi régulièrement que possible, de graine de moutarde ou d'arroche sauvage, qu'ils y font pénétrer à l'aide des pieds ou d'une presse. En s'y incrustant, ces graines produisent, du côté de la fleur, un égal nombre de petits mamelons qui, une fois secs, sont tellement solides que le frottement ne peut les écorcher.

3. Les chagriniers européens emploient quelquefois les peaux d'âne, de cheval ou de mulet, mais le plus souvent ils travaillent celles de chèvre ou de mouton. Ils leur donnent le grain, soit en les imprimant avec des planches de cuivre, soit en les faisant passer entre des cylindres de même métal, ces

Fig. 94. — Paumelle.

planches et ces cylindres étant gravés d'une manière convenable, soit encore en les travaillant avec des outils spéciaux qu'on nomme *paumelles* (*fig.* 94).

CENT TRENTE-SEPTIÈME LEÇON

Ce qu'on fait de la **peau des animaux**. (*Art du Parcheminier.*)

1. Le **parchemin** n'est point un *cuir* véritable, car, pour le préparer, on n'emploie ni le tannin, ni l'huile de poisson, ni le sel, ni l'alun, ni aucune autre matière tannante. Aussi, n'est-il pas insoluble et l'eau bouillante le transforme facilement en gelée. C'est tout simplement une peau brute qui a été successivement nettoyée, épilée, écharnée (*fig.* 95), c'est-à-dire débarrassée des chairs inutiles, puis étendue, égalisée, et desséchée.

2. L'art du parcheminier a probablement été connu de tout temps. Il est même admissible que les procédés généraux qu'il emploie aujourd'hui sont les mêmes que ceux des anciens. Quoique cette

Fig. 95.
Ouvrier écharnant une peau.

industrie puisse travailler toutes les peaux, elle choisit, le plus habituellement, celles de mouton, de veau, de bouc, de chèvre et de chevreau. Elle prépare trois sortes de parchemins : le *parchemin ordinaire*, pour la reliure des livres, l'écriture, les impressions communes; le *parchemin vitré*, pour les cribles, les tambours, les grosses caisses, les timbales ; le *vélin*, pour la peinture au pastel, la peinture en miniature, les fleurs artificielles, etc.

CENT TRENTE-HUITIÈME LEÇON

Ce qu'on fait de la **peau des animaux**. (*Art du Pelletier-Fourreur.*)

1. Les **pelleteries** sont des peaux munies de poils longs et serrés qu'on emploie pour rendre plus chauds les vêtements d'hiver ou simplement pour les orner. Elles

prennent le nom de **fourrures** quand elles ont été
apprêtées. La beauté de toute peau de ce genre dépend
de sa douceur, de sa solidité, de la longueur de son
poil, de son épaisseur et de sa couleur. Ces qualités ne
se trouvent réunies que dans les peaux des animaux qui
vivent dans les climats très froids, et encore pendant
l'hiver seulement. Voilà pourquoi les plus belles viennent
de la Sibérie, du nord de la Russie, du Canada et des
contrées boréales de l'Amérique du Nord.

2. Les fourrures dont on fait le plus de cas sont fournies par la Loutre marine, la Martre zibeline, le Vison,
le Chinchilla, l'Hermine, le Petit-gris, le Castor, les
Renards noir, argenté, bleu, etc. Les animaux de nos
contrées ne donnent que des fourrures communes.
Certaines peaux d'oiseau, notamment celle du Cygne,
garnie de son duvet, sont aussi employées comme fourrures. On se sert encore des peaux de Lion, de Tigre, de
Panthère, etc., mais uniquement pour faire des tapis,
des housses de cheval ou des couvertures.

3. Le travail des pelleteries constitue la profession du
pelletier-fourreur. Il consiste à les ramollir, à les *lus-
trer*, c'est-à-dire à les teindre en entier ou seulement sur
certains points, afin de donner au poil un éclat particulier ou de cacher des inégalités ou des défauts de la couleur naturelle.

INDUSTRIES DU VÊTEMENT

CENT TRENTE-NEUVIÈME LEÇON

Confection des vêtements.

1. Les vêtements, tant d'homme que de femme, se
font pour ainsi dire partout, et l'on y emploie des tissus
de tout genre et de tout prix. En général, l'étoffe est
d'abord coupée d'après des mesures prises sur le corps
même de la personne à habiller ; ensuite les pièces ainsi
taillées sont assemblées provisoirement afin de les
préparer pour l'essayage, et c'est seulement après y
avoir fait les retouches dont ce dernier a permis de

reconnaître la nécessité, qu'elles sont cousues définitivement. Il n'y a plus alors qu'à donner au vêtement, à l'aide du fer à repasser ou autrement, la tournure qu'il doit avoir, et à y ajouter les boutons et les autres garnitures extérieures.

2. Deux catégories d'industriels se partagent le soin d'habiller les hommes, celle des *tailleurs* et celle des *confectionneurs*. Les premiers prennent mesure et essayent le vêtement lorsque les parties principales en ont été provisoirement assemblées : on les dit *à façon*, quand l'étoffe étant fournie par le client, ils n'ont à recevoir que le prix de la main-d'œuvre ; et *marchands-tailleurs*, quand ils fournissent à la fois la façon et l'étoffe. Les seconds n'essayent pas ; ils travaillent d'avance d'après des mesures en rapport avec les tailles ordinaires, et fournissent toujours l'étoffe et la main-d'œuvre.

3. Ce sont les *couturières* qui habillent les femmes, elles travaillent le plus souvent à la façon ; quelques-unes seulement fournissent l'étoffe. Toutefois, depuis une trentaine d'années, il s'est établi, dans les grandes villes, des maisons spéciales de confection pour femmes. La plupart des magasins de nouveautés ont également organisé des ateliers du même genre.

4. Anciennement, les travaux de couture se faisaient exclusivement à la main. Aujourd'hui, dans les grands ateliers et même chez beaucoup de simples tailleurs ou de modestes couturières, ils s'effectuent au moyen de machines

Fig. 96.
Ouvrière travaillant avec une machine à coudre.

ingénieuses qui, mises en mouvement par une seule personne, le plus souvent par une femme, produisent,

en une heure, plus d'ouvrage que ne pourraient en
fournir un grand nombre d'ouvriers ou d'ouvrières. L'origine de ces machines, qu'on appelle **machines à
coudre** (*fig.* 96), remonte au commencement de notre
siècle, mais elles ne sont devenues réellement pratiques
que peu avant 1850. Il en existe actuellement de nombreuses espèces, chacune plus propre que les autres
à tel ou tel usage particulier. C'est donc aux personnes
qui doivent s'en servir à choisir celles qui conviennent
le mieux à l'emploi qu'elles veulent en faire.

CENT QUARANTIÈME LEÇON

Comment se font les chapeaux.

1. La confection des **chapeaux de femme** est
du domaine de l'industrie de la *modiste;* elle échappe
à toute description. Il est, au contraire, possible de
donner une idée de celle des **chapeaux d'homme**.
On sait qu'elle constitue la profession de *chapelier* ou
la *chapellerie*.

2. Suivant la matière dont ils sont formés, les chapeaux d'homme se divisent en *chapeaux de feutre, chapeaux de soie, chapeaux de paille* et *chapeaux de
bois*. Entrons dans quelques détails sur chacune de ces
sortes de coiffures.

3. Les **chapeaux de feutre** sont les plus anciens
et les meilleurs. On admet généralement qu'on a commencé, en Europe, à les fabriquer vers la fin du onzième
siècle. Pour ceux de première qualité, on emploie
ordinairement les poils de lièvre et de lapin. Pour
ceux de qualité inférieure, on se sert presque exclusivement de laine d'agneau.

4. On sait que le feutrage est fondé sur la propriété
qu'ont certains poils, surtout la laine, de former, au
moyen de l'agitation et de la pression, un tissu naturellement très solide : qu'on désigne, comme on l'a vu ailleurs, sous le nom de *feutre*. Toutefois, les poils de lapin
et de lièvre ne possédant cette propriété qu'à un très
faible degré, on les rend feutrants en les imprégnant, avant de les détacher de la peau de l'animal,

d'une préparation particulière, appelée **secrétage.**

5. C'est dans des ateliers spéciaux appelés *couperies de poils*, que les poils sont secrétés, séparés des peaux, puis triés, classés et empaquetés, suivant leur nature et leur qualité. Le chapelier n'a donc qu'à les assortir, c'est-à-dire à mettre ensemble ceux qui doivent faire partie du même chapeau, après quoi il les soumet aux opérations de son industrie. Ces opérations sont beaucoup trop compliquées pour que nous puissions les décrire. Nous dirons seulement que, depuis quelques années, la plupart se font, dans les grands ateliers, au moyen de machines.

CENT QUARANTE-UNIÈME LEÇON

Comment se font les **chapeaux.** (*Suite.*)

1. On n'avait encore porté que des chapeaux de feutre, lorsque, vers 1760, les **chapeaux de soie** furent inventés à Florence. Cette nouvelle branche de travail pénétra presque aussitôt en France ; mais, pour différentes raisons, elle ne fit des progrès sérieux qu'aux environs de 1825. A partir de ce moment, l'usage des chapeaux de soie se répandit de plus en plus.

2. Ces chapeaux se composent d'une carcasse recouverte, par le collage et la couture, d'une *peluche de soie*[2]. La carcasse se nomme communément *galette;* elle est faite le plus souvent, soit d'un feutre mince, grossier et apprêté, c'est-à-dire rendu imperméable ; soit d'une toile commune rendue rigide au moyen du gommage. Quant à la peluche, c'est une étoffe de soie dont la trame est ordinairement de coton, et qui présente, du côté apparent, des poils plus ou moins longs.

3. Trois catégories d'ouvriers concourent à la fabrication des chapeaux de soie : les *galetiers*, qui préparent les carcasses ; les *apprêteurs* ou *appropriateurs*, qui les enduisent d'apprêt, les imperméabilisent et, en outre, y appliquent la peluche ; les *garnisseurs*, qui posent la coiffe, la bordure et les autres accessoires.

CENT QUARANTE-DEUXIÈME LEÇON

Comment se font les chapeaux. (*Fin.*)

1. **Les chapeaux de paille** sont des coiffures d'été à l'usage des deux sexes, dont la fabrication est immémoriale et le plus souvent une occupation des femmes de la campagne. On emploie généralement la paille du froment ou celle du seigle, et l'on n'utilise que les parties lisses comprises entre les nœuds. Pour les chapeaux communs, on se contente de mouiller les tiges afin de les assouplir. Pour les sortes de belle qualité, on les blanchit au soleil et au soufre, puis, à l'aide d'un instrument approprié, on les divise en brins, que l'on classe ensuite selon leur grosseur.

2. En quelque état que soit la paille, le travail se fait de la même manière. Des femmes tressent les brins en rubans de différentes longueurs et largeurs, que d'autres ouvrières cousent les uns aux autres en les roulant en spirale, pour en former des chapeaux.

3. Les chapeaux de paille pour dames les plus estimés sont un produit de la Toscane. Ils sont faits de paille de froment ou de seigle, coupée verte, et leurs tresses sont, non pas cousues, mais *remmaillées*, c'est-à-dire réunies par un fil d'une extrême finesse que l'ouvrière dissimule sous un brin de paille. On les met dans le commerce en forme de *cornets,* ou de *cloches,* c'est-à-dire de pains de sucre tronqués.

4. **Les chapeaux de bois** sont presque exclusivement à l'usage des hommes. On les obtient en tressant des lanières étroites et flexibles fournies par différents arbres ou arbrisseaux. Les plus renommés viennent de l'Amérique du Sud, d'où on les exporte dans le monde entier sous le nom, tout à fait impropre, de *chapeaux de Panama.* On en fait dans plusieurs pays, mais l'Equateur et le Pérou sont les centres principaux de la production. Quant à la matière première, elle provient des feuilles de la Carludovique palmée, plante-arbuste de la famille des Pandanées, que les indigènes appellent *bombonaxa.* Après avoir divisé ces

feuilles en rubans plus ou moins étroits, on blanchit ces derniers au soleil, et on les livre aux tresseurs.

CENT QUARANTE-TROISIÈME LEÇON

Comment se font les **chaussures.** (*Généralités.*)

1. Dans les campagnes, les **sabots** sont, pendant l'hiver, la chaussure la plus commune et la meilleure;

Fig. 97. — Sabotier.

ils durent longtemps et préservent bien le pied de l'humidité. Suivant les pays, on les fait en hêtre, en aune, en bouleau, en noyer, en pin sylvestre. Celui qui les fabrique s'appelle *sabotier* (*fig.* 97) et l'on donne le nom de *sabotage* à son industrie. Toutefois, cette industrie est relativement peu développée. Celle qui produit les chaussures ordinaires, c'est-à-dire en cuir, constitue la **cordonnerie** ou la profession de *cordonnier*. Elle forme deux branches : la *cordonnerie pour hommes* et la *cordonnerie pour femmes*, et, dans chacune d'elles, on travaille *sur mesure* ou pour la *confection*. Ajoutons cependant que, dans les petites localités, cette distinction n'existe point, les mêmes ouvriers y travaillant pour les deux sexes.

2. De tout temps, les peuples civilisés ont employé les mêmes matières, c'est-à-dire le cuir et plusieurs sortes d'étoffes. L'industrie moderne ne diffère donc pas ou ne diffère que fort peu, sous ce rapport, de celle d'autrefois. Le plus grand progrès qu'elle ait réalisé a consisté à remplacer le travail manuel, seul connu des anciens, par des procédés mécaniques.

3. Considérée au point de vue des moyens d'exé-

cution, la cordonnerie actuelle fournit trois catégories de produits : 1° les *chaussures cousues*, qui se font à la main; 2° les *chaussures clouées* et les *chaussures vissées*, qui se confectionnent au moyen de machines. Occupons-nous d'abord des premières. Ce sont les plus anciennes, par conséquent les seules connues jusqu'à l'invention, de date relativement récente, de la cordonnerie mécanique.

CENT QUARANTE-QUATRIÈME LEÇON

Comment se font les **chaussures**. (*Chaussures cousues.*)

1. Comme leur nom l'indique, les **chaussures cousues** ont leurs différentes parties réunies au moyen de la couture, et, sauf quelques exceptions, de la couture à la main. Pour donner une idée de leur confection, nous prendrons pour exemple celle du soulier ordinaire, qui est la plus simple de toutes.

2. On commence par couper le *quartier* et l'*empeigne*. Le quartier est la partie qui emboîte le talon, l'empeigne, celle qui recouvre le reste du pied. Cette première opération terminée, on assemble le quartier avec l'empeigne, et l'on coud sur le bord inférieur de celle-ci, pour la soutenir, de petits morceaux de cuir qu'on appelle *ailettes*. On consolide en même temps le quartier en y collant un *contre-fort*. Cela fait, on place la *première semelle* sur la **forme**; on l'arrondit avec un tranchet, puis on applique l'empeigne sur cette même forme, ce qu'on appelle *monter*.

3. Le soulier étant monté, on coud la première semelle avec l'empeigne, en ayant soin de placer entre elles une lanière de cuir, nommée *trépointe*, qui sert à soutenir la couture qui les unit, et qui fait le tour du soulier en s'arrêtant au talon. On pose ensuite sur la semelle, à l'endroit correspondant à la cambrure du pied, un cuir assez épais nommé *cambrion*, qui sert à remplir le vide de cette cambrure. Enfin, on met la *seconde semelle* par dessus, on la coud et l'on fait le *talon*. Il ne reste plus alors qu'à *parer* la semelle extérieure, c'est-à-dire à la rogner sur les bords pour enlever les

parties inutiles, puis à la polir au moyen d'un fer chaud, qui la cornifie, ou avec des outils de buis ou d'os. Enfin, on *démonte* le soulier, c'est-à-dire qu'on en extrait la forme, on découpe le quartier et l'empeigne pour leur donner la hauteur voulue, et l'on applique la *bordure*.

CENT QUARANTE-CINQUIÈME LEÇON

Comment se font les chaussures. (*Chaussures mécaniques.*)

1. Sous la dénomination de **chaussures mécaniques,** on réunit les *chaussures clouées* et les *chaussures vissées* ou *chaussures à vis*.

2. Inventées au commencement de notre siècle, en Angleterre et aux Etats-Unis, les **chaussures clouées** ne diffèrent des chaussures cousues qu'en ce que les semelles et l'empeigne sont réunies entre elles par un ou deux rangs de clous. Pour les confectionner, l'ouvrier se sert d'une forme dont la face inférieure est garnie d'une bande de fer contre laquelle, sous le choc du marteau, la pointe des clous vient s'aplatir et se river. Les chaussures ainsi obtenues coûtent moins à établir que les précédentes, mais elles sont beaucoup plus lourdes, ont les semelles très dures, et leur rivure manque souvent de solidité. Ce système ne s'applique avec quelque avantage qu'aux chaussures fortes pour homme.

3. Les **chaussures vissées** se distinguent des précédentes, en ce que des vis de laiton y remplacent les clous. Ce mode de fabrication a pris naissance vers 1844; il est aujourd'hui appliqué sur une très grande échelle. Tout s'y fait mécaniquement, depuis le coupage des empeignes, des semelles et des talons, jusqu'à la bordure terminale, en passant par le montage et le vissage. On a imaginé pour cela des assortiments de machines ingénieuses qui, dirigées par des ouvriers exercés, reçoivent le cuir à l'état brut et le rendent sous forme de soulier entièrement terminé. Les chaussures ainsi produites sont tout aussi lourdes et aussi dures que les clouées; mais elles présentent plus de solidité parce que les vis tiennent mieux que les clous, pourvu

cependant, condition indispensable, que les semelles soient faites avec des cuirs de bonne qualité.

CENT QUARANTE-SIXIÈME LEÇON

Comment se font les **gants**.

1. On sait que les **gants** sont la partie de l'habillement qui couvre la main, et chaque doigt séparément. On en a porté dès une époque très reculée, mais, anciennement, ils étaient surtout destinés à garantir les mains de la piqûre des insectes et des épines. Considérés uniquement comme objet de toilette, ils ne paraissent pas remonter au delà du quinzième ou plutôt du seizième siècle. Depuis cette époque, leur usage a pris une telle extension qu'aujourd'hui ils sont une partie indispensable de l'habillement des hommes et des femmes.

2. On distingue deux sortes de gants : les *gants tissés*, qui sont de simples articles de bonneterie et se font comme les autres tissus à mailles ; et les *gants coupés*, qui s'obtiennent en découpant des peaux ou des étoffes, puis assemblant, au moyen de la couture, les pièces découpées. L'industrie qui les fabrique s'appelle *ganterie* et celui qui l'exerce se nomme *gantier*. Ce sont les gants de peau qui constituent la branche la plus importante de cette industrie.

3. Le gantier n'emploie guère que les peaux de chevreau et de mouton. Les premières sont toujours mégissées. Les secondes ont également subi les mêmes opérations ; quelquefois cependant, elles ont été chamoisées. Ce sont les chevreaux qui fournissent les gants les plus beaux, les plus fins et les plus solides. Quelle que soit la nature de la peau dont ils sont faits, les gants sont dits *sur poil*, quand ils ont le côté extérieur de la peau en dehors, et *transparents* ou *sur chair*, quand c'est le côté opposé.

4. A leur arrivée dans l'atelier, les peaux sont d'abord triées, puis successivement humectées, étirées, amincies, et enfin découpées. Les morceaux sont ensuite livrés à des ouvrières, qui les assemblent au moyen de la couture, après quoi les gants terminés sont ouverts

à l'aide de baguettes de bois bien arrondies qu'on passe dans chaque doigt, et enfin mis à sécher et empaquetés. Anciennement, la coupe et la couture se faisaient à la main. Aujourd'hui, la première a lieu au moyen de patrons et d'emporte-pièce, dont chaque fabricant possède des collections pour les différentes dimensions. Pour la seconde, on emploie des métiers diversement disposés.

5. Nous avons vu qu'il y a des gants coupés faits de tissu. On emploie à cet usage différentes étoffes de laine ou de soie, que l'on découpe et coud à la main ou mécaniquement. La fabrication des gants de cette espèce est donc, sauf la matière, à peu près la même que celle des gants de peau.

INDUSTRIES ALIMENTAIRES

CENT QUARANTE-SEPTIÈME LEÇON

Comment se fait le **pain.** (*Généralités.*)

1. Avant de dire comment se fait le **pain,** il n'est peut-être pas inutile de donner quelques détails sur les *Céréales.* On appelle ainsi, du nom de *Cérès,* déesse de la moisson chez les anciens Romains, un groupe de plantes dont les plus importantes sont le Blé ou Froment (*fig.* 98), l'Orge, le Seigle, l'Avoine, le Maïs (*fig.* 99) et le Riz (*fig.* 100).

2. Les semences de toutes ces plantes renferment un assemblage de substances qui les rendent éminemment propres à la nourriture de l'homme et d'un grand nombre d'animaux. Ainsi, outre des corps gras, on y trouve de la *cellulose,* de l'*amidon,* et du *gluten.* La cellulose est la matière qui forme l'enveloppe ligneuse du grain, et qui, après avoir été détachée par la mouture, porte le nom de *son.* L'amidon est, sous un nom différent, la même substance que la fécule de la pomme de terre. Quant au gluten, il constitue la partie qui convient le mieux à notre alimentation, et plus le grain en renferme, plus il est nourrissant. C'est lui encore qui donne

à la farine la propriété de faire avec de l'eau une pâte susceptible de *lever*, c'est-à-dire de gonfler par la fer-

Fig. 98.
Tige de blé.

Fig. 99.
Tige de maïs.

Fig. 100.
Tige de riz.

mentation, expression dont on trouvera bientôt l'explication.

3. Au point de vue alimentaire, le Froment occupe le premier rang, ce qui explique pourquoi, de tout temps, il a été employé de préférence pour fabriquer le pain. Viennent ensuite l'Orge, le Maïs et le Riz, mais le maïs se prêtant mal à la panification, parce qu'il est pauvre en gluten, sert principalement à confectionner des galettes ou des bouillies. Pour la même raison, le riz ne se consomme guère que cuit à l'eau ou dans le bouillon.

CENT QUARANTE-HUITIÈME LEÇON

Comment se fait le **pain**. (La *Mouture*.)

1. Que l'on consomme le grain des Céréales à l'état de pain, de galettes ou de bouillies, il doit toujours être

soumis à une première opération, qu'on nomme **mouture**, et qui constitue l'*art du meunier* ou la **meunerie**. Cette opération consiste à réduire en poudre, ou *farine*, la substance qui occupe le centre du grain et à la débarrasser de l'enveloppe ligneuse. Elle s'effectue au moyen de machines spéciales appelées **moulins**, et qu'on distingue en *moulins à eau, moulins à vent* et *moulins à vapeur*, suivant que, pour les mettre en mouvement, on se sert d'un courant d'eau, de l'action du vent ou de la force de la vapeur d'eau.

2. Les moulins peuvent être diversement construits quant aux détails; mais on y trouve toujours deux meules de pierre dure placées l'une au-dessus de l'autre. La meule inférieure (la *meule gisante*) est immobile, tandis que la supérieure (la *meule volante*) peut tourner avec une certaine vitesse (*fig.* 101).

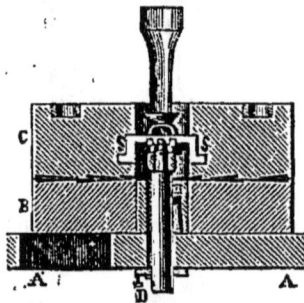

Fig. 101.

En outre, pour qu'elles puissent bien moudre, il faut que celles de leurs surfaces qui se regardent soient parfaitement planes, et qu'elles aient reçu un *rhabillage* convenable. *Rhabiller* une meule, c'est la diviser en plusieurs compartiments contenant chacun un nombre donné de cannelures coupantes, qu'on nomme *rayons* (*fig.* 102).

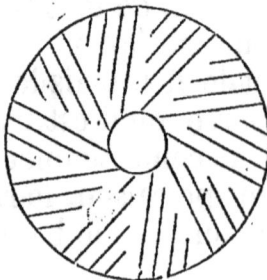

Fig. 102.

3. Quand les meules sont en travail, leurs cannelures se croisent et font l'effet d'une cisaille (*fig.* 103). On comprend dès lors qu'à mesure que le grain tombe dans l'intervalle qui les sépare, il ne tarde pas à être broyé et réduit en farine. Celle-ci se détache des parties ligneuses du grain et, poussée par le mouvement même de la meule volante, s'échappe pêle-mêle avec le son par une ouverture particulière qu'on appelle *anche*.

4. La farine étant produite, il n'y a plus qu'à la soumettre à l'opération du **blutage**, laquelle con-

siste à la séparer du son. On emploie pour cela des appareils nommés **blutoirs**, qui, selon le cas, en retirent la totalité ou une partie seulement du son. On dit qu'une farine est blutée à cinq, à dix ou à quinze pour cent, lorsque, de cent kilogrammes de blé moulu, on en extrait par le blutage cinq, dix ou quinze kilogrammes de son. Plus le blutage est poussé loin, plus la farine a de blancheur. En revan-

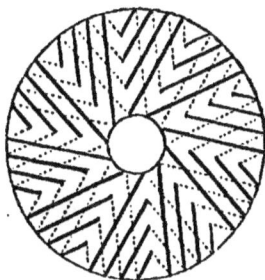

Fig. 103.

che, comme le grain de blé ne contient guère au delà de deux à trois pour cent d'enveloppe ligneuse, il en résulte que, plus la farine est blanche, moins elle est nourrissante, parce qu'une portion de ses principes utiles se trouve mêlée au son. De là cette conclusion, que, deux farines étant inégalement blutées, le pain le mieux doué au point de vue alimentaire sera celui à la confection duquel aura servi la farine la plus riche en son ; seulement, il aura moins de blancheur.

CENT QUARANTE-NEUVIÈME LEÇON

Comment se fait le **pain**. (*Panification.*)

1. « Quel incomparable aliment que le pain ! il plaît à tous, on ne s'en lasse pas ; il est si bien approprié à nos organes que la digestion s'en opère sans causer aucun trouble dans l'appareil digestif ; la proportion des principes qui le constituent est si bien ordonnée qu'il s'en faut de fort peu qu'il soit pour l'homme un aliment complet. » Toutefois, le pain véritable, le pain proprement dit, est celui de Froment ; les autres Céréales ne sont même ordinairement employées à le préparer qu'après qu'on y a ajouté une certaine quantité de Froment.

2. La fabrication du pain entretient, dans toutes les localités un peu importantes, une profession spéciale, celle de la **boulangerie**. Elle comprend deux opérations principales : le *pétrissage*, ou préparation de la pâte, et la *cuisson*, ou exposition de cette pâte à l'action de la chaleur. Ces opérations sont au fond d'une grande simplicité ; néanmoins, elles demandent des soins minutieux et une certaine habileté pour obtenir de bons résultats. Nous allons en donner une description sommaire.

CENT CINQUANTIÈME LEÇON

Comment se fait le **pain**. (*Panification.*)

1. On vient de voir que la fabrication du pain se compose de deux opérations principales : le *pétrissage* et la *cuisson*. Occupons-nous d'abord de la première.

2. Le **pétrissage** se fait dans une espèce de longue caisse qu'on appelle *huche, maie* ou *pétrin*. Il consiste à délayer la farine dans l'eau de manière à former une pâte homogène et d'une fermeté convenable. On y ajoute ordinairement une petite quantité de sel afin de rendre la pâte plus savoureuse et de compléter ses propriétés nutritives. Toutefois, si l'on se contentait de pétrir la farine avec l'eau et le sel, on n'obtiendrait qu'un pain compacte et de difficile digestion. On prévient cet inconvénient, en introduisant dans la pâte un peu de **levain**. On nomme ainsi une portion de pâte qu'on a mise de côté pour cet usage à la fin d'une opération précédente, et qu'on a fait aigrir. Quand on juge la pâte suffisamment travaillée, on l'abandonne à elle-même à une température de 15 à 18° centigrades.

3. Sous l'influence de la chaleur et du levain, la pâte éprouve une espèce de décomposition, appelée *fermentation panaire*, à la faveur de laquelle il prend naissance de l'alcool et du gaz acide carbonique. En cherchant à s'échapper, ce dernier produit dans la masse des vides nombreux comparables à des bulles d'écume. La pâte se gonfle donc, ce qui la rend plus légère, et ce gonflement augmenté encore pendant la cuisson, parce que la chaleur accroît le volume de ces bulles, en même temps qu'elle engendre des vapeurs qui concourent au même effet. Les *yeux*, ou trous, que présente le pain, sont les cavités qu'occupaient les gaz et les vapeurs. Quand la pâte est *levée*, c'est-à-dire gonflée au point voulu, on la *tourne*, en d'autres termes, on la divise en fragments, ou *pâtons*, de différents poids, auxquels on

donne la forme que le pain doit avoir. Ces fragments sont ensuite placés dans des corbeilles, où la fermentation s'achève, après quoi on les enfourne.

4. La **cuisson** a lieu dans un fourneau d'une disposition particulière, qu'on appelle *four à pain* ou *four de boulanger*. C'est un pavé circulaire fait de carreaux de terre cuite et recouvert d'une voûte très basse (*fig.* 104). On y brûle du bois bien sec. Il est indispensable, pour le succès complet de l'opé-

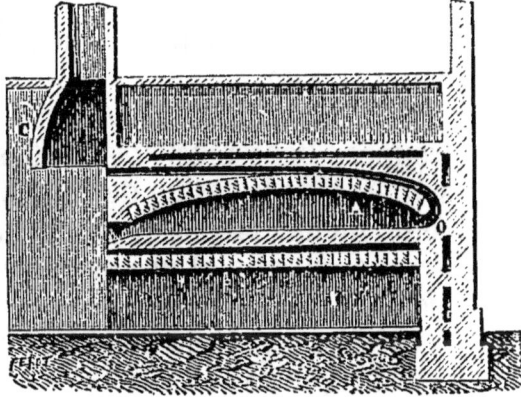

Fig. 104. — Four de boulanger.

ration, que toutes les parties du four soient également chauffées, mais il en est rarement ainsi, ce qui explique pourquoi, parmi les pains d'une même fournée, il y en a qui sont trop cuits et d'autres qui ne le sont pas assez.

5. Quand le four est arrivé à une température suffisante, on enlève toute la braise, et l'on procède à l'enfournement. Comme on sait, ce travail consiste à placer le pain dans le four en se servant de pelles de bois très légères et munies de longs manches. La cuisson dure plus ou moins, suivant la grosseur des pains. On reconnaît qu'elle est terminée à la couleur que la croûte acquiert. Une fois sortis du four, les pains sont posés sur des tablettes, debout à côté les uns des autres. On évite de les superposer, parce que ceux des couches inférieures s'affaisseraient sous le poids de ceux des couches supérieures, et deviendraient compactes.

CENT CINQUANTE-UNIÈME LEÇON

Comment se fait le **pain**. (*Panification.*)

1. De tout temps, il a été d'usage de fabriquer plusieurs sortes de pains, afin de répondre aux besoins ou au caprice des différentes classes de personnes. Le *pain ordinaire* se prépare avec les farines communes : c'est

celui dont la consommation est la plus considérable et, on peut aussi le dire, qui nourrit le mieux. Pour le *pain de luxe*, on emploie les farines les plus belles et les plus blanches; on en distingue de nombreuses variétés qui diffèrent entre elles sous le rapport de la forme et des dimensions, et suivant aussi la manière dont on a travaillé la pâte.

2. Le *pain de munition* est celui qu'on distribue aux troupes. Dans plusieurs parties de l'Europe, on le fait, soit avec de la farine de seigle, soit avec un mélange de cette même farine et de farine brute de froment. En France on se sert exclusivement d'excellente farine de froment blutée à vingt pour cent.

3. C'est également avec de bonnes farines de blé que se fabrique le *pain d'embarquement* ou *pain de marine*, appelé vulgairement *biscuit* ou *galette*, dont l'usage est si général à bord des navires de tous les pays. Seulement, on y fait entrer moins d'eau et de levain afin qu'il ait une pâte très ferme et qu'il lève peu. En outre, lorsqu'il sort du four, on le fait dessécher complètement dans une étuve pour qu'il puisse se conserver longtemps.

CENT CINQUANTE-DEUXIÈME LEÇON

Comment se fait le **pain**. (*Histoire.*)

1. Le premier usage que les hommes ont fait du grain des Céréales paraît avoir été de le manger entier, et cru ou grillé. Plus tard, on imagina de le ramollir dans l'eau et de le faire cuire, comme c'est encore l'usage pour le Riz et les légumes secs. Plus tard encore, on eut l'idée de le moudre et de former des bouillies avec la farine. Enfin, on couronna toutes ces innovations en se servant de la farine pour confectionner des pâtes plus ou moins fermes, qui, soumises à l'action du feu, devinrent notre **pain**. Toutefois, pendant longtemps, le pain fut lourd et indigeste, parce qu'il n'était pas levé. Il ne devint ce que nous le voyons aujourd'hui que lorsqu'on eut découvert les propriétés du *levain*. Ces diverses inventions remontent à une époque très reculée, mais inconnue. Elles sont toutes originaires de l'Orient, d'où elles pénétrèrent

peu à peu en Europe, en passant par la Grèce et l'Italie.

2. A notre époque, on a voulu faire disparaître ce qu'a de pénible et de malpropre la fabrication du pain, telle qu'elle a lieu habituellement. A cet effet, on a proposé de remplacer le pétrissage manuel par l'emploi de machines. C'est

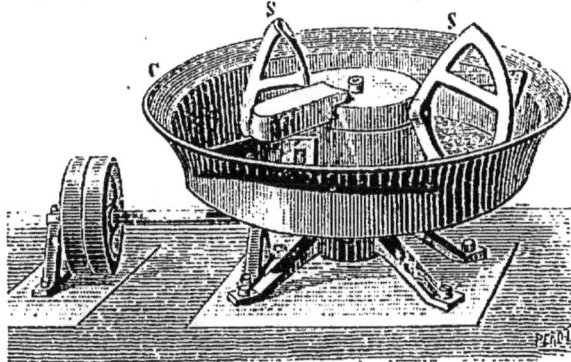

Fig. 105. — Pétrin mécanique.

aux appareils de ce genre qu'on donne le nom de **pétrins mécaniques** (*fig.* 105). Le nombre en est très grand, et il augmente de jour en jour. Néanmoins, malgré leurs avantages, dont le moindre est de soustraire la pâte au contact de la main de l'ouvrier, diverses circonstances n'ont pas encore permis d'en répandre l'usage, en sorte qu'on ne les rencontre guère que dans quelques boulangeries de l'Etat et des hospices et dans un petit nombre de boulangeries particulières d'une grande importance.

3. Une autre innovation, qui n'a pas eu plus de succès, a eu pour objet de substituer aux fours ordinaires, chauffés au bois et à l'intérieur, des **fours au coke** ou à **la houille**, chauffés extérieurement, qui, à la différence des anciens, cuisent le pain avec une régularité parfaite et le soustraient, en outre, au contact des cendres et des fragments

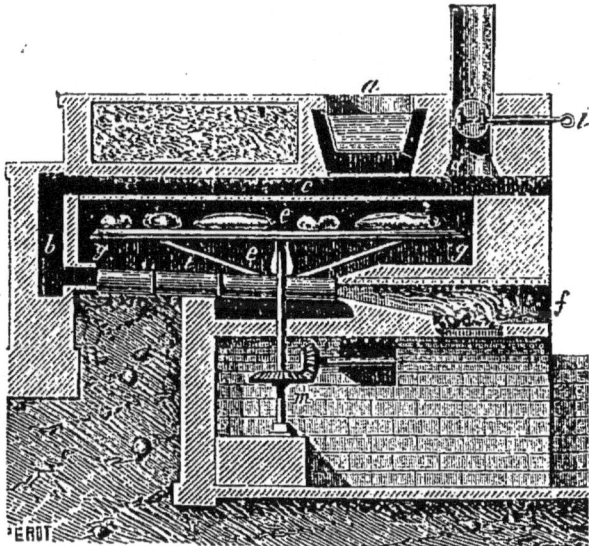

Fig. 106. — Four au coke.

charbonneux (*fig.* 106). Malgré leurs avantages, ces appareils ont rencontré à peu près les mêmes obstacles que les précédents. Le temps seul peut faire disparaître l'opposition qu'on leur a faite jusqu'à présent.

CENT CINQUANTE-TROISIÈME LEÇON

Comment se fait le **pain**. (*Histoire*.)

1. Les opérations qui précèdent la fabrication du pain n'ont pas toujours été faites de la même manière. Ainsi, la *mouture*, la plus importante de toutes, a beaucoup varié dans ses procédés. En effet, au commencement, on se contenta de concasser grossièrement le grain entre deux pierres, comme le font encore plusieurs peuples sauvages. Plus tard, on imagina de le triturer dans un mortier. Enfin, un perfectionnement en amenant un autre, on eut la pensée de le broyer avec un rouleau de pierre dure sur une table de même matière, ce qui conduisit probablement à le convertir en farine en le faisant passer entre deux meules superposées, la supérieure tournant horizontalement sur l'inférieure. On arriva ainsi graduellement à l'invention des **moulins.**

2. Du temps de Moïse, les moulins étaient connus en Égypte depuis plusieurs siècles, et l'on assure que les Hébreux en empruntèrent l'usage à ce pays. Ils étaient alors grossièrement construits. De plus, pour les mettre en travail, on se servait, tantôt de la force des animaux (*moulins à manège*), tantôt, ce qui était le cas le plus fréquent, de la force des hommes (*moulins à bras*). Par la suite, mais fort tard, on les mit en mouvement à l'aide des eaux courantes (*moulins à eau*) et du vent (*moulins à vent*).

3. Les moulins à eau paraissent avoir pris naissance dans l'Asie-Mineure. Le plus ancien dont il soit question dans les historiens dépendait du palais de Mithridate VII, roi du Pont environ 90 ans avant Jésus-Christ. Ils furent introduits en Italie du temps de César, mais ils ne commencèrent à se répandre que vers le quatrième siècle. Les moulins à vent sont également d'origine orientale. Les plus anciens qu'il y ait eu en Europe existaient en

Hongrie, au huitième siècle. L'application de la vapeur d'eau à la marche des machines à moudre le grain (*moulins à vapeur*) est tout à fait moderne ; elle a commencé en Angleterre, vers 1789. Enfin, de nos jours, ces appareils ont reçu des améliorations sans nombre qui ont eu pour résultat de rendre leur emploi plus facile, plus économique et plus parfait.

CENT CINQUANTE-QUATRIÈME LEÇON

Principales industries de la *viande* : la boucherie.

1. La chair d'un grand nombre d'animaux peut nous servir de nourriture, mais la viande proprement dite, la vraie viande, est celle que nous donnent le Bœuf, le Veau, le Mouton et l'Agneau, et qu'on appelle **viande de boucherie,** parce que le commerce en est concentré entre les mains des *bouchers*. Avant d'être vendus à ces industriels, ils sont généralement soumis par les éleveurs à un régime particulier qui a pour objet de les amener à un état d'embonpoint modéré. Quand ils sont arrivés à cet état, ils passent entre les mains du boucher.

2. Le travail du boucher comprend deux opérations essentielles : l'*abattage* et l'*habillage*. L'**abattage** est la mise à mort de l'animal. Anciennement, chaque boucher avait sa *tuerie* particulière, ce qui était une cause permanente d'accidents, par suite du fréquent passage des animaux, et d'infection pour les alentours, par la rapide putréfaction des débris. Depuis le commencement de ce siècle, chaque ville un peu importante possède au moins un *abattoir*. On appelle ainsi un établissement spécial dans lequel tous les bouchers sont tenus de venir tuer les animaux qu'ils destinent à la vente, et qui est disposé de manière à présenter toutes les garanties désirables au double point de vue de la sécurité des personnes et de la salubrité du voisinage. Tous les animaux ne se tuent pas de la même manière, mais on doit toujours agir de telle sorte que la mort arrive le plus promptement possible et en épargnant aux victimes des souffrances inutiles.

3. Quand l'animal ne donne plus signe de vie, on pro-

cède à l'**habillage**. On appelle ainsi les diverses opérations qu'on lui fait subir avant de l'envoyer à l'*étal*, c'est-
à-dire au magasin de vente. Elles varient, quant aux
détails, suivant les localités; mais elles consistent
toujours à introduire de l'air entre la chair et la peau
afin de séparer facilement cette dernière, à détacher la
tête et les pieds, et à extraire les organes intérieurs. Les
bœufs sont ensuite divisés en deux parties égales, du
cou à la queue, et transportés, dans cet état, à l'étal. Les
veaux et les moutons sont seuls laissés entiers. C'est à
l'étal qu'on procède au dépeçage des uns et des autres,
et qu'on en classe les morceaux en catégories, selon les
qualités, vraies ou supposées, que les consommateurs
leur attribuent.

CENT CINQUANTE-CINQUIÈME LEÇON

Principales industries de la *viande* : la **boucherie.**

1. Les animaux de boucherie ne donnent pas seulement de la viande; ils fournissent aussi plusieurs produits secondaires qui sont utilisés par l'industrie. Ainsi,
la *peau* est vendue aux tanneurs pour être convertie en
cuir. Le *suif* est livré aux parfumeurs, aux fabricants
de chandelles et aux stéariniers. Suivant leurs dimensions, les *os* servent à faire des objets de tabletterie, du
noir animal, de la gélatine, du phosphore. Les *cornes*
sont également employées par les tabletiers, qui en confectionnent des boutons, des tabatières, des peignes, etc.
Les *pieds* sont la matière première de plusieurs sortes
d'huiles qu'on emploie pour graisser les rouages des
machines délicates, surtout en horlogerie, et même, dans
la cuisine, pour faire des fritures.

2. Ce n'est pas tout. La *bourre* et le *crin* sont utilisés
par les tapissiers et les bourreliers; ce dernier est aussi
employé pour faire des tissus, couvrir des boutons, garnir
les archets des violons, etc. La *laine* est une des principales matières premières de l'industrie des tissus. Enfin,
avec le *sang*, on fait d'excellents engrais; avec les *vessies*,
des espèces de bourses; avec les *patins* ou *tendons d'A-
chille*, de la colle forte; avec les *intestins* ou *boyaux*,

des cordes propres à divers usages, tels que la garniture des violons, des vielles et autres instruments analogues, la transmission du mouvement des petites machines, l'enveloppe extérieure des fouets et des cravaches, etc. Rien donc ne se perd d'un animal mort.

CENT CINQUANTE-SIXIÈME LEÇON

Principales industries de la *viande* : la **charcuterie.**

1. Après le Bœuf, le Veau et le Mouton, le Porc est le mammifère qui joue le plus grand rôle dans notre alimentation. Il en a, du reste, été toujours ainsi chez plusieurs peuples et, actuellement, aux Etats-Unis, on l'élève dans ce but sur une échelle tellement colossale qu'on a d'abord traité de fables les récits des premiers voyageurs qui en ont parlé.

2. On commence toujours, comme s'il s'agissait des animaux de boucherie, par engraisser le Porc, après quoi il passe entre les mains du *charcutier*, qui le tue, le dépèce et en vend les diverses parties. Toutefois, sous ce dernier rapport, il y a une grande différence entre la manière d'opérer de cet industriel et celle du boucher. En effet, tandis que celui-ci ne vend que de la viande crue, le charcutier ne vend souvent la sienne qu'après l'avoir fait cuire : c'est même de là que vient son nom.

3. Outre sa viande, qui est d'un usage général, soit à l'état frais ou à l'état cuit, soit à l'état de salaison ou après avoir subi diverses préparations, et sa graisse, qui sert d'assaisonnement dans plusieurs pays, le Porc nous donne des déchets non moins utiles que ceux des bêtes de boucherie. La *peau*, une fois tannée, forme un excellent cuir dont on fait des cribles, des harnais, des selles, des garnitures extérieures de malles, même des chaussures. Avec les *soies*, on confectionne des pinceaux pour les peintres et les badigeonneurs, et plusieurs sortes de brosses. Le *vieux lard* et la *couenne* servent à graisser les scies et les vrilles, tandis que la *graisse* reçoit le même emploi pour les parties frottantes des machines. Cette dernière est également utilisée par les vétérinaires pour panser certaines plaies et composer divers onguents.

Les parfumeurs la font aussi entrer dans plusieurs de leurs préparations. Enfin, comme celle du Mouton et de l'Agneau, la *vessie* du Porc est employée pour faire des bourses.

CENT CINQUANTE-SEPTIÈME LEÇON

Industrie de la *laiterie* : le **beurre**.

1. Le *lait* des herbivores renferme tout ce qui est essentiel à la nourriture de l'homme ; c'est donc ce qu'on appelle un *aliment complet*, et il suffit à l'entretien de la vie et au développement du corps, du moins jusqu'à un certain âge. Il se compose d'une matière grasse, d'une substance qu'on nomme *caséum*, d'une espèce particulière de sucre, qu'on appelle *lactose*, de divers sels et d'une certaine quantité d'eau. On en consomme une partie en nature, c'est-à-dire tel que les animaux le fournissent. Le reste sert à fabriquer le *beurre* et le *fromage*. Occupons-nous d'abord du beurre.

2. Le **beurre** est la matière grasse du lait. Pour l'obtenir, on pourrait employer le lait de tous les animaux herbivores, mais on emploie de préférence celui de vache, parce que c'est celui qui donne le beurre le meilleur.

3. Le beurre existe dans le lait à l'état de globules invisibles à l'œil nu, tant ils sont petits, et qui flottent dans le liquide. En laissant reposer le lait dans un endroit convenable, ils montent à la surface et constituent ce qu'on appelle la *crème*. Mais cette crème ne présente les globules que placés les uns à côté des autres et mêlés à des parties de caséum. Pour qu'elle prenne le nom de *beurre*, il faut qu'ils se soudent entre eux et forment corps. Or, cette soudure ne peut avoir lieu, qu'à la condition de battre violemment la crème, de la *baratter* comme on dit.

4. La fabrication du beurre comprend donc deux opérations indispensables : la **montée de la crème** et le **battage** ou **barattage**. Cette dernière opération se fait au moyen d'appareils particuliers qu'on appelle **barattes**, et dont il existe un très grand nombre d'espèces. Le dessin ci-joint (*fig.* 107) représente un

des plus simples, et celui qui vient après (*fig.* 108) montre comment on l'emploie. Quand le beurre est formé, il n'y a plus qu'à le pétrir pour le débarrasser des parties liquides qu'il renferme toujours en plus ou moins grande quantité, opération appelée **délaitage**, après quoi on le pétrit et on le met en blocs, qu'on nomme *pains* ou *mottes*.

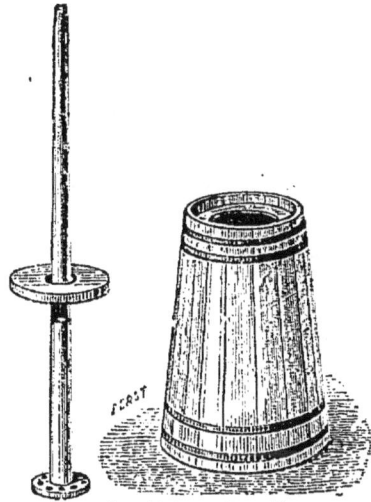

Fig. 107. — Baratte.

5. Comme le beurre se gâte avec une grande facilité, on a dû chercher le moyen de le conserver. Dans beaucoup de localités, on le met dans des pots de grès, après l'avoir lavé à plusieurs reprises, puis mêlé avec 5 à 6 pour 100 de sel marin : c'est le *beurre salé*. Dans d'autres, on le chauffe jusqu'à la température de l'ébullition, on le débarrasse avec soin des écumes, et lorsqu'il est liquide et clair, on le distribue dans des vases de grès : c'est le *beurre fondu*.

Fig. 108. — Fabrication du beurre.

CENT CINQUANTE-HUITIÈME LEÇON

Industrie de la *laiterie* : le **fromage**.

1. Nous avons vu, dans la leçon précédente, que l'une des substances qui entrent dans la composition du lait s'appelle *caséum*. Cette substance n'est autre chose que le **fromage**. Néanmoins, pour qu'elle puisse recevoir

ce nom, il faut qu'elle ait été soumise à certaines opérations dont il sera bientôt question.

2. Au moment où le lait vient d'être trait, le caséum s'y trouve disséminé sous forme de particules d'une petitesse extrême. Quand il devient aigre, ces particules se séparent et se réunissent en masses blanchâtres. On dit alors qu'il se *caille*, et le caséum constitue ce qu'on appelle le *caillé*. Cette séparation du caillé est rendue beaucoup plus rapide, si l'on ajoute au lait un peu de *présure*. Dans tous les cas, le liquide qui reste lorsqu'elle a eu lieu, se nomme *petit-lait*.

3. Quoique le lait de tous les herbivores puisse servir à faire du fromage, on préfère généralement celui de vache. Dans certaines localités, on y ajoute du lait de chèvre ou de brebis. Quelquefois même, on emploie uniquement ces derniers, soit seuls, soit mélangés ensemble. Nul doute que la nature du lait ne contribue à modifier les qualités du fromage. Toutefois, ce qui exerce l'influence la plus considérable, ce sont les procédés de fabrication, qui sont loin d'être identiques, quant aux détails, non seulement pour tous les pays, mais encore pour toutes les localités d'un même pays. A cet égard, on a remarqué depuis longtemps qu'une modification, en apparence insignifiante, dans l'un quelconque des traitements que l'on fait subir au lait, peut imprimer aux produits des propriétés essentiellement différentes.

CENT CINQUANTE-NEUVIÈME LEÇON

Industrie de la *laiterie* : le **fromage**. (*Suite et fin.*)

1. Trois opérations sont nécessaires pour la fabrication de tous les fromages. La première consiste à verser dans le lait une certaine quantité de présure afin de déterminer la formation du caillé. Dans la seconde, on recueille le caillé et on le pétrit pour faire sortir les parties de petit-lait qu'il renferme toujours en plus ou moins grande quantité. Enfin, dans la troisième, on distribue la pâte ainsi obtenue dans des moules dont la forme et les dimensions varient suivant les habitudes locales. Beaucoup de fromages sont l'objet de plusieurs

autres manipulations. Ainsi, on sale ceux qui doivent être conservés longtemps ; on met en presse ceux auxquels on veut donner une grande consistance. Il y en a aussi que l'on *affine*, c'est-à-dire dans la masse desquels on fait naître une altération particulière qui leur donne des qualités recherchées des consommateurs. Enfin, pour certains, on soumet le caillé à une véritable cuisson.

2. Telles sont les opérations principales de l'industrie fromagère ; mais, comme nous l'avons vu, on les modifie de mille manières, et ce sont ces modifications qui produisent les diverses sortes de fromages. Toutefois, aussi nombreuses que soient ces sortes, on les partage toutes en deux grandes classes, savoir : les *fromages mous*, qui sont toujours peu consistants, et les *fromages fermes*, qui, au contraire, sont plus ou moins durs.

3. Les fromages mous se subdivisent, à leur tour, en *fromages frais*, comme les fromages à la pie, les bondons, les petits suisses, etc., et en *fromages affinés*, comme le camembert, le brie, le géromé, etc. Quant aux fromages fermes, il se partagent, en *fromages faits à froid*, comme le hollande, le roquefort, le cantal, etc.,

Fig. 109. — Fromagerie où l'on fait le gruyère.

et en *fromages cuits*, comme le gruyère (*fig.* 109), le parmesan, etc. Enfin, dans chacune de ces classes, on distingue, en outre, les *fromages gras*, qui sont faits avec du lait non écrémé, et les *fromages maigres*, pour la confection desquels on n'emploie que du lait écrémé.

INDUSTRIE SUCRIÈRE

CENT SOIXANTIÈME LEÇON

Le sucre. (*Généralités.*)

1. Dans le langage ordinaire, on donne le nom de **sucre** à toute substance douée d'une saveur plus ou moins douce et agréable. Les substances de ce genre sont d'origine végétale ; elles se trouvent dans la tige, les fleurs, les fruits, les racines ou les tubercules d'un grand nombre de plantes. Mais celle qu'on emploie ordinairement est fournie soit par la tige d'un grand roseau des contrées chaudes du globe, — la **canne à sucre**[1] (*fig.* 110), — soit par la racine d'une plante de nos climats, — la **betterave à sucre**[2] (*fig.* 111).

Fig. 110. — Canne à sucre.

2. On distingue donc le *sucre de canne* et le *sucre*

1. Les pays où la culture de la **canne** est actuellement le plus développée, sont : — 1° en Amérique, le Brésil, toutes les Antilles, la Louisiane, le Mexique, l'ancienne Colombie ; 2° en Asie, la Chine, le Japon, l'Inde anglaise, l'Indo-Chine, les Philippines ; — 3° en Afrique, les îles Maurice et de la Réunion, les colonies de Port-Natal et de Libéria, l'Egypte ; — 4° en Océanie, les possessions hollandaises

de betterave; mais ils ont, l'un et l'autre, la même composition, les mêmes propriétés, les mêmes usages, en sorte qu'ils ne sont en réalité qu'une seule et même matière provenant de deux sources différentes. Le sucre que nous employons n'est même généralement qu'un mélange des deux sortes.

3. La fabrication du sucre comprend deux séries d'opérations bien distinctes. Dans la première, on obtient une poudre sableuse, plus ou moins jaunâtre, et douée d'un goût peu agréable : c'est le *sucre brut* ou *cassonnade.* Dans la seconde, on *raffine* le sucre brut, c'est-à-dire qu'on le débarrasse des corps étrangers qui altèrent sa couleur et sa saveur, afin de le convertir en *sucre blanc* ou *sucre raffiné.* On appelle *sucre-*

Fig. 111. — Betterave à sucre.

ries les établissements où l'on produit le sucre brut, et *raffineries* ceux où on le raffine.

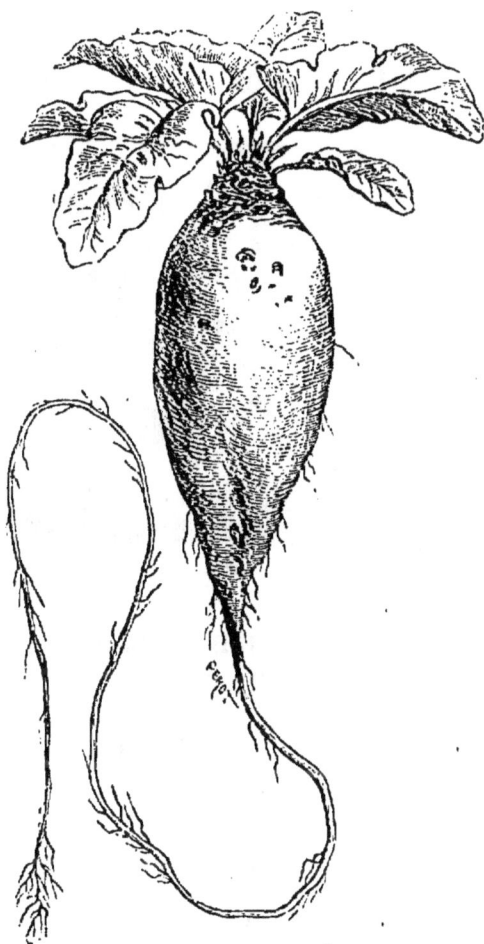

de Java et de Sumatra, les îles Sandwich ; — 5° en Europe, elle n'existe guère que dans les provinces méridionales de l'Espagne.

2 La culture de la **betterave** est particulière à l'Europe. Néanmoins, depuis quelques années, on s'efforce de l'introduire aux États-Unis, où elle donne même déjà des produits très abondants. En Europe, c'est en France qu'elle a lieu sur la plus grande échelle. Viennent ensuite la Belgique, l'Allemagne, l'Autriche et la Russie. Dans notre pays, elle est à peu près concentrée dans vingt-quatre départements, à la tête desquels se placent ceux du Nord, de l'Aisne, du Pas-de-Calais, de l'Oise et de la Somme.

CENT SOIXANTE-UNIÈME LEÇON

Le sucre. (*Fabrication.*)

1. Pour extraire le sucre de la *canne*, on écrase celle-ci au moyen de presses (*fig.* 112), ou de mou-lins, et l'on recueille le jus, ou *ve-sou*, qui en découle. Ce jus est en-suite clari-fié, après quoi on le fait passer

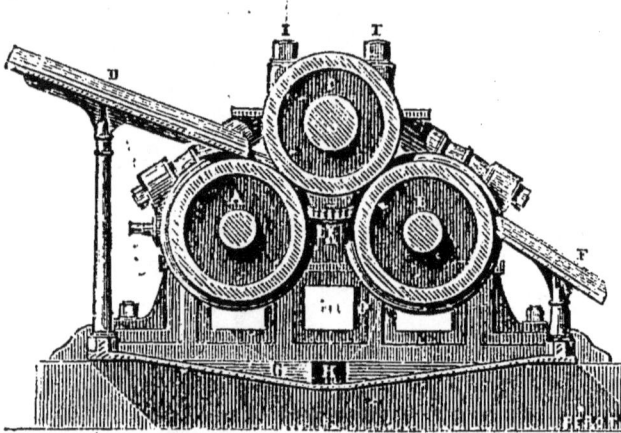

Fig. 112. — Presse à sucre.

successivement dans des chaudières placées sur le feu et à la file, où, par l'ébullition, il se concentre de plus en plus. Quand il est suffisamment épaissi, on le met refroidir dans des réservoirs peu profonds. Enfin, on le verse dans des caisses ou dans des tonneaux, où il ne tarde pas à se prendre en petits grains irréguliers. Quelques parties restent cependant demi-liquides : elles forment ce qu'on nomme la *mélasse*. On les fait sortir par des trous destinés à cet effet.

2. Le traitement des *betteraves* est beaucoup plus compliqué. Les racines sont lavées avec soin, puis râpées au moyen de machines. L'espèce de pâte qui résulte de ce râpage est renfermée dans des sacs de laine et soumise à l'action de presses très puissantes pour en extraire le jus. Ce jus est aussitôt clarifié, après quoi on le concentre à plusieurs reprises dans des appareils diversement disposés et, chaque fois, on le fait passer sur des filtres appropriés. Lorsqu'il est convenablement concentré, on le distribue dans des chaudières d'une forme spéciale, où il commence à se solidifier, puis dans des vases coniques ou rectangulaires où il achève de passer à l'état solide.

3. Qu'il provienne de la canne ou de la betterave, le sucre brut se raffine de la même manière. On commence toujours par le faire fondre, c'est-à-dire par le rendre liquide, et l'on obtient ce résultat en le chauffant avec une petite quantité d'eau. On purifie alors le *sirop* en le faisant passer dans des caisses pleines de charbon d'os en grains, puis on le concentre rapidement, et on le fait refroidir. Enfin, on le verse dans des moules coniques (*fig.* 113), appelés *formes*, où il se solidifie. Le plus ou moins de blancheur que présentent les pains provient du plus ou moins de soin avec lequel on a effectué les diverses opérations du raffinage.

4. Les usages du sucre sont tellement connus qu'il est inutile de les énumérer. Dans la pharmacie et l'économie domestique, on l'emploie pour rendre plus agréables un nombre infini de préparations. Les industries du chocolatier, du confiseur et du liquoriste n'existeraient pas sans lui. Comme il conserve parfaitement les matières animales ou végétales, on y a journellement recours pour prévenir l'altération des fruits et des viandes. Sous ce rapport, il est même préférable au sel marin pour ces dernières, parce

Fig. 113. — Formes à sucre.

qu'il possède la précieuse propriété de n'en changer ni l'aspect ni la saveur.

CENT SOIXANTE-DEUXIÈME LEÇON

Le sucre. (*Histoire.*)

1. La fabrication du **sucre de canne** est la plus ancienne. On la croit immémoriale en Chine et dans l'Inde, c'est-à-dire dans les pays que l'on regarde comme la patrie originaire du végétal qui lui a donné naissance. Environ 300 ans avant J.-C., lors des con-

quêtes d'Alexandre le Grand dans l'Asie méridionale, les Grecs en connurent les produits et ils transmirent cette connaissance aux Romains.

2. Toutefois, pendant fort longtemps, le sucre fut excessivement rare en Europe et uniquement employé comme médicament. Il ne commença même à devenir un peu abondant que vers le douzième siècle. A ce moment, la culture de la Canne était prospère en Syrie et en Egypte, où elle avait été introduite de l'Inde. Elle existait également dans la plupart des grandes îles de la Méditerranée, ainsi que dans les provinces méridionales de l'Espagne. Un peu plus tard, elle pénétra aux Açores et aux Canaries. Enfin, au commencement du seizième siècle, les Espagnols en dotèrent l'île d'Haïti, la plus importante des Antilles, d'où elle se répandit bientôt dans les îles environnantes.

3. Les plantations du Nouveau-Monde devinrent peu à peu très prospères, et, à partir de 1650, elles envoyèrent en Europe des quantités si considérables de sucre, qu'on put cesser de le faire venir à grands frais de l'Inde, pays qui en avait jusqu'alors principalement alimenté le commerce. On comprend qu'à mesure que le sucre devint plus commun, il diminua naturellement de prix, et cette circonstance, jointe à l'usage du café, du chocolat et du thé, qui ne tarda pas à devenir général, en augmenta rapidement la consommation.

CENT SOIXANTE-TROISIÈME LEÇON

Le sucre. (Histoire.)

1. Au commencement de notre siècle, on ne connaissait encore que le sucre de canne. Les grandes guerres que la France soutenait alors contre tout le reste de l'Europe, ayant détruit les communications de notre pays avec l'Amérique, on se vit dans la nécessité de remplacer ce produit par la matière sucrée que renferment les plantes indigènes. On s'adressa au Maïs, au Sorgho, à la Carotte, à la Châtaigne, etc.; mais ce fut surtout la Betterave, où la présence du sucre avait été signalée en 1745 par le chimiste prussien Margraf, qui attira l'atten-

tion des savants et du gouvernement. Enfin, après une foule de tentatives infructueuses, deux hommes eurent le bonheur de résoudre complètement le problème : l'un, M. Crespel-Delisse, en 1810, dans le département du Nord; l'autre, M. Benjamin Delessert, en 1812, dans celui de la Seine. Alors commença la fabrication industrielle du **sucre de betterave**.

2. Comme on vient de le voir, cette industrie a une origine toute française. Néanmoins, elle ne se développa d'une manière sérieuse qu'après 1830, à la suite de perfectionnements sans nombre apportés aux méthodes de culture et aux procédés d'extraction. Aujourd'hui encore, c'est en France qu'elle est le plus florissante; elle a son siège principal dans les départements du Nord, de l'Aisne et du Pas-de-Calais.

3. Bien que la consommation du sucre ait prodigieusement augmenté depuis le commencement de ce siècle, elle est encore fort loin d'avoir atteint, surtout en France, le développement réclamé par les hygiénistes dans l'intérêt de la santé publique. Il est très désirable que l'emploi de ce produit puisse entrer dans les habitudes de la population des campagnes, pour laquelle il serait très utile, parce qu'il rendrait plus salubres, plus agréables et plus faciles à conserver la plupart des fruits dont elle se nourrit. C'est d'ailleurs un fait incontestable que le sucre est un des agents les plus propres à compléter les propriétés digestives d'une foule de substances alimentaires.

CENT SOIXANTE-QUATRIÈME LEÇON

Le vin. (*Généralités.*)

1. Quelques personnes donnent le nom de **vin** à toute liqueur sucrée qui a subi la fermentation alcoolique, expression qui sera expliquée dans l'une des leçons suivantes; mais le vin proprement dit, le *vin véritable*, est exclusivement fourni par le *moût* ou *jus des raisins*. Ce moût renferme au moins une douzaine de matières. L'une d'elles, le *glucose* ou sucre de raisin, en se convertissant en *alcool*, donne naissance à ce qu'on appelle

la *vinosité*, c'est-à-dire à la force du vin. Quant aux autres, elles sont pour ainsi dire accessoires, et servent seulement à modifier la saveur du vin. C'est de leur nombre, des proportions, variables à l'infini, dans lesquelles elles sont mélangées et, peut-être aussi, de leur état particulier, que proviennent les différentes variétés de vins. On doit donc définir le vin : une liqueur alcoolique résultant de la fermentation du jus du raisin.

2. Tout le monde sait que les qualités du raisin, par conséquent, celles du vin, dépendent de plusieurs circonstances, telles que la nature du sol, le climat, l'exposition, le mode de culture, l'espèce de cépage, la marche des saisons aux époques qui influent le plus sur la maturité du fruit. Quel que soit le raisin employé, il faut toujours, pour qu'il puisse donner du vin, qu'il soit écrasé, afin que les substances qui le constituent soient en contact intime. Il faut, en outre, que le moût soit soumis à l'action de l'air, du moins pendant un certain temps.

3. Les vins sont en général blancs ou rouges, mais avec des nuances intermédiaires qui varient à l'infini. Quelques-uns, qu'on appelle *teinturiers*, sont même d'un rouge violet presque noir : on les emploie pour foncer la teinte des vins peu colorés. Nous allons décrire sommairement la manière la plus générale de fabriquer le *vin rouge*, qui est celui dont la consommation est la plus considérable.

CENT SOIXANTE-CINQUIÈME LEÇON

Le vin. (*Fabrication.*)

1. La fabrication du vin rouge comprend quatre opérations, savoir : la *vendange*, le *foulage*, la *fermentation du moût* et le *décuvage*.

2. La **vendange** est la récolte du raisin. Elle se fait quand les raisins sont mûrs, ce qui n'a pas lieu à la même époque dans tous les pays. Ainsi, dans nos départements du Midi, c'est ordinairement du 8 au 20 septembre. Dans ceux du Centre, au contraire, c'est du 20 au 30 du même mois, quand l'année est précoce, et dans

les premiers jours d'octobre, lorsqu'elle ne l'est pas.

3. Dans le **foulage**, on se propose d'écraser les raisins pour en exprimer le jus. Ici encore, on ne procède pas partout de la même manière. Le plus souvent, on les fait piétiner par des hommes (*fig.* 114) ou passer entre deux cylindres tournant en sens opposés. Dans certaines localités, on se contente d'*égrapper* le raisin, c'est-à-dire de séparer les grains de la râfle.

4. La **fermentation** est la partie la plus importante de la fabrication, puisque c'est par elle que le jus de raisin, ou *moût,* se convertit en vin. Elle commence aussitôt après le foulage. Il se produit alors dans ce jus un changement profond, accompagné d'une grande élévation de température, à la faveur de laquelle la matière sucrée du raisin se décompose en donnant naissance à du gaz acide carbonique, qui se répand dans l'atmosphère, et à de l'alcool, qui reste dans la masse. En traversant la liqueur pour s'échapper, l'acide carbo-

Fig. 114. — Foulage de la vendange.

nique y détermine une agitation comparable à celle que présente l'eau qui bout, et qui, très lente d'abord, augmente graduellement, après quoi elle diminue peu à peu et cesse presque entièrement. A mesure que toutes ces choses se produisent, le moût perd sa douceur, se colore en rouge et acquiert la saveur vineuse, en d'autres termes, il se change en vin.

5. Le **décuvage** consiste à soutirer le vin pour le distribuer dans les tonneaux où il doit être conservé. Quand on a retiré tout le vin qui peut s'écouler de lui-

même, on enlève le *marc*, c'est-à-dire les râfles et les
pellicules, et on le porte au pressoir pour en extraire
les portions de liquide qu'il retient encore. On presse
ordinairement à plusieurs reprises, et chaque fois l'on
obtient un vin de qualité inférieure qu'on garde le plus
souvent dans des vases particuliers.

6. La fabrication du *vin blanc* ne diffère pas beaucoup
de celle du vin rouge. La principale différence vient de
ce qu'il faut éviter de faire fermenter le moût avec les
râfles, surtout si l'on emploie des raisins noirs. Aussitôt
donc que le raisin a été récolté, on le foule, on le presse
et l'on entonne immédiatement le moût. De cette manière, la fermentation nécessaire pour convertir ce dernier en vin s'effectue dans les tonneaux.

CENT SOIXANTE-SIXIÈME LEÇON

Le vin. (*Histoire.*)

1. Des témoignages irrécusables prouvent que l'art
de fabriquer le vin remonte aux premiers âges du
monde, et qu'il a été inventé dans l'Asie-Mineure, sur
les versants méridionaux de la chaîne de montagnes
où l'Euphrate prend sa source. Les Livres saints nous
apprennent, en effet, que le patriarche Noé, quand il
sortit de l'arche, s'empressa de planter la Vigne et de
faire du vin.

2. Dans l'antiquité, la Palestine et la Perse paraissent
avoir été, pendant des siècles, les principaux pays producteurs du vin. Par la suite, à une époque inconnue,
cet art fut introduit dans les contrées méridionales de
l'Europe. Les Grecs assuraient y avoir été initiés par un
de leurs dieux, Bacchus. Les habitants de l'Italie attri-
buaient le même honneur à un autre personnage divin,
Saturne. Quant à notre pays, il en dut la connaissance
à des habitants de Phocée, ville de l'Asie-Mineure, qui,
ayant quitté leur patrie, environ six cents ans avant
l'ère chrétienne, vinrent s'établir en Provence et y fondèrent Marseille.

3. Depuis cette époque, la culture de la vigne et la
fabrication du vin ont pénétré peu à peu dans les autres

contrées où elles existent actuellement. Néanmoins, dans les temps modernes, la France a toujours occupé le premier rang sous ce double rapport, et sous celui de la qualité de ses produits, avantage inappréciable qu'elle doit à la diversité de ses cépages, de ses terroirs, de ses expositions, de ses températures, autant qu'à la supériorité qu'une longue pratique a donnée aux procédés de travail employés par ses habitants.

4. La quantité de vin produite annuellement dans le monde entier est impossible à préciser. Il y a une dizaine d'années, avant l'invasion du *phylloxéra*, insecte minuscule d'origine américaine (*fig.* 115), la France seule en fournissait plus

Fig. 115. — Phylloxéra.

que tous les autres pays. On estimait qu'année moyenne nos vignobles donnaient de cinquante-cinq à soixante millions d'hectolitres de vin, représentant une valeur de plus de sept cents millions de francs pour les propriétaires qui les livraient au commerce. Le cinquième environ de cette production colossale était vendu aux fabricants d'alcool, trois à quatre millions d'hectolitres étaient envoyés à l'étranger, et le reste entrait dans la consommation intérieure. Les dix départements où la récolte était la plus abondante étaient ceux de la Charente-Inférieure, de l'Hérault, de la Gironde, de la Loire-Inférieure , de Saône-et-Loire, du Gers, du Rhône, de l'Yonne, de l'Aude, de Lot-et-Garonne, de la Dordogne, d'Indre-et-Loire et de la Côte-d'Or. Aujourd'hui, notre production a énormément diminué par suite de la multiplication de l'insecte ravageur qui a détruit la plupart de nos vignobles.

CENT SOIXANTE-SEPTIÈME LEÇON

La bière. (*Généralités.*)

1. La **bière** est la boisson fermentée par excellence de la plupart des pays où ne croît pas la Vigne. Les matières essentielles de sa fabrication sont au nombre de deux : 1° l'*orge*, qui fournit du sucre et, par suite, la

partie alcoolique de la liqueur; 2° le *houblon*, qui empêche celle-ci de s'altérer et, de plus, lui communique un goût amer caractéristique (*fig.* 116).

2. La fabrication de la bière se nomme **brasserie;** on donne le même nom aux établissements où elle a lieu, et l'on appelle *brasseurs* ceux qui exercent cette industrie. Elle se compose de deux séries d'opérations, le *maltage* et le *brassage*, qui, dans les pays où la production est très considérable, constituent autant d'industries séparées.

Fig. 116. — Branche et cône de Houblon.

3. Le **maltage** a pour objet de développer dans l'orge un principe particulier, nommé *diastase,* qui convertira plus tard en sucre l'amidon de l'orge. A cet effet, on laisse gonfler le grain dans l'eau, puis on l'étend en couches minces sur le plancher du *germoir*, grande chambre dont la température est maintenue entre 14 et 16 degrés au-dessus de zéro. Dans ces conditions, l'orge ne tarde pas à germer. Quand le germe est devenu à peu près aussi long que le grain (*fig.* 117), on arrête la germination en exposant l'orge dans une étuve, appelée *touraille*, où la chaleur la dessèche et l'empêche ainsi de se développer davantage.

Fig. 117.
Orge germée.

4. Aussitôt que la dessiccation est complète, on passe le grain au tarare pour le débarrasser des petites racines, que la chaleur a rendues cassantes. C'est à l'orge ainsi germée, desséchée et nettoyée qu'on donne

le nom de **malt**. Au printemps, surtout aux mois de mars et d'avril, le maltage se fait dans les conditions les plus favorables. De là l'usage d'appeler *bière de mars* la bière qu'on fabrique dans cette saison, parce qu'on la regarde comme supérieure à celle qui est préparée dans les autres parties de l'année.

CENT SOIXANTE-HUITIÈME LEÇON

La bière. (*Fabrication.*)

1. Le maltage n'est qu'une opération préparatoire. Au contraire, le **brassage** est la fabrication proprement dite de la bière. Il comprend trois manipulations principales : le *démêlage*, le *houblonnage* et la *fermentation*.

2. Dans le **démêlage**, on se propose de transformer en sucre l'amidon de l'orge. On opère sur le malt, moulu grossièrement au moment de l'emploi. Cette matière est introduite dans une cuve, et l'on fait arriver dans cette dernière de l'eau de plus en plus chaude, en ayant soin chaque fois d'agiter vivement, soit à bras d'homme, soit à l'aide d'appareils mécaniques, puis de laisser en repos pendant un certain temps. Pendant cette espèce d'infusion, l'amidon se convertit peu à peu en cette sorte de sucre, qu'on appelle *glucose*, et qui se dissout dans l'eau. La liqueur sucrée prend le nom de *moût de bière*. On la soutire pour la soumettre aux opérations suivantes. Quant au malt épuisé, ou *drèche*, on le vend aux agriculteurs qui l'emploient à la nourriture du bétail.

3. Le **houblonnage** a pour but d'assurer la conservation du moût de bière, qui, sans cela, s'altérerait promptement et tournerait à l'aigre. Il consiste à faire bouillir ce moût avec des fruits ou cônes de houblon. On l'épaissit ordinairement en y ajoutant un peu de glucose, ou de mélasse, ou de sucre ordinaire de basse qualité.

4. La **fermentation** est destinée à convertir le sucre du moût en alcool et en acide carbonique. Pour cela, on dirige le moût, après le houblonnage, dans une cuve très profonde, où on le laisse refroidir, puis, quand

il est à peu près tiède, on y délaie une petite quantité de levûre provenant d'une fabrication précédente. La fermentation ne tarde pas à commencer, et elle continue, pendant plusieurs jours, avec une grande activité. Tant qu'elle dure, il se forme une écume abondante, qui d'abord blanche et légère, devient peu à peu jaunâtre et épaisse. Cette écume contient la *levûre* mêlée à des parties liquides, dont elle se sépare facilement. On reconnaît que la fermentation est terminée quand il ne se produit plus de mousse ; on peut alors livrer la bière à la consommation. Toutefois, comme elle est un peu trouble, on a généralement soin de la clarifier, afin de la débarrasser des substances étrangères qui altèrent sa limpidité[1].

CENT SOIXANTE-NEUVIÈME LEÇON

La bière. (*Histoire.*)

1. L'époque où l'on a commencé à faire de la **bière** est inconnue. Mais il est probable que tous les peuples ont su préparer des boissons enivrantes avec des grains trempés de différentes manières. Dans tous les cas, comme on a toujours eu la prétention de donner un inventeur à chaque chose, ce sont les Egyptiens qui, dans l'antiquité, passaient pour avoir fait les premiers de la bière : ils la désignaient sous le nom de *vin d'orge*. La bière était également la boisson habituelle de toutes les nations de l'Orient et du Nord. Les Espagnols l'appelaient *ceria*, les Germains *cœlia* et les

1. On divise habituellement toutes les bières en deux grandes classes : celle des **bières fortes** et celle des **bières faibles**. Les bières fortes sont les plus riches en alcool. Quand elles ont été faites avec soin, elles peuvent être gardées pendant plusieurs années. Les bières faibles sont, au contraire, peu spiritueuses. Elles se gâtent très facilement et veulent être bues dans les trois ou quatre mois qui suivent la fabrication. Quant aux **bières blanches** et aux **bières brunes**, ce sont des bières ordinaires, fortes ou faibles, dont la coloration provient de ce que les premières ont été préparées avec du malt simplement desséché, et les secondes avec du malt fortement grillé. Quelquefois aussi, on donne à celles-ci la teinte qui les distingue en y ajoutant du caramel, c'est-à-dire du sucre incomplètement brûlé.

Gaulois *cervisia*. De ce dernier mot vint plus tard le mot français *cervoise*, qui était encore employé au seizième siècle pour dénommer une variété de bière.

2. Il paraît que les Gaulois et les Espagnols avaient trouvé le moyen de conserver leurs bières pendant fort longtemps ; mais on ignore absolument comment ils s'y prenaient, car l'emploi du *houblon*, qui a précisément pour objet d'empêcher ces liqueurs de se gâter, ne paraît pas remonter au delà du quinzième siècle.

3. La fabrication de la bière donne quatre sortes de résidus : les *touraillons*, la *drèche*, le *houblon épuisé* et la *levûre*. Les touraillons sont les radicelles provenant de la touraille ; on les emploie comme engrais. Le houblon épuisé a le même usage ; on l'utilise aussi comme moyen de couverture pour préserver les plantes de la gelée ou faciliter la végétation des prairies. Nous avons déjà vu qu'on fait manger la drèche au bétail. Quant à la levûre, elle est recueillie avec soin et vendue aux industries dont les opérations nécessitent une fermentation alcoolique : les boulangers et les distillateurs en consomment des quantités énormes.

CENT SOIXANTE-DIXIÈME LEÇON

Le cidre. (*Fabrication.*)

1. Dans plusieurs des pays où le raisin ne mûrit pas, on prépare avec le jus fermenté des pommes une boisson alcoolique qui a reçu le nom de **cidre**. On en fait une autre, qu'on a appelée **poiré**, avec le jus des poires. Mais la première seule a de l'importance. La qualité du cidre dépend surtout de la nature des pommes. Or il existe plus de cent variétés de pommes, les unes plus propres que les autres à donner une bonne liqueur. Sous ce rapport, on les divise en trois groupes : les amères, les douces et les aigres. Les meilleures pommes à cidre appartiennent aux variétés amères ; elles fournissent un suc plus dense, plus sucré, qui se clarifie mieux et se conserve plus longtemps. Viennent ensuite les pommes douces et, en dernier lieu, les pommes aigres. Celles-ci ne sont employées qu'à défaut d'autres

et, quoi qu'on fasse, on n'en obtient que des boissons très médiocres, et qui ont la fâcheuse propriété de noircir avec le temps.

2. La fabrication du cidre est fort simple. Après la récolte, les pommes sont déposées dans un endroit sec, pendant un mois ou six semaines, pour qu'elles achèvent de mûrir. Au bout de ce temps, on sépare avec soin celles qui sont gâtées, et l'on broie les autres. La pâte ou pulpe provenant de ce broyage est mise en tas et abandonnée à elle-même pendant dix à douze heures, temps nécessaire pour y développer une coloration d'un jaune orange qui donne au jus la teinte ambrée que recherchent les consommateurs. On la soumet alors, à trois reprises différentes, à l'action d'une forte presse.

3. On obtient ainsi trois qualités de jus. Le jus de la première pressée constitue le *gros cidre;* c'est le meilleur. Celui des deux autres forme le *petit cidre;* il est très faible, parce que, pour en faciliter l'écoulement, on a trituré le résidu, ou marc, avec une certaine quantité d'eau. Le pressage achevé, chaque jus est distribué séparément dans de grands tonneaux, où il éprouve bientôt une fermentation violente qui dure environ un mois. Une trentaine de jours après, il se trouve suffisamment converti en cidre pour qu'on puisse le boire. Il est alors très clair, sucré, modérément spiritueux et d'un goût agréable. Si l'on ne le consomme pas immédiatement, il est nécessaire de prendre certaines précautions pour lui conserver ces qualités : autrement il ne tarde pas à devenir un peu amer et plus ou moins acide. Quand il est arrivé à cet état, il reçoit le nom de *cidre paré.*

4. Plusieurs écrivains attribuent aux Égyptiens et aux Juifs l'invention du cidre. Dans tous les cas, des témoignages irrécusables établissent que, dès les premiers siècles de notre ère, les Gaulois connaissaient l'art de préparer cette boisson. Néanmoins, ce n'est que fort longtemps après, vers la fin du treizième siècle ou au commencement du quatorzième, que l'usage du cidre est devenu général en Normandie, d'où il s'est répandu

dans les contrées voisines. Aujourd'hui encore, c'est dans certaines parties de la terre normande, particuliè-rement dans les cantons limitrophes du Calvados et de la Manche, que se fabrique le cidre le plus estimé.

CENT SOIXANTE-ONZIÈME LEÇON

Les eaux-de-vie. (*Généralités.*)

1. Quand on place dans des conditions convenables l'une des substances qui contiennent du sucre ou qui peuvent se convertir en sucre, elles ne tardent pas à éprouver une sorte de décomposition à la suite de la-quelle il se forme deux produits bien distincts, l'un gazeux, qui est de l'*acide carbonique,* l'autre liquide, mais très volatil, qu'on appelle **alcool**. Cette décompo-sition a reçu des savants le nom de *fermentation alcoo-lique*, et c'est en la faisant se manifester dans les jus de raisin et de pomme que ces jus acquièrent la propriété de devenir spiritueux et de se transformer en *vin* et en *cidre*. La fabrication de la *bière* est fondée sur les mêmes principes ; seulement l'opération est plus complexe. On comprend maintenant pourquoi ces trois boissons sont dites *fermentées*.

2. L'alcool du commerce est toujours mélangé d'une certaine quantité d'eau. Il se présente le plus souvent sous deux états différents de concentration. Dans le premier, il renferme généralement 50 à 60 pour cent d'alcool pur ; il sert alors de boisson et constitue l'**eau-de-vie**. Dans le second, il contient 70 à 80 pour cent d'alcool ; il est alors destiné aux usages de l'industrie, et prend la dénomination d'**esprit**. L'eau-de-vie ne dif-fère donc de l'esprit qu'en ce qu'elle est plus chargée d'eau.

3. On peut extraire l'eau-de-vie d'un très grand nombre de substances, mais plus facilement des unes que des autres. Le traitement est fort simple pour celles qui, en raison des manipulations antérieures qu'elles ont subies, renferment l'alcool tout fait : tel est le cas du vin, du cidre, du poiré et des boissons analogues. Il n'est pas ordinairement très compliqué pour celles qui,

plus ou moins sucrées, sont susceptibles de fermenter aisément, comme le vesou, la mélasse et le glucose. Au contraire, il présente d'assez grandes difficultés pour celles qui ne contiennent naturellement ni sucre ni alcool, mais dans lesquelles il est possible, au moyen d'opérations appropriées, de provoquer la formation de l'un ou de l'autre de ces corps : telles sont les graines des Céréales, les divers fruits féculents et la Pomme de terre.

CENT SOIXANTE-DOUZIÈME LEÇON

Les **eaux-de-vie**. (*Fabrication.*)

1. Toutes les eaux-de-vie s'obtiennent par le procédé de la **distillation** et avec l'aide de la chaleur. Toutefois, parmi les nombreuses substances qui les fournissent, les boissons fermentées sont les seules qui puissent être immédiatement travaillées ; les autres ont besoin d'être préalablement soumises à des manipulations propres à y déterminer la formation du sucre. *Distiller*, c'est séparer des corps volatils d'autres corps qui ne le sont pas ou qui le sont à un moindre degré dans les mêmes circonstances : ici le produit à isoler est l'alcool et, comme il est plus volatil que l'eau et que les autres substances avec lesquelles il est associé, dans le vin, le cidre, le poiré, etc., on conçoit que si l'on conduit le feu avec les précautions convenables, il doit se réduire le premier en vapeur : cette vapeur est recueillie avec soin, après quoi on la ramène à l'état liquide en la refroidissant.

2. La distillation s'effectue au moyen d'appareils appelés **alambics**, les uns *continus*, les autres *discontinus* ou *intermittents*. Les premiers sont disposés de manière, qu'une fois le feu allumé, ils fonctionnent sans interruption jusqu'à ce que l'encrassement de quelqu'une de leurs parties ou le manque de matière première oblige à arrêter le travail. Les seconds, au contraire, ne marchent que par intermittences, en sorte qu'après chaque opération il faut les ouvrir pour les nettoyer et les charger de nouveau. Une première distillation ne donne qu'un liquide peu riche en alcool ; mais on augmente à volonté sa spirituosité en le *rectifiant,* c'est-à-dire en le redistillant une ou plusieurs fois de suite. C'est au moyen de rectifications successives qu'on obtient les esprits.

3. Quand ils sortent de l'alambic, les esprits sont incolores et on les laisse tels. L'eau-de-vie est également incolore. On la vend quelquefois dans cet état sous le nom d'*eau-de-vie blanche*, mais le plus souvent on lui donne artificiellement une teinte d'un jaune doré. Il suffit pour cela de la renfermer, pendant un certain temps, dans des tonneaux de chêne, auxquels elle enlève une certaine quantité d'une matière colorante contenue dans le bois. Elle enlève aussi à ce dernier diverses substances aromatiques qui lui communiquent une saveur et une odeur plus ou moins agréables. Une remarque qui a été faite depuis longtemps, c'est que tous les merrains ne donnent pas ces qualités au même degré. Les meilleurs sous ce rapport sont ceux qui proviennent des environs d'Angoulême, de Bayonne, de Riga et de Dantzig.

CENT SOIXANTE-TREIZIÈME LEÇON

Les eaux-de-vie. (*Sortes d'eaux-de-vie.*)

1. En énumérant les matières qui servent à produire l'eau-de-vie, nous avons déjà indiqué les principales espèces que présente cette classe de liquides. Les meilleures sont les *eaux-de-vie de vin,* et c'est en France que se fabriquent les plus recherchées. Les unes viennent des départements de la Charente et de la Charente-Inférieure et sont généralement désignées sous le nom d'*eaux-de-vie de Cognac* ; les autres, dites *eaux-de-vie d'Armagnac,* se tirent des départements du Gers, des Landes et de Lot-et-Garonne ; d'autres, enfin, appelées *eaux-de-vie de Montpellier,* sont produites par les départements de l'Hérault, de l'Aude et du Gard ; mais, depuis les ravages du phylloxéra, qui ont détruit presque toutes les vignes de cette partie de la France, il ne se fait presque plus de ces dernières.

2. La fabrication des *eaux-de-vie de grains, de betterave, de fécule de pomme de terre, de mélasse*, etc., est florissante dans tous les pays qui ne récoltent pas de vin ou qui en récoltent fort peu, tels que la Belgique, la Hollande, l'Allemagne, la Russie, l'Angleterre. En France même, depuis la maladie de la vigne, elle s'est tellement développée, qu'elle constitue une industrie de premier ordre dans une trentaine de nos départements, surtout dans ceux du Nord.

3. Les eaux-de-vie de vin sont consommées en grande partie comme boissons. L'alcool de même origine, rectifié à divers degrés et fait avec soin, sert, sous le nom d'*alcool* ou d'*esprit bon goût*, à préparer différentes liqueurs de table, les fruits confits dits à l'eau-de-vie, ainsi qu'une foule de produits pharmaceutiques. On l'utilise également pour augmenter la force des vins faibles et en faciliter le transport, ainsi que pour conserver les pièces anatomiques, les objets d'histoire naturelle, et dissoudre une multitude de substances afin de les rendre propres aux besoins de la science ou de l'industrie. Les eaux-de-vie et les alcools des autres provenances reçoivent généralement les mêmes applications, mais dans les circonstances où l'on se préoccupe moins de la qualité que du bon marché. Ces produits sont qualifiés de *mauvais goût*, parce qu'ils ont une saveur plus ou moins désagréable dont on n'est pas encore parvenu à les débarrasser complètement.

CENT SOIXANTE-QUATORZIÈME LEÇON

Les eaux-de-vie. (*Histoire.*)

1. Comme celle de tant d'autres choses, la découverte de l'alcool est entourée de la plus grande obscurité. On sait seulement que, du temps d'Aristote, plus de trois cents ans avant Jésus-Christ, les savants de la Grèce savaient déjà distiller le vin. Ce n'est donc ni aux Arabes, ni au chimiste Arnaud de Villeneuve, qui vivait au treizième siècle, qu'appartient la découverte de l'art distillatoire et de ses produits. Les premiers se bornèrent à pratiquer cet art sur une plus grande échelle qu'on l'avait

fait auparavant; en outre, ils nommèrent l'alcool et l'alambic. Quant au second, on croit généralement, encore même la chose n'est pas certaine, qu'il propagea l'usage de l'eau-de-vie en médecine. Quoi qu'il en soit, l'eau-de-vie, à cause des vertus imaginaires qu'on lui attribuait, fut d'abord considérée comme un remède, et on ne la trouvait que chez les pharmaciens. Peu à peu cependant s'introduisit la coutume de l'employer aussi comme boisson. Ce nouvel usage existait déjà dans toute l'Europe à la fin du seizième siècle.

2. À mesure que l'usage de l'eau-de-vie se répandit, on comprit la nécessité de perfectionner les appareils distillatoires, afin d'en obtenir des produits plus abondants et de meilleure qualité. Toutefois, de grands progrès ne furent réalisés, sous ce rapport, qu'à partir de 1800, par Edouard Adam, chimiste rouennais, et, huit ans après (1808), un autre de nos compatriotes, Cellier-Blumenthal, construisit le premier alambic à marche continue. De cette époque date l'extension énorme que l'industrie de la distillation a reçue de nos jours, au grand dommage de la santé publique et de la morale.

CENT SOIXANTE-QUINZIÈME LEÇON

Le café. (*Généralités.*)

1. Dans les contrées chaudes du globe, on cultive un arbrisseau toujours vert, appelé *Caféier*, dont le fruit, à peu près semblable à celui de notre Cerisier, renferme deux, trois ou quatre graines, le plus souvent deux, pressées l'une contre l'autre (*fig.* 118). Ce sont ces graines qui constituent le **café**. Après les avoir débarrassées de la chair qui les enveloppe, on les livre au commerce sous le nom de *café vert*.

2. On admet généralement que le Caféier est originaire de l'Abyssinie, d'où, à une époque très ancienne, il a passé dans la province d'Yémen, en Arabie. En 1690, les Hollandais s'étant procurés, dans ce dernier pays, quelques pieds du précieux végétal, les transportèrent dans leurs possessions de la Malaisie, où ils se multi-

plièrent parfaitement. A partir de ce moment, les diffé-rents peuples de l'Europe rivalisèrent d'efforts pour introduire la culture du Caféier dans toutes celles de leurs colonies d'Asie, d'Afrique et d'Amérique, où la nature du sol et le climat le rendirent pos-sible[1].

3. On sait que le café sert à préparer une infusion aromatique des plus déli-cates, à laquelle on donne le même nom. Toutefois, il n'est pas possible de l'em-ployer à l'état vert. Avant de le soumettre à l'action de l'eau, il est indispensable de le griller, afin de le dé-barrasser de plusieurs prin-cipes inutiles et de déve-lopper ses principes utiles ; mais cette opération veut

Fig. 118. — Branche de Caféier, avec deux fruits isolés, dont un coupé ver-ticalement pour montrer la disposition des graines.

être faite avec des soins extrêmes. Dans cette circon-stance, comme dans beaucoup d'autres, l'expérience seule peut servir de guide ; elle a démontré que le degré de chaleur ne doit pas être le même pour toutes les sortes commerciales. En raison de ces difficultés, cer-tains industriels se sont consacrés au grillage du café, et, ainsi qu'on devait s'y attendre, cette innovation a eu pour résultat d'améliorer notablement la qualité

1. Les lieux de production sont très nombreux, mais ils n'ont pas tous la même importance. Les principaux sont : 1° en Amérique, le Brésil, les Antilles, la Guyane, les États du Vénézuéla et de Costa-Rica ; — 2° en Asie, l'île de Ceylan, la province d'Yémen, en Arabie ; — 3° en Afrique, le royaume d'Angola, les îles du Cap-Vert, l'île Bourbon ou île de la Réunion, l'île de France ou île Maurice ; — 4° en Océanie, les îles de Java et de Timor. Toutefois, c'est le Brésil qui est le plus grand producteur du monde entier, et la plus grande partie du café qui vient en Europe n'a pas d'autre origine.

moyenne des produits livrés à la consommation. Ce progrès a été encore rendu plus sensible par le mélange des différents cafés dans des proportions que la pratique a fait connaître [1].

CENT SOIXANTE-SEIZIÈME LEÇON

Le café. (*Histoire*.)

1. L'usage du café est né en Arabie pendant le treizième siècle. Il n'existe que des traditions contradictoires sur les circonstances au milieu desquelles il se produisit; mais les historiens arabes sont tous d'accord pour reconnaître qu'il commença aux environs de la Mecque, d'où les pèlerins qui venaient visiter le tombeau de Mahomet l'introduisirent dans les contrées voisines. En 1655, des marchands syriens le firent connaître à Constantinople. Vers 1640, les Vénitiens et les Génois, dont les relations commerciales avec l'Orient étaient alors incessantes, l'apportèrent en Italie. A partir de ce moment, il pénétra rapidement dans toutes les autres contrées de l'Europe.

2. En ce qui concerne la France, le café était déjà connu à Marseille depuis une trentaine d'années, quand le voyageur Thévenot, en 1655, et surtout Soliman-Aga, ambassadeur du sultan Mahomet IV auprès de Louis XIV, en 1669, le mirent à la mode à Paris. Toutefois, la boisson nouvelle eut d'abord peu de partisans dans cette grande ville ; mais les médecins s'étant avisés de la défendre comme nuisible à la santé, il n'en fallut pas davantage pour que tout le monde voulût en user, et elle se répandit graduellement partout.

3. Depuis le commencement de ce siècle, la consommation du café n'a cessé de se développer, au grand

---

1. Plusieurs fabricants ont eu également l'idée de saupoudrer le café, à la fin du grillage, d'un peu de sucre en poudre. Le grain se trouve ainsi revêtu d'un vernis de sucre brûlé, ou **caramel**, qui donne plus tard à l'infusion une couleur plus foncée. A cause de cette propriété, beaucoup de personnes croient faire une économie en préférant ce **café caramélisé** pour la confection du café au lait, mais elles se trompent, car l'excès de coloration est uniquement due à du sucre brûlé, qu'elles paient au même prix que d'excellent café.

avantage de la santé publique. L'état hygiénique de populations entières a été profondément amélioré par l'usage habituel de cette boisson bienfaisante qui, tout à la fois, entretient et développe les forces. Personne n'ignore les services qu'elle rend aux armées en campagne, aux marins, aux mineurs et, en général, à tous ceux qui exercent des professions pénibles ou malsaines. Actuellement, il s'en consomme, chaque année, en Europe seulement, plus de 350 millions de kilogrammes. La France figure dans ce chiffre pour environ 46 millions de kilogrammes d'une valeur supérieure à 88 millions de francs[1].

CENT SOIXANTE-DIX-SEPTIÈME LEÇON

Le thé.

1. Après le café, quelques mots sur le **thé** ont ici leur place naturelle. On appelle ainsi des feuilles desséchées et plus ou moins roulées qui servent à préparer une boisson aromatique désignée aussi sous le même nom. Ces feuilles sont fournies par un arbrisseau (*fig.* 119) appelé vulgairement *Arbre à thé*, qui croît spontanément en Chine et au Japon, où il est, de temps immémorial, l'objet d'une culture très considérable. On le cultive aussi, mais avec moins de succès, dans une grande partie de l'Inde et dans la plupart des îles de la Malaisie.

2. En Chine, l'arbre à thé fleurit au printemps.

---

1. A diverses époques, le prix relativement élevé du café a fait naître l'idée de le remplacer par des substances moins chères et produites par notre sol ; mais, comme on devait s'y attendre, on n'a jamais pu obtenir quelque chose rappelant, même de loin, le parfum, la saveur ou les propriétés de la graine du Caféier. Une de ces tentatives a eu cependant un succès inouï : c'est celle à laquelle nous devons la **chicorée torréfiée**, vulgairement et improprement appelée **café de chicorée**. Ce produit se prépare avec les racines de la Chicorée sauvage. Après un nettoyage parfait, ces racines sont divisées en menus fragments, séchées à fond dans une étuve, grillées et moulues, après quoi on passe la poudre dans des blutoirs à mailles plus ou moins larges, pour en former plusieurs sortes de divers degrés de finesse. Inventée en Hollande ou en Prusse, vers le milieu du siècle dernier, cette fabrication a été introduite en France en 1801 par un Belge du nom de Giraud. Elle est aujourd'hui très développée dans tous ces pays.

Aussitôt après la récolte, on plonge les feuilles, pendant une demi-minute, dans de l'eau bouillante, puis on les exprime pour en extraire un suc verdâtre d'une saveur fort amère. Enfin, on les fait sécher, tantôt à l'air, tantôt sur des plaques chaudes de fer, où, en se desséchant, elles se crispent et se roulent. Celles qu'on destine à produire des thés de choix sont roulées une à une, à la main. En outre, on les aromatise en y ajoutant des fleurs odoriférantes.

Fig. 119. — Branche d'Arbre à thé.

3. Il en est des thés comme des vins et des cafés. Innombrables en sont les espèces et les qualités. Dans le commerce, on les divise toutes, suivant leur nuance, en deux grandes catégories : celle des *thés noirs* et celle des *thés verts*, chacune comprenant sept à huit sortes principales. Tous ces thés proviennent du même arbrisseau. Les différences d'aspect, de couleur, d'odeur et de saveur qui les distinguent sont dues, soit au climat, soit à la nature ou à l'exposition du sol, soit à l'âge des feuilles au moment de la cueillette et aux manipulations ultérieures qu'on leur a fait subir.

4. Le thé pris en infusion constitue un stimulant léger. Les Chinois et les Japonais en usent largement depuis des siècles; il leur procure une excitation que le climat de leur pays rend nécessaire. Il a été introduit en Europe vers 1602, époque à laquelle la Compagnie hollandaise des Indes en envoya quelques caisses dans les Pays-Bas et à Paris. Depuis le commencement de ce

siècle, il est devenu comme la boisson habituelle d'une grande partie des populations du nord de notre continent, surtout en Hollande, en Angleterre et en Russie. Partout ailleurs, notamment en France, il n'est entré dans les mœurs qu'à titre de bon ton; encore même, n'a-t-il pas pénétré dans les classes inférieures, où on lui préfère, avec raison, le café.

CENT SOIXANTE-DIX-HUITIÈME LEÇON

Le chocolat. (*Généralités.*)

1. Dans les parties les plus chaudes de l'Amérique, surtout au Mexique, au Brésil, à la Guyane, aux Antilles, dans les républiques de la Nouvelle - Grenade, de l'Equateur et de Caracas, on cultive un arbre dont le port a beaucoup d'analogie avec celui de notre Cerisier de taille moyenne, et qui, suivant les lieux et les espèces, atteint une hauteur de trois à dix mètres. Cet arbre (*fig.* 120) s'appelle *Cacaoyer* ou *Cacaotier*. Son fruit, long de

Fig. 120. — Branche de Cacaoyer, un fruit ouvert, pour montrer la disposition des graines.

douze à quinze centimètres, ressemble à un concombre de couleur jaunâtre, et renferme, au milieu d'une chair aigrelette, une quarantaine de graines disposées sur cinq rangs. Ces graines sont connues sous le nom d'*amandes* ou de *fèves de cacao*, par abréviation **cacao**. Au moment de la récolte, elles sont âpres et amères, mais on les met en tas, sous une couche de sable, afin d'y développer une légère fermentation, qui les débarrasse de leur amertume et les rend aromatiques. On les dessèche alors au soleil, puis on les livre au commerce.

2. Le cacao est la matière première du **chocolat**. A cet effet, on le débarrasse de diverses impuretés qui y adhèrent, on le grille, on le broie, puis on y ajoute une certaine quantité de sucre. Le mélange est alors réduit en une pâte très consistante, pour la confection de laquelle on n'emploie aucun liquide, parce que le cacao contient une matière grasse qui en tient lieu, et qu'on appelle vulgairement *beurre de cacao*, à cause de sa ressemblance avec le beurre ordinaire. Lorsque cette pâte est arrivée au point voulu, on la convertit, par le procédé du moulage, en plaques ou tablettes de diverses formes et dimensions.

3. Anciennement, le chocolat se faisait toujours à force de bras. Aujourd'hui le travail a lieu au moyen de machines ingénieuses qui effectuent toutes les opérations, depuis le nettoyage des graines jusqu'au pliage de la pâte moulée. L'idée qui a dominé dans l'invention de ces machines a été : d'une part, d'empêcher tout rapprochement entre la main de l'ouvrier et la pâte de cacao ; d'autre part, d'éviter, autant que possible, le contact de cette même pâte avec le fer, choses qui assurent la propreté du travail et l'inaltérabilité de la qualité du produit.

CENT SOIXANTE-DIX-NEUVIÈME LEÇON

Le chocolat. (*Histoire.*)

1. C'est à l'Espagne que nous devons la connaissance du chocolat. Au commencement du seizième siècle, quand les guerriers de ce pays débarquèrent au Mexique, ils y trouvèrent l'usage du cacao universellement répandu. Tous les Mexicains faisaient de cette fève leur nourriture habituelle. Après avoir grillé et moulu le cacao, ils en composaient des boissons fortifiantes en le délayant dans de l'eau fortement aromatisée, ou bien ils

en formaient une espèce de bouillie en le mélangeant de farine de maïs et de différentes épices. A ces préparations, les colons espagnols en substituèrent bientôt une autre, uniquement constituée de cacao, de sucre et d'un peu de vanille, et alors fut découvert le **chocolat** proprement dit.

2. Le nouveau produit fut apporté en Espagne vers 1550, et pendant longtemps, ce pays en approvisionna les autres contrées de l'Europe. Les Hollandais et les Anglais furent, dit-on, les premiers qui s'affranchirent de ce monopole. Le tour de la France vint un peu plus tard[1]. Dans tous les cas, au siècle dernier, à l'exception de l'Espagne, la consommation du chocolat était très limitée dans toute l'Europe, particulièrement en France. Le meilleur était fourni par les Espagnols et les Hollandais. On en faisait bien dans notre pays, mais il était de qualité inférieure, à cause surtout de la difficulté de se procurer de bon cacao. Nos industriels finirent cependant par se mettre à l'œuvre, et bientôt leurs produits purent lutter avec ceux des étrangers : ils durent ce résultat, qui ne devint bien manifeste qu'après 1815, d'une part, à l'emploi de matières premières choisies avec soin, d'autre part, à l'invention de machines ingénieuses qui, remplaçant le travail manuel, permirent de travailler avec plus de propreté et surtout d'économie, ce qui donna le moyen de diminuer notablement le prix de vente et, par conséquent, d'augmenter proportionnellement la consommation.

3. Aujourd'hui, on prend du chocolat partout. Néanmoins, il y a des contrées où l'usage de cet aliment est beaucoup plus général que dans les autres. Ce sont celles dont la population appartient à la race latine, c'est-à-dire la France, l'Espagne, le Portugal et l'Italie. Ces quatre pays, réunis à leurs colonies, anciennes ou ac-

1. Le **chocolat** fut introduit en France à l'époque de Louis XIII, suivant les uns, par l'infante Marie-Thérèse, femme du fils aîné de ce prince; suivant les autres, par le cardinal Alphonse de Richelieu, frère du grand ministre. Dans tous les cas, il venait d'Espagne, et, dès 1660, il était très répandu, comme un aliment de luxe, dont le prix élevé interdisait l'usage aux bourses modestes.

tuelles, absorbent plus des quatre cinquièmes de tout le cacao récolté.

———

INDUSTRIE DU PAPIER

CENT QUATRE-VINGTIÈME LEÇON

Le papier. (*Généralités.*)

1. Malgré les innombrables recherches auxquelles les savants se sont livrés, il a été jusqu'à présent impossible de découvrir l'origine de l'*écriture,* telle que nous la connaissons aujourd'hui. Dans tous les cas, une fois inventée, on s'est servi des substances les plus diverses pour en fixer les signes. Depuis environ dix ou onze siècles, on emploie généralement le **papier.**

2. Quelle est la matière première du papier? C'est la substance qui forme la partie solide de tous les végétaux, et que les savants appellent *cellulose.* Quand elle est pure, elle est d'un blanc presque parfait et comme diaphane. Toutes les plantes pourraient donc servir à faire du papier, puisqu'elles renferment toutes de la cellulose. Malheureusement, celles qu'il est possible d'utiliser sont en fort petit nombre, parce que la cellulose s'y trouve accompagnée de corps étrangers dont il est toujours fort difficile, souvent même impossible de la débarrasser économiquement.

3. Pendant des siècles, on n'a su faire usage que du *chanvre,* du *lin* et du *coton.* On les a toujours employés à l'état de chiffons, parce qu'ils n'ont pu arriver à cet état qu'après avoir subi de nombreuses manipulations, surtout celles du blanchiment et du blanchissage, qui ont précisément séparé la cellulose des corps étrangers dont il vient d'être question. Actuellement, on n'a recours au chanvre et au lin que pour les papiers de choix, tels que ceux qui doivent durer longtemps. Pour les sortes plus ou moins communes, on se sert du coton, quelquefois pur, le plus souvent additionné de *paille,* de *bois,* de fibres de *Sparte* ou d'*Alfa.* Sous ces deux derniers noms, on désigne des plantes de la même

famille que le blé, qui croissent dans toute l'Afrique du Nord, principalement en Tunisie et en Algérie.

CENT QUATRE-VINGT-UNIÈME LEÇON

Le papier. (*Fabrication.*)

1. La *fabrication du papier* comprend deux groupes d'opérations. Dans celles du premier, on réduit les matières en *pâte;* dans celles du second, on s'empare de cette pâte et l'on en fait des *feuilles* de papier. Nous allons indiquer très brièvement comment on procède dans l'un et dans l'autre, mais en supposant que les chiffons soient la matière de la pâte.

2. Les chiffons sont d'abord *battus* pour en faire tomber la poussière, puis successivement *triés* et *classés,* suivant leur couleur et leur degré de finesse, *découpés* en très menus morceaux, et enfin fortement *lessivés* pour les débarrasser des huiles et des graisses qui peuvent les salir. Il s'agit alors d'en détruire la *texture* de manière à les amener à n'être plus qu'une espèce de charpie dont les fibrilles ne doivent pas être brisées.

3. L'opération qui a pour but de détruire la texture des chiffons se nomme **effilochage** ou **défilage**. Anciennement, elle s'effectuait partout au moyen de lourds pilons de bois qui, mus par une roue hydraulique, battaient les chiffons mouillés, dans des auges également de bois. Aujourd'hui, dans toutes les papeteries bien organisées, on se sert de machines spéciales, appelées **défileuses** ou **effilocheuses** (*fig.* 121), qui sont mises en mouvement par l'eau ou par la vapeur. Chacune de ces machines se compose d'une longue caisse dans laquelle un cylindre horizontal tourne avec une très grande vitesse. Le fond de la caisse et le cylindre sont armés de lames tranchantes qui fonctionnent comme des lames de ciseaux.

4. Quand les chiffons ont été suffisamment travaillés par les défileuses, ils sont détissés et réduits en filaments très courts formant avec l'eau, qui n'a cessé de les humecter, une bouillie épaisse dans laquelle ils se croisent et s'entremêlent dans tous les sens. Cette

bouillie se nomme *défilé* ou *demi-pâte*. On la *blanchit* en la soumettant, soit dans la défileuse, soit dans une cuve spéciale, à l'action d'une substance particulière, le chlore, qui, nous l'avons déjà vu, possède la propriété de détruire les couleurs végétales. Après cette opération, le défilé est lavé à grande eau, puis *affiné*, c'est-à-dire

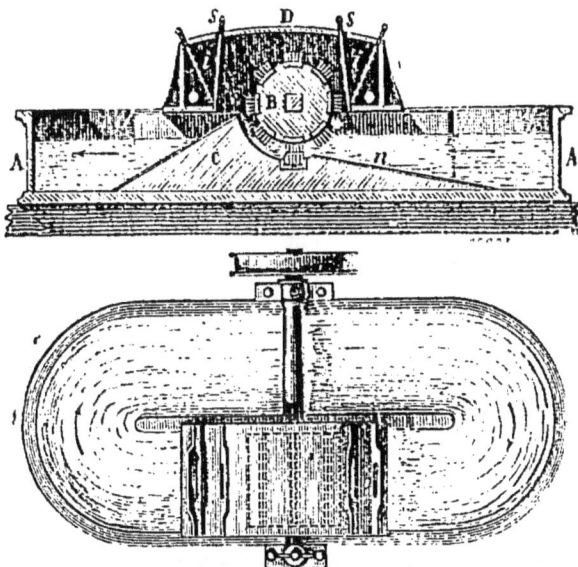

Fig. 121. — Effilocheuse (vue en coupe et en plan).

travaillé au moyen de **piles affineuses,** qui en recoupent les fibrilles et ne sont autre chose que des piles effilocheuses dont les lames tranchantes sont plus rapprochées. A ce moment, il constitue une pâte homogène, susceptible d'être étendue en couches minces et d'une épaisseur uniforme. Dans cet état, il porte le nom de *raffiné;* c'est la pâte proprement dite.

CENT QUATRE-VINGT-DEUXIÈME LEÇON

Le papier. *(Fabrication.)*

1. Maintenant que nous avons une idée de la préparation de la pâte, voyons comment on s'y prend pour la convertir en papier. Cette conversion peut se faire de deux manières, par l'ancien procédé ou par le nouveau. Dans le premier, le travail s'effectue à la main; dans le second, il a lieu mécaniquement.

2. La fabrication à la main a presque entièrement disparu. Elle consiste essentiellement à faire, une à une, les feuilles de papier, en plongeant dans la pâte une *forme,* espèce de tamis rectangulaire (*fig.* 122), que l'on retire

aussitôt tout chargé. A l'aide de mouvements convenables imprimés au tamis par l'ouvrier, l'eau de la pâte s'échappe à travers la toile et il reste sur celle-ci les fibres filamenteuses, qui forment par leur entrecroisement une nappe feutrée et bien homogène. Les dimensions des feuilles sont nécessairement très bornées, car elles dépendent de la grandeur des tamis, et ceux-ci sont limités à leur tour, dans leurs proportions, par la force des hommes qui doivent les manier. Le

Fig. 122.
Forme de papetier.

papier ainsi fabriqué s'appelle *papier à la main*, parce qu'il est le produit d'un travail manuel, *papier à la forme*, du nom de l'instrument qui sert à l'obtenir, et *papier à la cuve*, parce que la pâte est placée dans une cuve où l'ouvrier la puise.

3. Dans la fabrication mécanique, au lieu de faire les feuilles l'une après l'autre, on produit un ruban d'une longueur quelconque, mais d'une largeur déterminée, que l'on découpe ensuite en feuilles de dimensions convenables. Les choses sont disposées de telle sorte

Fig. 123. — Vue d'une papeterie mécanique.

(*fig.* 123), qu'à partir du moment où le travail commence, il ne faut que deux où trois minutes pour que la pâte soit convertie en papier prêt à servir. Le papier ainsi produit se nomme *papier mécanique*, parce qu'il se fait au moyen de machines, et *papier sans fin*, parce que, comme il vient d'être dit, il est livré par les machines sous la forme d'un ruban d'une longueur indéfinie.

CENT QUATRE-VINGT-TROISIÈME LEÇON

Le papier. (*Différentes sortes.*)

1. Il existe beaucoup de sortes de papier, les unes plus propres que les autres à tel ou tel emploi particulier. Elles diffèrent entre elles par la nature et la qualité des matières de leur pâte et par les soins apportés à leur fabrication. Ainsi, outre les *papiers d'impression* et les *papiers à écrire*, il y a des *papiers à calquer*, des *papiers d'emballage*, des *papiers à filtrer*, des *papiers brouillards*, des *papiers goudron*, des *papiers bulles*, des *papiers de soie*, etc., chaque catégorie renfermant un grand nombre de variétés. Les plus importantes sont les deux premières, c'est-à-dire celles des papiers d'impression et des papiers à écrire.

2. Comme leur nom l'indique, les papiers d'impression sont destinés à la reproduction des livres, des cartes géographiques et des estampes, tandis que les papiers à écrire servent à recevoir l'écriture. Le tissu des premiers est tellement spongieux que l'humidité les pénètre aussitôt, ce qui n'a aucun inconvénient pour l'usage qu'on doit en faire, parce que l'encre des imprimeurs est grasse et très épaisse; mais ils ne peuvent servir à l'écriture, parce qu'ils *boiraient,* l'encre à écrire étant, au contraire, d'une très grande fluidité. Les papiers d'écriture doivent donc être préparés de manière qu'ils ne puissent pas boire. On obtient ce résultat en les soumettant à une préparation qu'on appelle *encollage*, et qui se fait différemment, selon le mode de fabrication.

3. Le papier à la main se colle en feuilles, au sortir du séchoir. A cet effet, on prend une poignée de feuilles et on les passe dans un bain tiède composé d'eau, de colle forte et d'alun. Quant au papier méca-

nique, il est encollé au moment même où il se produit. Pour cela, on ajoute à la pâte, avant qu'elle se répande sur la toile métallique, une quantité convenable d'un mélange d'eau, de résine, de soude caustique, d'alun et de fécule. Il résulte de ces deux façons d'opérer que le papier à la main est simplement collé à la surface; aussi boit-il à l'endroit où on le gratte, ce que ne fait pas le papier mécanique, parce qu'il est collé dans toute son épaisseur.

4. Le papier se vend en *mains* et en *rames*. Chaque main est l'assemblage de 25 feuilles, et chaque rame se compose de 20 mains. Il y a donc 500 feuilles à la rame. Le plus souvent, chaque feuille est ployée en deux. Quelquefois cependant, les feuilles sont laissées ouvertes afin d'éviter le pli du milieu, qu'il est très difficile de faire disparaître. Il est, en outre, à remarquer que les papiers de très petites dimensions, appelés *papiers à lettres*, parce qu'ils sont habituellement destinés à la correspondance, se vendent rognés et divisés en *cahiers* de six feuilles. La réunion de vingt de ces cahiers fait une *ramette*, et quatre ramettes forment une *rame*. Dans ce cas particulier, la rame ne contient donc que quatre cent quatre-vingts feuilles.

CENT QUATRE-VINGT-QUATRIÈME LEÇON

Le papier. (*Histoire*.)

1. On a vu qu'après l'invention de l'écriture, on s'était servi des matières les plus diverses pour en recevoir les signes. Suivant leurs ressources ou leur degré de civilisation, les premiers peuples employèrent des pierres plates, des bandes de toile, des plaques de métal, des morceaux d'écorce, des tablettes de bois, d'os ou d'ivoire, des pièces de cuir, des feuilles d'arbres, etc. Plus tard, on apprit à préparer la peau des animaux, et l'on en fit une espèce de *parchemin* analogue à celui dont on se sert encore aujourd'hui. A une époque encore très reculée, on sut également tirer parti des feuillets très minces que présente la tige de certaines plantes arborescentes ou herbacées, ce qui conduisit à l'invention du

papyrus ou *papier d'Egypte*. Enfin, sans doute beaucoup plus tard, on imagina de réduire en bouillie, au moyen de l'eau, les fibres filamenteuses qui enveloppent les graines du cotonnier ou celles que fournissent la tige et les feuilles d'un grand nombre de végétaux, puis de couler cette bouillie sur une surface plane, où, par la dessiccation, elle se transformait en une espèce de membrane très mince et très unie. Alors naquit la fabrication de notre *papier*.

2. On admet généralement que cette industrie a commencé en Chine à une époque très ancienne, mais inconnue, et que les Arabes en ayant appris les procédés lors de leurs conquêtes dans l'Asie centrale, les firent connaître, d'une part, aux Grecs de Byzance, d'autre part, aux habitants de la Sicile et de l'Espagne, qui, à leur tour, les communiquèrent peu à peu aux autres peuples de l'Europe. Toutefois, les papetiers européens n'ayant pas à leur disposition les mêmes matières que les Orientaux, qui travaillaient uniquement les fibres du cotonnier, y suppléèrent à l'aide des produits indigènes, en sorte que le chanvre et le lin prirent, entre leurs mains, la place du coton. Ce dernier ne fut employé par eux que fort tard, surtout à partir du dix-septième siècle, quand les progrès généraux de l'industrie l'eurent rendu abondant. On fait généralement remonter au douzième siècle la fondation des premières papeteries qu'il y eut en France.

3. Nous avons dit que le papier se fait de deux manières : à la main ou à la machine. La fabrication manuelle a nécessairement précédé la fabrication mécanique : il n'y en a pas eu d'autre pendant fort longtemps. Cette dernière a été inventée en France, en 1799, par Louis Robert, employé à la papeterie de M. François Didot, à Essonne (Seine-et-Oise) : mais la machine de cet inventeur ne fut en état de servir qu'à partir de 1803, après qu'elle eut reçu en Angleterre des perfectionnements indispensables, dus, pour la plupart, à l'ingénieur Bryan Donkin, et elle ne reparut dans notre pays qu'en 1814. Cette machine est donc l'origine de tous les appareils analogues qu'on emploie aujourd'hui partout.

CENT QUATRE-VINGT-CINQUIÈME LEÇON

Papiers peints. (*Généralités.*)

1. Les **papiers peints** ne sont autre chose que des papiers ordinaires dont l'une des faces est ornée de dessins d'une ou plusieurs couleurs. On les appelle ainsi, parce que leurs dessins ont d'abord été faits au moyen du pinceau, comme la peinture ordinaire, et la force de l'habitude leur a conservé ce nom, bien qu'aujourd'hui on obtienne le même effet à l'aide de l'impression. Sous le rapport de l'aspect, ils ont donc une grande ressemblance avec les indiennes. Ils s'en rapprochent encore au point de vue des moyens d'exécution. On sait qu'ils servent uniquement à la décoration des chambres d'habitation, et comme ils ont remplacé pour cet usage les tapisseries et les autres étoffes qu'on employait anciennement, on les appelle communément *papiers de tenture* ou *de tapisserie*, par abréviation *tapisseries*.

2. La fabrication des papiers peints est facile à comprendre. Un rouleau de papier étant étendu sur une longue table, on le recouvre avec des brosses à longs poils d'un mélange de colle forte, de craie et d'une couleur appropriée, afin de lui donner ce qu'on appelle un *fond*, c'est-à-dire une teinte uniforme pour servir de base aux préparations subséquentes. Après cela, on le fait sécher et, quand il est sec, l'on en unit la surface en promenant sur l'envers, avec force, un petit cylindre de cuivre qui tourne sur deux pivots, à l'extrémité d'un long manche. Il est alors prêt à recevoir les dessins. Cette opération se fait par la voie de l'impression, à peu près comme dans l'indiennerie, manuellement ou à l'aide de machines.

CENT QUATRE-VINGT-SIXIÈME LEÇON

Papiers peints. (*Fabrication.*)

1. On vient de voir que les dessins des papiers peints se font à la main ou à l'aide de machines. Dans le

travail manuel, on se sert de planches de bois gravées en relief, et en nombre égal à celui des couleurs. L'ouvrier, les prenant l'une après l'autre, les charge de couleur, puis les applique sur le papier en exerçant dessus, chaque fois, une forte pression avec une barre de bois. Comme cette manière de procéder est très lente et très coûteuse, on ne l'emploie généralement que pour les papiers de luxe, et surtout pour l'exécution des dessins les plus compliqués. L'impression mécanique est spécialement destinée à la production des papiers communs et des papiers ordinaires. Ici, les planches sont remplacées par des rouleaux de bois, également gravés en relief et un pour chaque couleur, qui se chargent eux-mêmes de couleur et fonctionnent absolument comme ceux des fabriques d'indiennes.

2. Certains papiers ont des parties dorées ou argentées. L'exécution de ces parties ne présente rien d'extraordinaire. On les imprime au moyen d'un vernis visqueux, qui sert de mordant, puis on applique dessus, soit de la poudre d'or ou d'argent, soit des feuilles de l'un ou de l'autre métal. Dans les deux cas, la matière précieuse ne se fixe que sur les points mordancés et un brossage suffit pour la faire tomber partout ailleurs.

3. La fabrication des **papiers veloutés** est aussi facile à comprendre. Après avoir imprimé le papier avec le vernis d'huile de lin, l'ouvrier l'introduit dans une caisse de bois à fond de cuir, dans laquelle il a mis d'avance de la tontisse de drap teinte de la couleur voulue. Saisissant alors deux longues baguettes, il frappe le cuir par dessous. La tontisse s'élève aussitôt en poussière fine et, en retombant sur le papier, s'attache uniquement sur les parties revêtues de mordant.

CENT QUATRE-VINGT-SEPTIÈME LEÇON

Papiers peints. (*Histoire.*)

1. L'industrie des papiers peints nous est venue de la Chine, et ce sont des navigateurs hollandais qui, vers le milieu du seizième siècle, en ont, les premiers, fait connaître les produits en Europe. Les essais pour imiter

ces papiers commencèrent au siècle suivant; ils consistèrent à fabriquer une espèce de *velouté* destiné à remplacer les tentures en tapisserie dont l'usage était alors général chez les personnes riches. Les Anglais attribuent cette innovation à Jérôme Lanyer, un de leurs compatriotes (1634), tandis que les Français en font honneur à Lefrançois, ouvrier gainier de Rouen, qui l'aurait faite quelques années plus tôt (1620).

2. Quoi qu'il en soit, une vive émulation s'engagea bientôt, pour ce genre de produits, entre les industriels des deux nations. Cette lutte pacifique eut pour résultat principal de faire créer la fabrication des *papiers peints proprement dits*, qui prit naissance dans les premières années du siècle suivant. Dès 1746, cette branche nouvelle de richesses était exploitée en Angleterre, dans de vastes établissements spéciaux. Les deux premières usines semblables qu'ait eues notre pays furent fondées à Paris, l'une, en 1780, par Arthur et Robert, l'autre, en 1785, par Réveillon. Enfin, en 1790, Jean Zuber, non seulement introduisit la fabrication des papiers peints à Mulhouse, mais la dota, en outre, de si nombreuses et si importantes améliorations qu'elle s'en trouva comme entièrement transformée. C'est de cette époque que datent les grands progrès de cette industrie et, par suite, l'extension énorme qu'a prise l'emploi de ses produits.

INDUSTRIES DES LIVRES ET DES ESTAMPES

CENT QUATRE-VINGT-HUITIÈME LEÇON

Comment se font les livres. (*Généralités*.)

1. Les anciens ne pouvaient se procurer les livres qu'avec une extrême difficulté, et à de grands frais, parce que, pour les exécuter, ils ne connaissaient que la transcription à la main, procédé lent et dispendieux entre tous. Si les modernes sont mieux partagés sous ce rapport, ils le doivent à une invention merveilleuse, faite au quinzième siècle, qui permet de reproduire avec rapi-

dité et économie toute espèce d'ouvrages, au moyen d'empreintes provenant d'un petit nombre de caractères mobiles. Cette invention a donné naissance à la **typographie** ou **imprimerie en caractères**, qu'on désigne généralement, dans le langage vulgaire, par un seul mot : l'**imprimerie**.

2. Pour faire un livre suivant la nouvelle méthode, on commence par se procurer plusieurs collections de tiges de métal (*fig.* 124) dont chacune porte en saillie à son sommet l'un des signes de l'écriture. Le métal de ces tiges est un alliage de plomb et d'antimoine, dans les proportions d'environ 80 du premier et 20 du second.

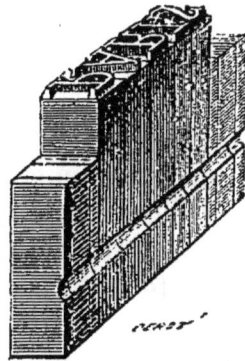

Fig. 124. — Caractères typographiques; ils sont assemblés au nombre de cinq pour former le mot PARIS, et accompagnés à droite et à gauche de cadrats et de cadratins.

Seulement, comme cette saillie doit produire sur le papier l'image du signe qu'elle représente, elle est figurée dans un sens différent, c'est-à-dire que la partie de droite est à gauche et réciproquement. On donne le nom de *lettre* à chaque tige prise isolément, et celui de *caractère* à la réunion de toutes les tiges qui ont été faites pour être employées ensemble.

3. A leur arrivée à l'atelier, les lettres sont distribuées dans une espèce de grande boîte

Fig. 125. — Composition typographique.

(*fig.* 125) appelée *casse*, qui est divisée en autant de com-

partiments, ou *cassetins*, qu'il en faut pour qu'il y en ait
un pour chaque lettre de l'alphabet, capitale ou ordinaire,
accentuée ou non accentuée, pour chaque chiffre, pour
chaque signe de ponctuation ou d'orthographe, et pour
différentes sortes de lames de métal qui, moins hautes
que les lettres, servent, les unes, très minces, à séparer
les mots (ce sont les *espaces*), les autres plus ou moins
épaisses, à compléter les lignes courtes et à remplir les
vides de tout genre qui peuvent se trouver dans une page
(ce sont les *cadrats*, les *cadratins* et les *demi-cadratins*).
Cette boîte est *montée*, c'est-à-dire placée, comme le
montre le dessin, sur une table en forme de pupitre
qu'on nomme *rang*.

CENT QUATRE-VINGT-NEUVIÈME LEÇON

Comment se font les **livres**. (*Fabrication*.)

1. Ces dispositions prises, on peut procéder à la fabrication d'un livre. Elle comprend cinq opérations
indispensables : la *composition*, la *mise en pages*, l'*imposition*, la *correction* et l'*impression* ou *tirage*.

2. La **composition** consiste à extraire les lettres
une à une de leurs cassetins respectifs et à les assembler
d'une certaine manière pour en former successivement
des mots, des lignes et des paquets de lignes. La
personne qui en est chargée se nomme *compositeur*
ou *paquetier* (*fig.* 125).

3. Dans la **mise en pages,** on convertit en pages
régulières les paquets de lignes provenant de l'opération précédente. A cet effet, on divise ces paquets en
autant de parties que les dimensions du livre com-
portent de pages, et l'on y ajoute tout ce qui est en
dehors du texte courant, c'est-à-dire les numéros des
pages, les titres, les figures, etc. La personne qui fait
la mise en pages s'appelle *metteur en pages*. C'est également elle qui exécute l'imposition.

4. L'**imposition** a pour but de ranger les pages de
telle sorte que la feuille de papier étant pliée, elles se
trouvent exactement dans l'ordre voulu par leur numé-
rotage. Les pages appartenant à la même feuille sont

divisées en deux groupes égaux, chacun destiné à imprimer l'un des côtés du papier. De plus, chaque groupe est placé dans un cadre ou châssis de fer, dans lequel on le consolide au moyen de pièces de bois ou de métal, ce qui donne au tout la solidité d'une planche et permet de l'enlever et de le transporter sans crainte. Tout châssis (*fig.* 126) garni de ses pages et de ses pièces de consolidation porte le nom de *forme*.

5. Par la **correction**, on s'assure si, en effectuant leur travail, les ouvriers chargés de la composition ont exactement suivi le texte qu'on leur avait donné.

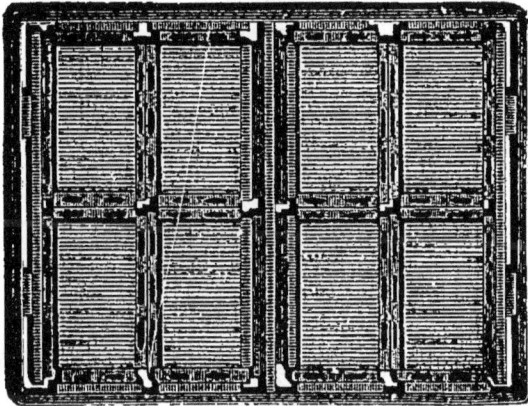

Fig. 126. — Forme d'imprimerie avec ses pages et ses garnitures.

A cet effet, on imprime un ou plusieurs exemplaires du texte composé, et c'est sur ces exemplaires, appelés *épreuves*, qu'un employé spécial, nommé *correcteur*, indique les fautes à faire disparaître.

CENT QUATRE-VINGT-DIXIÈME LEÇON

Comment se font les **livres.** (*Tirage.*)

1. **L'impression** ou **tirage** a pour objet de transporter sur le papier, avec le secours d'une encre particulière et d'une certaine pression, l'empreinte des lettres disposées dans les formes. C'est en cela que consiste le travail de l'*imprimeur* proprement dit. De toutes les opérations de l'imprimerie, c'est celle qui présente le plus de difficultés de détail, et dont les résultats ont le plus d'importance, parce qu'ils sont définitifs. S'ils renferment, en effet, des défauts, il est impossible d'y remédier.

2. L'encre employée par les imprimeurs est un mélange de noir de fumée et d'huile de lin rendue très épaisse par l'action du feu. Pour certains ouvrages, on se sert quelquefois d'encres de couleur. Dans ce cas, le

noir de fumée est remplacé par des poudres particulières préparées d'une manière convenable.

3. La pression, on l'exerce à l'aide de presses spéciales, qu'on nomme **presses typographiques**, et

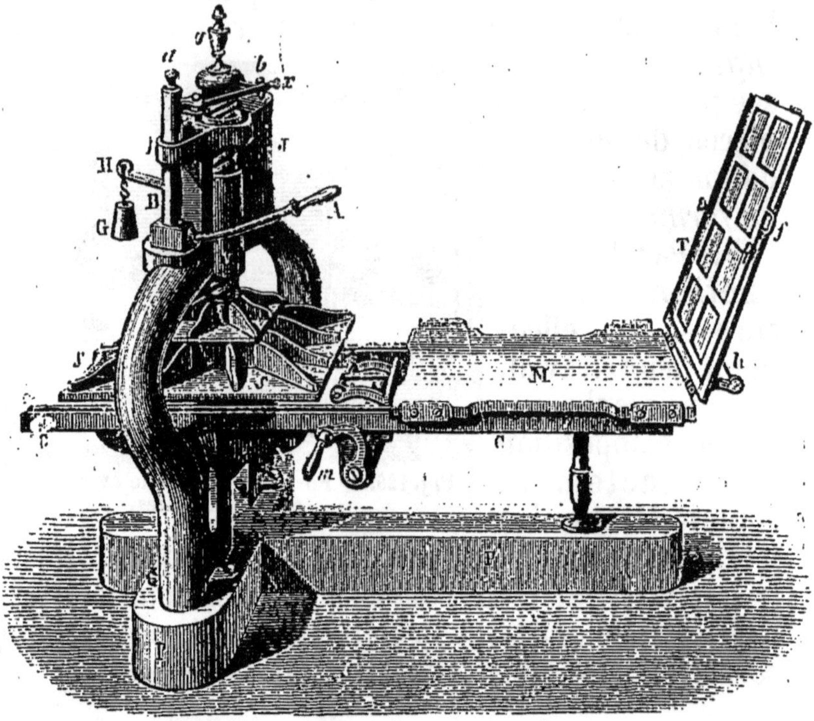

Fig. 127. — Presse typographique à bras.

dónt les unes sont *manuelles* ou *à bras* et les autres
mécaniques. Le dessin ci-joint (*fig.* 127) représente une
presse manuelle[1]. Les appareils de cette sorte ne peuvent

1. Comme l'indique le dessin, cette presse est en fer. La forme à imprimer se place sur la table M qu'on appelle **marbre**. On l'encre au
moyen d'un rouleau fait de colle forte et de mélasse. Quant à la feuille de
papier, on l'étend, après l'avoir humectée, sur un cadre ou châssis T,
qui est garni d'un ou plusieurs morceaux de drap; on pose par dessus
un cadre plus léger **f**, sur lequel sont collées deux ou trois feuilles de
papier fort, découpées aux endroits correspondant aux pages; enfin,
on abat le tout sur la forme. Agissant alors de la main gauche sur la
manivelle **m**, l'ouvrier amène le marbre et, par suite, la forme, sous
la plaque ou **platine** SS; puis, de la main droite, il tire à lui le
barreau ou levier A. Sous l'action de ce barreau, la platine, poussée
de haut en bas par la vis V, descend verticalement sur le cadre T,
et la pression qu'elle y exerce force les lettres de la forme à produire leur empreinte sur le papier. Ce résultat obtenu, l'ouvrier
laisse aller le barreau, et la platine, entraînée par le contre-poids H,

guère donner, par journée de travail, qu'environ quatre cents exemplaires d'une même feuille imprimée d'un seul côté. C'est pour obtenir un rendement plus considérable qu'ont été inventées les presses mécaniques. Pour se faire une idée de la rapidité avec laquelle ces dernières fonctionnent, il suffira de savoir que les éditeurs de journaux en emploient qui, mues par la vapeur, impriment près de vingt mille feuilles à l'heure, et

Fig. 128. — Presse mécanique pour journaux.

souvent des deux côtés à la fois. La figure 128 représente une des plus puissantes.

CENT QUATRE-VINGT-ONZIÈME LEÇON

Comment se font les livres. (*Clichage.*)

1. Voyons maintenant ce que deviennent les feuilles imprimées. On commence par les étendre sur des ficelles pour les faire sécher, puis elles passent entre les mains du *brocheur*. Celui-ci les plie une à une de manière que les pages se suivent exactement, après quoi il les

remonte aussitôt. En même temps, il fait reculer le marbre en tournant la manivelle m dans un sens convenable, puis, relevant les châssis, enlève la feuille imprimée. Avec cette machine, on n'imprime qu'un seul côté de la feuille. Pour imprimer l'autre côté, il faut répéter l'opération, après avoir, il est superflu de le dire, changé la forme.

assemble dans l'ordre indiqué par la pagination. Le volume se trouvant ainsi formé, il n'y a plus qu'à le coudre et à y coller une couverture de papier de couleur : c'est en cela que consiste le **brochage**. Si, au lieu d'être simplement *broché*, le livre doit être *cartonné* ou *relié*, il passe, après l'assemblage des feuilles, entre les mains du *relieur*, qui, après en avoir réuni et cousu les feuilles, y attache des cartons, un de chaque côté, puis l'habille suivant le goût ou le caprice de l'acheteur.

2. Le tirage terminé, on lave les formes pour les débarrasser de l'encre qui y adhère, puis on les démonte, et l'on en replace les lettres dans leurs cassetins respectifs, afin de pouvoir faire servir celles-ci à l'exécution d'un autre ouvrage. Il faut donc, quand on veut réimprimer un livre, faire une nouvelle composition. Or, comme cette opération est la partie la plus coûteuse de l'art typographique, on a imaginé de la supprimer entièrement pour les ouvrages dont la vente rapide doit nécessiter des réimpressions plus ou moins fréquentes. On obtient ce résultat d'une manière fort simple. Avant de détruire chaque forme, on en prend une empreinte, ordinairement en papier, puis on coule dans cette empreinte du métal de la même nature que celui dont on se sert pour la fabrication des caractères. Quand le métal est refroidi, on a une planche solide, qui est la reproduction parfaite de la forme, et qu'on peut soumettre à la presse absolument comme cette dernière.

3. L'opération dont nous venons de parler porte le nom de **clichage**, et l'on distingue le *clichage au plâtre* et le *clichage au papier*, suivant que la matière de l'empreinte est le plâtre ou le papier. Il y a aussi le *clichage galvanique*, qui est une ingénieuse application des procédés galvanoplastiques. Nous ne pouvons dire comment on opère dans ces divers cas, parce que cela nous mènerait trop loin ; mais, quelle que soit la méthode qu'on emploie, on a toujours le moyen de réimprimer les livres à peu de frais, puisqu'on n'a que le tirage et le papier à payer, ce qui permet d'en diminuer notablement le prix et, par suite, d'en faciliter l'achat à un plus grand nombre de personnes. Les ouvrages

d'école et de piété et, en général, tous ceux d'un usage populaire, ne s'impriment plus guère que sur clichés.

CENT QUATRE-VINGT-DOUZIÈME LEÇON

Comment se font les **livres**. (*Histoire*.)

1. **L'imprimerie** est née en Europe au milieu du quinzième siècle, mais ses commencements sont entourés d'une très grande obscurité. On sait seulement que deux villes, Mayence et Strasbourg, ont des droits incontestables à son invention, et que l'humanité est redevable de cet *art divin*, comme l'appelait un illustre évêque de l'époque, à un artiste mayençais vulgairement désigné sous le nom de Gutenberg. Cet homme de génie commença ses recherches à Strasbourg, vers 1436, et les termina à Mayence, quelques années plus tard. Ce fut aussi dans cette dernière ville qu'il exécuta ses premières impressions, probablement en 1456, époque à laquelle, en compagnie du banquier Jean Faust, il y fonda un atelier auquel il associa, un peu plus tard, le calligraphe Pierre Schœffer. Une statue lui a été érigée dans chacune des deux villes (*fig.* 129).

2. Jusqu'en 1461 ou 1462, l'Imprimerie n'exista qu'à Mayence. A partir de ce moment, elle pénétra peu à peu dans toutes les parties de l'Europe. Paris fut la première ville de France qui la posséda : elle y fut introduite en 1470 par trois ouvriers, un suisse et deux allemands, Ulrich Gering, Michel Friburger et Martin Crantz, qu'avaient fait venir le professeur Guillaume Fichet et le docteur Jean de la Pierre, prieur du collège de Sorbonne.

Fig. 129.
Statue de Gutenberg
à Strasbourg.

CENT QUATRE-VINGT-TREIZIÈME LEÇON

Comment se font les **livres**. (*Histoire*.)

1. Contrairement à ce qui se passe généralement dans l'industrie, où les progrès ne s'accomplissent qu'avec une grande lenteur, les procédés généraux de la typographie avaient été portés à un si haut degré de perfection par Gutenberg et ses associés, qu'on n'a eu presque rien à y changer. Les modernes n'ont réellement fait qu'imaginer le *clichage*, et rendre l'impression plus rapide en substituant les *presses mécaniques* aux *presses à bras* qui, en raison de la lenteur de leurs mouvements, ne pouvaient plus suffire aux besoins du commerce.

2. Le **clichage** a été inventé à Londres, en 1804, par lord Charles Stanhope. On se servit d'abord d'une pâte de plâtre pour prendre les empreintes. Mais, en 1846, on commença, presque en même temps, en France, en Angleterre et en Allemagne, à faire usage du papier, et cette innovation se répandit peu à peu dans les autres pays. Quant au *clichage galvanique*, il a été une simple conséquence de la galvanoplastie; il n'est donc venu que beaucoup plus tard.

3. Relativement aux presses, on s'est d'abord occupé de perfectionner la presse de Gutenberg, qui était en bois et d'une construction très grossière. En 1795, lord Stanhope, le même dont il vient d'être question, donna le signal en établissant la presse en fer qui porte son nom, et qui a servi de modèle à presque tous ceux qui ont fait des recherches dans la même voie. Quant aux **presses mécaniques**, on en attribue l'idée théorique à un avocat anglais, William Nicholson, en 1790. Toutefois, la première qui ait pu servir est celle que les mécaniciens saxons Kœnig et Bauer construisirent à Londres, quelques années plus tard, pour le journal le *Times*, et qui fonctionna, dès le 28 décembre 1814, pour l'impression de cette feuille.

CENT QUATRE-VINGT-QUATORZIÈME LEÇON

Comment se font les **estampes**. (*Généralités.*)

1. La **gravure** rend aux œuvres des artistes, peintres, dessinateurs, architectes, sculpteurs, compositeurs de musique, les mêmes services que l'Imprimerie à celles des écrivains : elle les préserve de l'oubli, en sorte que si une cause quelconque vient à les faire périr, le travail du graveur en transmet une image fidèle aux générations futures. Remarquons, en outre, qu'en donnant le moyen de reproduire à l'infini et de la manière la plus exacte la représentation des objets de toute sorte, elle facilite singulièrement l'étude de toutes les sciences en la rendant à la fois plus claire et plus attrayante. C'est pour cela qu'on est dans l'usage d'orner de figures les livres destinés à nous instruire, à développer en nous l'amour du vrai, du bien et du beau.

2. Qu'est-ce donc que la Gravure? c'est l'art de tracer sur une surface dure un dessin quelconque, qui, au moyen d'une encre et d'une forte pression, est ensuite transporté sur le papier. On obtient ainsi ce qu'on appelle une *estampe* ou, comme on dit aussi très souvent, une *gravure*.

3. On peut graver sur une foule de matières, mais, en général, on emploie le *cuivre*, l'*acier*, le *zinc*, la *pierre* ou le *bois*. Dans tous les cas, on se propose l'un des deux résultats suivants : — ou bien, le dessin est formé par des espèces de petits sillons : c'est la *gravure en creux;* — ou bien il est formé par des traits en saillie : c'est la *gravure en relief*. Beaucoup de méthodes peuvent conduire à l'un ou à l'autre de ces résultats; nous ne parlerons que des plus usitées, c'est-à-dire de la *gravure au burin*, de la *gravure à l'eau-forte* et de la *gravure sur bois*.

CENT QUATRE-VINGT-QUINZIÈME LEÇON

Comment se font les **estampes**. (*Principales sortes.*)

1. La **gravure au burin** est en creux et se fait sur cuivre ou sur acier. Elle doit son nom à l'instrument avec lequel on l'exécute, et qui consiste en une petite barre d'acier trempé dont la section présente un carré ou un losange allongé (*fig.* 130). On l'appelle aussi *gravure en taille-douce*, à cause de la douceur de ses effets. Sur une planche de métal bien plane, l'artiste décalque le dessin en sens

Fig. 130. — Gravure au burin.

inverse, puis le trace avec une aiguille très fine, qui laisse sur le cuivre ou l'acier un trait léger et très délié. Saisissant alors le burin de la main droite, il le pousse en avant avec la paume, de manière à creuser le métal partout où la pointe a passé, en ayant soin de varier la forme, la largeur et la profondeur des sillons, suivant qu'il le juge nécessaire pour rendre le caractère extérieur des objets. A mesure qu'il coupe la planche, le burin laisse de chaque côté des sillons un petit rebord saillant qu'on enlève avec une espèce de grattoir.

2. La **gravure à l'eau-forte** est aussi une gravure en creux. Comme la précédente, elle se fait sur cuivre ou sur acier, mais le plus souvent sur cuivre. Quant à son nom, elle le tire de la substance qui sert à attaquer le métal, et qui n'est autre chose que de l'acide nitrique très faible. L'artiste commence par couvrir la planche d'une couche, aussi mince et aussi unie que possible, d'un enduit de couleur noire ; puis, comme ci-dessus, il trace sur cet enduit, avec la pointe d'une aiguille très fine le trait et les ombres du dessin à représenter.

3. De cette manière, l'enduit se trouve enlevé sur tous les points qui doivent marquer à l'impression, tandis que les parties destinées à être blanches restent cachées sous ce même enduit. Ces préparatifs achevés, on entoure la planche d'un rebord de cire, et l'on verse, dans cette espèce de cuvette (*fig.* 131), une certaine quantité d'eau-forte, dont on varie la force suivant la température ou l'effet particulier qu'on veut produire. Ce liquide respecte les parties recouvertes d'enduit ; au

contraire, il attaque celles que la pointe a mises à nu et les creuse plus ou moins profondément selon le temps

Fig. 131. — Gravure à l'eau-forte.

qu'on fait durer son action. Quand on juge la morsure poussée assez loin, on enlève l'eau-forte, la cire et l'enduit, et le dessin se trouve gravé en creux sur la planche.

4. La **gravure sur bois** est la gravure en relief par excellence. Elle s'exécute sur des morceaux de bois à grain très fin et très serré. On emploie presque exclusivement le buis ou le poirier. La surface du bois étant bien polie, on la blanchit avec de la céruse, pour que le dessin soit plus apparent, puis on y dessine à la plume ou au crayon le sujet qu'on veut représenter. Ce travail terminé, on creuse et enlève, avec des outils tranchants, les parties blanches que le dessinateur a laissées et qui doivent rester telles à l'impression. Ce genre de gravure a reçu de nos jours une extension très considérable à cause de la facilité avec laquelle il se prête à la publication des ouvrages où des figures doivent être mêlées au texte. En effet, les bois gravés se placent sans

difficulté au milieu des caractères d'imprimerie, puis texte et figures s'impriment et se clichent à la fois[1].

CENT QUATRE-VINGT-SEIZIÈME LEÇON

Comment se font les estampes. (*Impression.*)

1. Qu'elles soient sur bois, sur pierre ou sur métal, les gravures en relief s'impriment de la même manière que les formes typographiques et avec les mêmes presses. Les choses sont tout autres pour les gravures en creux. Ici, on se sert d'une presse particulière, dite **presse en taille douce**, qui consiste en deux rouleaux de bois, placés l'un au-dessus de l'autre, et disposés de manière à tourner chacun dans un sens différent. L'encrage des planches n'a également rien de commun avec celui de l'imprimerie. Pour y procéder, on barbouille d'encre avec une brosse toute la surface de la planche, en ayant soin qu'elle pénètre bien dans tous les creux, après quoi, on l'enlève, d'abord avec des chiffons, puis, avec la paume de la main, dans toutes les parties qui doivent former des blancs.

2. Quand ce nettoyage est achevé, on pose la planche sur une épaisse flanelle, on étend dessus une feuille de papier un peu humide, on applique sur le papier une autre flanelle, et, enfin, on engage le tout entre les cylindres de la presse. En tournant, ces derniers exercent sur le papier une pression tellement énergique qu'ils l'obligent à aller chercher l'encre jusque dans les creux les plus déliés et les plus profonds.

CENT QUATRE-VINGT-DIX-SEPTIÈME LEÇON

Comment se font les estampes. (*Histoire.*)

1. Parmi les diverses méthodes de graver dont il vient d'être question, la **gravure sur bois** est incontes-

---

1. On remplace quelquefois la gravure sur bois par une **gravure en relief sur pierre**, sur **cuivre** ou sur **zinc**, que l'on effectue au moyen d'une liqueur acide. Dans ce cas, après avoir écrit ou dessiné sur la pierre ou le métal avec une encre particulière, on fait mordre par l'acide, qui creuse les parties blanches et respecte celles qui ont été chargées d'encre. On emploie souvent cette méthode pour graver des cartes géographiques à bon marché.

tablement la plus ancienne. Plusieurs auteurs pensent qu'elle était déjà connue en Chine dès le onzième siècle de notre ère, et dans l'Inde dès le treizième. En Europe, la France et l'Allemagne s'en disputent l'invention. Quelles que soient les raisons qu'on puisse faire valoir en faveur de ces deux pays, il est certain qu'on y gravait sur bois au commencement du quinzième siècle, probablement même à la fin du quatorzième.

2. C'est aussi au quinzième siècle que sont nées la **gravure au burin** et la **gravure à l'eau-forte.** On admet généralement que la première a été découverte, vers 1452, par un orfèvre florentin du nom de Maso Finiguerra, et que la seconde a été inventée, vers 1496, par un artiste morave, appelé Wenceslas d'Olmutz. C'est encore au quinzième siècle qu'ont eu lieu les premières tentatives pour graver en relief sur pierre ou sur métal à l'aide des acides. De nos jours, l'application de la galvanoplastie et de la photographie à l'art du graveur a fait imaginer de nouvelles méthodes de gravure en relief et de gravure en creux. Ces méthodes constituent ce qu'on appelle la **gravure galvanique** et la **gravure héliographique,** mais elles sont beaucoup trop compliquées pour que nous puissions essayer de les décrire ici.

CENT QUATRE-VINGT-DIX-HUITIÈME LEÇON

Ce qu'on entend par **lithographie**. (*Généralités.*)

1. On vient de voir que l'imprimerie en caractères sert à multiplier les livres, et que la gravure rend les mêmes services pour les dessins. L'art dont il va être question pourrait, à la rigueur, les remplacer toutes les deux, car il donne le moyen de reproduire les écritures et les dessins, en supprimant la partie la plus longue et la plus coûteuse du travail du typographe et du graveur. Cet art a reçu le nom de **lithographie**; il consiste à reproduire, au moyen de l'impression, des écritures et des dessins tracés avec une encre spéciale sur une plaque de pierre d'une qualité particulière. Quelques mots suffiront pour en faire comprendre le principe.

2. On commence par se procurer une plaque de pierre d'une nature convenable et dont les deux faces opposées soient parfaitement planes. On laisse la face inférieure de cette plaque telle qu'elle est. Quant à la face supérieure, si elle doit être écrite, on la polit en la frottant avec une pierre ponce trempée dans l'eau ; si, au contraire, elle doit être dessinée, on la *graine* après le polissage, c'est-à-dire qu'on la recouvre d'aspérités microscopiques en promenant dessus, avec une pierre semblable, une bouillie de sable très fin.

3. La pierre étant ainsi préparée, on y exécute l'écriture ou les dessins. L'opération se fait comme à l'ordinaire, mais en sens inverse. Pour les dessins, on se sert de crayons formés de savon blanc, de cire, de suif et de noir de fumée. Pour l'écriture, on emploie des plumes d'acier trempé et une encre solide renfermant les mêmes substances que les crayons, et qu'on délaye avec de l'eau à mesure qu'on en a besoin. Le travail de l'écrivain ou du dessinateur terminé, on passe sur la pierre un pinceau trempé dans de l'eau-forte faible (*acidulage*), puis de l'eau fortement gommée (*gommage*). En la rendant plus poreuse sur les parties libres, l'acide lui communique la propriété de prendre et de retenir l'humidité avec une certaine énergie. La gomme concourt aussi au même effet ; de plus, elle empêche les corps gras de s'étendre au delà des limites voulues.

CENT QUATRE-VINGT-DIX-NEUVIÈME LEÇON

Ce qu'on entend par lithographie. (*Impression*.)

1. La pierre étant dessinée ou écrite, acidulée et gommée, il s'agit de procéder à l'impression ou au tirage. Cette opération nécessite l'emploi de presses d'une construction particulière qu'on appelle **presses lithographiques,** et dont les unes sont *à bras* (*fig*.132) et les autres *mécaniques*. Ces presses se composent essentiellement d'une partie mobile nommée *chariot*, sur laquelle on place la pierre, et d'une partie fixe, consistant en un *râteau* ou en un *cylindre*, qui donne la pression ;

et sous laquelle un mécanisme approprié conduit la première.

2. La pierre étant bien calée sur le chariot, on l'hu-

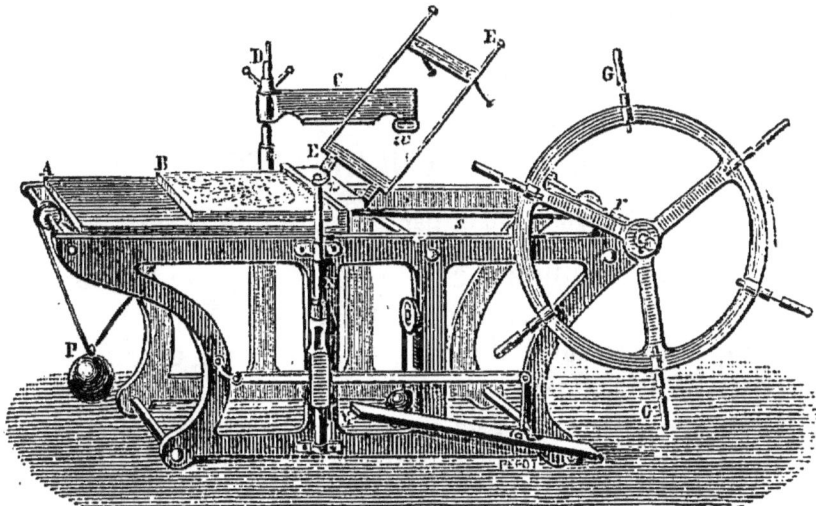

Fig. 132. — Presse lithographique à râteau et à bras[1].

mecte avec une éponge légèrement imbibée d'eau, puis on l'encre en passant dessus un rouleau de bois recouvert de cuir et chargé d'une encre faite de noir de fumée et d'huile de lin cuite. Cette encre, qu'on appelle *noir d'impression*, est repoussée par les points qui sont humides et ne s'attache que sur ceux où il y a de l'écriture ou du dessin.

3. Quand la pierre est encrée, on y étend une feuille de papier blanc un peu moite, on met par dessus un châssis garni de cuir, et l'on pousse le tout sous le cylindre ou le râteau, dont l'action force le papier à s'emparer de l'encre déposée sur la pierre. La feuille se trou-

---

[1]. AA chariot de la presse, avec sa pierre B. EE châssis de fer sur lequel est tendu un cuir de veau. La pierre étant encrée et munie de la feuille de papier, on abat sur elle le râteau C, dont on accroche l'anneau *a* à une bride *z*. Appuyant alors le pied sur la pédale M, puis faisant tourner le moulinet *gg*, dans le sens de la flèche, la courroie *s* entraîne le chariot, et, par suite, fait glisser la pierre sous le râteau. Quand le chariot est arrivé à la fin de sa course, il suffit, pour le ramener à son point de départ, de l'abandonner à lui-même en lâchant le moulinet et la pédale, et aussitôt il revient à sa première place par le jeu du contrepoids P.

vant ainsi imprimée, on l'enlève pour la remplacer par une autre feuille blanche, et l'on répète les mêmes opérations de mouillage de la pierre, d'encrage, etc., dont nous venons de parler. Enfin, quand on a tiré le nombre d'exemplaires voulu, on efface la pierre pour la faire servir à la reproduction d'un autre texte ou d'un autre dessin.

DEUX CENTIÈME LEÇON

Ce qu'on entend par lithographie. (*Fin.*)

1. La lithographie n'existe que depuis la fin du siècle dernier. Elle a été inventée, en 1796-1798, par un pauvre employé du théâtre de Munich, du nom d'Aloïs Senefelder. Moins de vingt ans après, elle était répandue dans toute l'Europe. Les premières tentatives pour l'introduire en France furent faites en 1800; elles n'eurent aucun succès. Notre pays ne posséda même le nouvel art qu'à partir de 1816, époque à laquelle M. Godefroy Engelmann, de Mulhouse, et le comte de Lasteyrie fondèrent à Paris deux vastes ateliers qui servirent de modèles à tous les établissements du même genre que l'on vit s'élever par la suite, soit dans cette ville, soit dans les départements.

2. Depuis son origine, la lithographie n'a cessé de faire une concurrence très active à la typographie pour l'impression des écritures, et à la taille-douce pour celle des dessins. Quoique plus lente et plus chère que la première, elle lui est généralement supérieure pour les petits tirages, notamment pour les tableaux, les cartes de visite, les billets de faire part, les factures de commerce, etc. Comparée à la taille-douce, elle est plus expéditive et moins coûteuse pour les travaux communs, mais elle perd ces deux avantages lorsqu'elle veut lutter de beauté dans l'exécution. Néanmoins, entre les mains d'habiles ouvriers, et le nombre en est excessivement restreint, elle peut produire des œuvres d'un très grand mérite.

3. Dans le principe, toutes les épreuves lithographiques étaient en noir. On ne tarda pas cependant

à les imprimer en différentes couleurs. Dans ce cas, il faut autant de pierres, par conséquent, autant de tirages successifs que le sujet a de teintes, et les choses doivent être disposées de telle sorte que chacune de ces teintes vienne se placer exactement à l'endroit du papier où il faut qu'elle soit. Cette branche particulière de l'art du lithographe a reçu le nom de **chromolithographie**.

INDUSTRIES DES CORPS GRAS

DEUX CENT UNIÈME LEÇON

Ce qu'on entend par **corps gras**. (*Généralités.*)

1. On entend par **corps gras** des substances combustibles, douces au toucher, qui fondent à une température peu élevée et qui tachent le papier, c'est-à-dire le rendent transparent, sans que la chaleur lui rende son opacité et sa blancheur premières. Les unes sont d'origine animale, les autres d'origine végétale, et, suivant leur degré de consistance, on les appelle *huiles, beurres, graisses, suifs* ou *cires*.

2. Ces substances nous rendent de nombreux services, mais leur plus grand usage consiste : d'une part, à nous fournir la lumière au moyen des lampes ou sous forme de chandelles et de bougies ; d'autre part, à servir d'assaisonnement à presque tous nos aliments ; enfin, à entrer dans la fabrication des savons. Les plus importantes au point de vue industriel, sont les *suifs*, les *cires* et les *huiles*.

DEUX CENT DEUXIÈME LEÇON

Ce qu'on entend par *corps gras* : le **suif**.

1. On sait que le **suif** est la graisse du bœuf, du mouton, de la chèvre, et autres animaux herbivores. Il est contenu dans des poches excessivement petites, qui sont formées par des peaux plus ou moins minces, et dont l'ensemble a reçu le nom de *tissu adipeux*. En

dépeçant l'animal, les bouchers détachent ce tissu et le vendent à des industriels spéciaux, appelés *fondeurs de suif*, qui se chargent d'en extraire le corps gras.

2. Le suif est la matière première des chandelles et de l'acide stéarique. Il entre aussi dans la fabrication des savons et des cosmétiques. On l'emploie encore pour rendre le cuir plus souple et adoucir les parties frottantes des outils et des machines. Enfin, son extraction donne un résidu, appelé *pain de cretons*, qu'on emploie comme engrais et pour nourrir les chiens et les porcs.

DEUX CENT TROISIÈME LEÇON

Ce qu'on entend par *corps gras :* la **cire.**

1. On appelle **cires** des corps gras durs et cassants, qui sont produits, les uns par plusieurs sortes d'insectes, les autres par les feuilles, les fruits, la tige de différentes plantes. Il y a donc des *cires animales* et des *cires végétales*. Celle qu'on emploie en Europe est fournie par les Abeilles. Quand on la retire des rayons (*fig.* 133), elle contient des matières étrangères qui la rendent jaunâtre, plus ou moins odorante, et un peu onctueuse. On l'utilise quelquefois dans cet état, sous le nom de *cire vierge, cire brune, cire jaune ;* mais, le plus souvent, on ne la met en œuvre qu'après l'avoir purifiée et rendue *blanche*. La première de ces opérations la débarrasse des corps qui lui communiquent l'onctuosité et l'odeur; la seconde, de celles qui altèrent sa couleur. On sait que le blanchiment de la cire consiste à l'exposer, pendant un temps convenable, à l'action de l'air et de l'eau.

Fig. 133.
Récolte du miel et de la cire.

2. A l'état brut, la cire sert à frotter les parquets et les meubles, à faire des mastics pour greffer les arbres, à boucher les mailles des lits de plume, pour que celle-ci ne puisse s'échapper. Les couturières y ont aussi recours pour rendre le fils plus glissant. Quand elle a été purifiée et blanchie, les pharmaciens la font entrer dans une foule de médicaments, cérats, pommades, onguents, etc. La fabrication des cierges d'église en consomme aussi une grande quantité. Enfin, on l'utilise, diversement colorée, pour confectionner des fleurs artificielles, des masques, des pièces d'anatomie, des objets pour l'étude de l'histoire naturelle.

DEUX CENT QUATRIÈME LEÇON

Ce qu'on entend par *corps gras :* les **huiles.**

1. Les **huiles végétales** se trouvent quelquefois dans la partie charnue des fruits, le plus souvent dans les semences. L'huile d'olive est dans le premier cas. Les huiles de colza, d'œillette, de cameline, de navette, de chènevis, de lin, etc., sont dans le second; aussi les appelle-t-on *huiles de graines.* Toutes sont renfermées dans des cellules extrêmement petites, d'où on ne peut les faire sortir qu'en les écrasant, puis soumettant la pâte à une très forte pression.

2. Toutes les huiles végétales peuvent servir à l'éclairage. Néanmoins, on donne de

Fig. 134. — Rameau d'olivier chargé de fruits.

préférence cette destination à celles de colza, de cameline, d'œillette, de noix et de navette. L'huile d'olive de première qualité est l'huile de table par excellence. On la remplace souvent, dans les pays de production, par celles de noix, de faîne, d'œillette, d'arachide. Dans la fabrication du savon, on fait une consommation énorme d'huile d'olive de qualité inférieure (*huile de recense*), ainsi que d'huiles de graines, de coco, de palme, de coton, etc. L'huile de lin entre dans la composition des couleurs dites *à l'huile*, de l'encre d'imprimerie et de plusieurs vernis, notamment du vernis noir pour chaussure. Les huiles de noix, d'œillette et de chènevis reçoivent quelquefois les mêmes applications. Ces quatre dernières doivent leur emploi en peinture à la propriété d'être *siccatives*, c'est-à-dire de s'épaissir par l'action de l'air, au point de perdre leur caractère de corps gras et de se convertir en une espèce de membrane sèche et transparente.

3. Les **huiles animales** sont fournies par les Cétacés, les poissons et certaines parties du corps des animaux herbivores. Les plus importantes à connaître sont l'*huile de baleine*, qu'on emploie pour faire des savons et se procurer du gaz d'éclairage ; l'*huile de foie de morue*, qui a son principal usage dans l'art de guérir ; l'*huile de poisson* ou de *sardine*, qu'on utilise surtout pour adoucir le cuir ; l'*huile de pied de mouton*, l'*huile de pied de bœuf* et l'*huile de pied de cheval*, qui servent, les deux premières, à graisser les rouages des machines, la troisième à alimenter les lampes des émailleurs et des fabricants de perles fausses.

DEUX CENT CINQUIÈME LEÇON

Comment se font les chandelles.

1. Comme on l'a vu, les **chandelles** se font avec le *suif*. La fabrication consiste à entourer de suif fondu une mèche formée de brins de coton légèrement tordus. Peu d'opérations manufacturières sont aussi simples. On emploie deux procédés : le *moulage* et la *plonge*. On appelle *chandelles moulées* les produits du premier, et *chandelles plongées* ou *chandelles à la baguette* celles du second.

2. Dans le *procédé du* **moulage**, on se sert de moules de métal dont un bout est évasé en entonnoir, tandis que le bout opposé est légèrement conique. Une mèche, placée dans l'axe de chaque moule, est tendue d'un côté, au moyen d'une petite traverse que porte l'entonnoir, de l'autre, par une cheville qui ferme le trou du cône. Les moules étant rangés verticalement sur une table, la partie évasée en haut, on les remplit un à un de suif avec une cuiller, puis on les laisse refroidir avant de démouler. Dans les grandes fabriques, on remplit plusieurs moules à la fois (*fig.* 135).

3. Dans le *procédé de la* **plonge**, on enfile sur des baguettes une vingtaine de mèches, qu'on trempe toutes à la fois, et à plusieurs reprises, dans un bain de suif entretenu à une température voisine de la solidification. A chaque immersion, une couche mince de matière

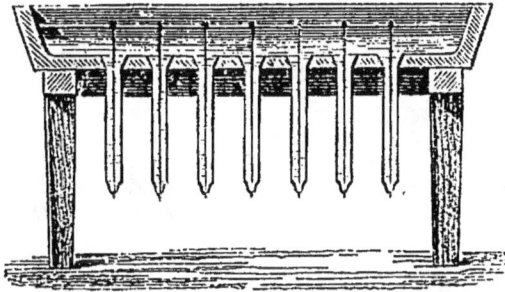

Fig. 135. — Moulage des chandelles.

adhère aux précédentes et on la laisse consolider avant de former la suivante. On multiplie ces immersions et ces refroidissements alternatifs jusqu'à ce que les chandelles ont la grosseur voulue.

4. Quel que soit le procédé employé, quand les chandelles se sont suffisamment durcies, on les expose à l'air et à la lumière pour les sécher et les blanchir, après quoi on les livre au commerce en paquets pesant un demi-kilogramme.

5. Les perfectionnements apportés, dans les temps modernes, à la fabrication des chandelles, ont eu principalement pour objet de la rendre plus rapide et, par suite, plus économique. On y est parvenu en se servant d'appareils qui permettent, soit de remplir des centaines de moules en quelques minutes, soit de plonger un très grand nombre de chandelles à la fois. Le dessin ci-joint (*fig.* 136) représente l'un des appareils qui servent à ce

dernier usage. Des essais pour empêcher les chandelles de couler ou dispenser du mouchage n'ont pas réussi.

DEUX CENT SIXIÈME LEÇON

Comment se font les **bougies.**

1. Les **bougies** se font généralement avec la *cire* ou l'*acide stéarique*, mais les premières sont les plus anciennes et, pendant des siècles, on n'en a pas connu d'autres. C'est donc d'elles que nous nous occuperons d'abord.

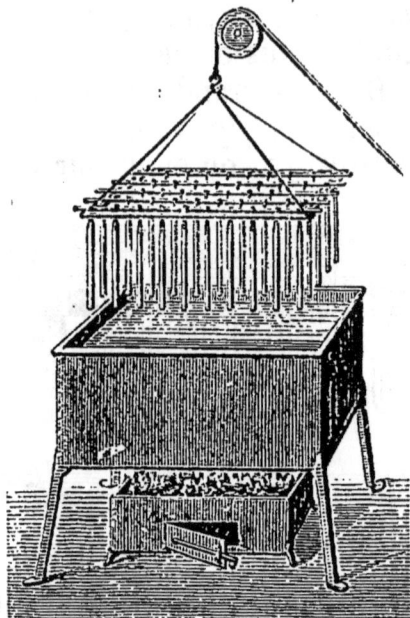

Fig. 136. — Plonge des chandelles.

2. Les bougies ont sur la chandelle l'avantage de brûler sans odeur ni fumée, et de moins couler. On en distingue deux sortes : les *bougies ordinaires* ou *bougies de table* et les *bougies en corde* ou *bougies filées*. Les premières se fabriquent ordinairement comme les chandelles moulées, sauf que les moules sont souvent en verre. Pour obtenir les secondes, on fait passer une mèche d'une longueur quelconque dans un bain de cire, d'où elle sort en traversant une filière, après quoi elle s'enroule sur un tambour tournant. On conçoit que le diamètre des trous de la filière détermine celui de la bougie.

3. La cire sert également à faire les **cierges d'église.** Deux procédés sont en usage : l'un dit *à la cuiller*, pour les cierges de petit ou de moyen diamètre ; l'autre, dit *à la main,* pour ceux de fortes dimensions. Dans le premier, les mèches étant suspendues verticalement à un châssis, on puise avec une cuiller la cire demi-fluide, et on la fait couler le long de chacune d'elles. On laisse sécher, on donne une nou-

velle couche, et l'on continue ainsi jusqu'à ce qu'on arrive à la grosseur voulue. Dans la seconde, après avoir couché les mèches sur une table, on les enveloppe avec la main, de cire simplement ramollie dans l'eau tiède. De quelque façon que les cierges aient été formés, on en égalise la surface en les roulant avec une planchette de bois dur sur une table polie.

4. Comme celui du suif, l'*éclairage à la cire* remonte à une très haute antiquité. En France, il fut d'abord réservé aux cérémonies du culte ; mais, par la suite, il pénétra dans les habitations des personnes riches, où cependant il ne devint un peu général qu'à partir du dix-septième siècle. Encore même, ne se répandit-il jamais beaucoup, à cause du prix élevé de ses produits. On ne s'en sert presque plus aujourd'hui, parce que l'acide stéarique permet d'obtenir le même effet d'une manière infiniment plus économique.

DEUX CENT SEPTIÈME LEÇON

Comment se font les **bougies**. (*Suite.*)

1. On appelle *acide stéarique* une substance solide, sans odeur ni saveur, et d'une blancheur éclatante, qui brûle avec une flamme très belle et très éclairante. Cette substance existe dans la graisse humaine, dans le blanc de baleine, dans plusieurs huiles végétales, mais surtout dans le suif de bœuf et de mouton. C'est de ce dernier qu'on l'extrait.

2. Les **bougies stéariques** se font par le procédé du moulage ; seulement, dans les grands ateliers, on coule la matière au moyen d'appareils qui, remplissant beaucoup de moules à la fois, accélèrent le travail, tout en épargnant de la main-d'œuvre et des déchets inutiles. L'acide étant fondu à une basse température, on y ajoute de 3 à 5 pour cent de cire bien blanche afin de durcir les bougies, et l'on agite le mélange. Puis, quand la masse est sur le point de se solidifier, on la distribue dans les moules. Au sortir de ces derniers, les bougies sont légèrement jaunâtres. On les blanchit en les exposant à la lumière, soit en plein air,

soit dans des chambres vitrées. Enfin, on les plonge dans une lessive faible de carbonate de soude, pour chasser les impuretés qui peuvent les salir, puis on les livre à des machines (*fig.*137) qui les coupent à la longueur

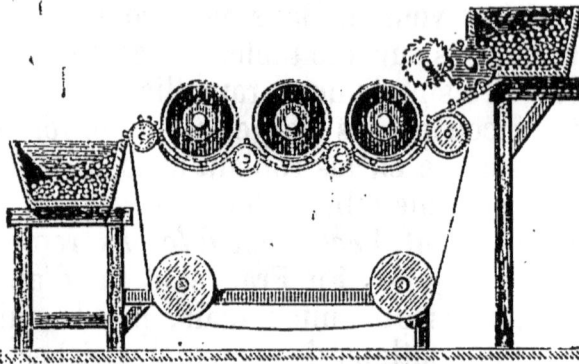

Fig. 137. — Coupage et polissage des bougies.

voulue, les polissent et y impriment la marque du fabricant.

3. L'acide stéarique sert également à faire des *bougies filées* et des *cierges d'église*. On opère comme il a été dit ci-dessus pour la cire.

4. La découverte de l'acide stéarique est considérée avec raison comme une des plus brillantes conquêtes de la science contemporaine. Elle a été faite en 1810 par l'un de nos compatriotes, le chimiste Chevreul. Quinze ans plus tard (1825), ce savant, en société avec un chimiste de ses amis, M. Gay-Lussac, essaya d'appliquer le nouveau corps à l'éclairage, mais plusieurs circonstances, surtout un prix de revient trop élevé, empêchèrent son entreprise de réussir. L'industrie stéarique ne devint même possible qu'à partir de 1831, époque à laquelle deux autres Français, les docteurs de Milly et Motard, trouvèrent le moyen de produire la matière première à bas prix et en quantités illimitées. C'est de l'usine établie par ces médecins dans le quartier de l'Etoile, à Paris, que sont sorties les premières bougies fabriquées industriellement : de là le nom de *bougies de l'Etoile* qu'elles ont porté dès leur apparition, et que la force de l'habitude leur fait encore donner très souvent. On en fait aujourd'hui partout, et leur usage a pris une telle extension qu'elles ont presque entièrement remplacé les chandelles de suif et les bougies de cire, parce que, moins chères et plus éclairantes

que les secondes, elles n'ont ni la mauvaise odeur ni la lumière fumeuse des premières.

DEUX CENT HUITIÈME LEÇON

Comment se fait le savon.

1. En s'unissant aux huiles et aux graisses, certains corps, appelés *oxydes métalliques,* forment des composés doués de propriétés spéciales et qu'on désigne sous le nom générique de **savons.** Ces composés sont de véritables sels. Leur nombre est très considérable. Ceux qu'on emploie dans l'économie domestique et dans les arts, les seuls dont nous nous occuperons, ont pour caractère commun de se dissoudre dans l'eau. Les uns se préparent avec la soude, les autres avec la potasse. Les premiers sont *durs,* les seconds sont *mous.* Ils alimentent l'industrie du *savonnier* et l'on donne le nom de *savonneries* aux établissements qui les produisent.

2. Indiquons brièvement comment on procède pour préparer les **savons durs.** Comme on vient de le voir, ils se font avec la soude, qui est toujours artificielle. Quant au corps gras, il peut beaucoup varier. Nous supposerons qu'on emploie l'huile d'olive. Dans une chaudière on verse une lessive faible de soude, puis une quantité convenable d'huile, et l'on fait bouillir le mélange, en le brassant afin de le rendre homogène. Bientôt l'huile perd sa transparence et forme avec la soude une émulsion blanche qui devient peu à peu consistante. Quand ce résultat est obtenu, on ajoute une lessive plus concentrée et l'on continue l'ébullition pendant plusieurs heures. Au bout de ce temps, le savon est formé, mais il est en dissolution dans l'eau. On le sépare de celle-ci, puis on le soumet de nouveau à l'action du feu, jusqu'à ce qu'on le juge assez consistant. On le coule alors dans des moules, appelés *mises,* où il devient dur en se refroidissant.

3. On distingue deux sortes de savons durs : le *savon de Marseille,* qui est *blanc* ou *marbré* et se fait avec l'huile d'olive, ordinairement pure, et les *savons unicolores,* qui sont d'une couleur uniforme, c'est-à-dire

jamais marbrés, et pour lesquels on emploie exclusivement les autres huiles, surtout celles de palme, de coco, de sésame, etc., ainsi que les suifs et les graisses de toutes sortes. Les premiers sont les plus renommés; ils ne se fabriquent que dans les pays où croît l'olivier, par conséquent en Provence, en Espagne et en Italie. Les seconds se préparent dans les lieux où l'huile d'olive est trop chère, par exemple, en Angleterre, en Allemagne, aux Etats-Unis, dans nos départements du Centre et du Nord.

DEUX CENT NEUVIÈME LEÇON

Comment se fait le **savon**. (*Suite.*)

1. On a vu que les **savons mous** se font avec la potasse et les huiles de graines. Leur fabrication est beaucoup plus simple que celle des savons durs. On fait bouillir la matière grasse avec des lessives de potasse de plus en plus fortes, qu'on y introduit à trois reprises différentes, en commençant par les plus faibles. Quand le mélange est bien homogène, on le concentre pour en séparer la plus grande partie de l'eau; puis, lorsqu'il est cuit, c'est-à-dire amené au degré de consistance convenable, on le coule dans des tonneaux.

2. Les savons mous ont l'aspect d'un miel épais. Ils sont *verts* ou *noirs*. Si l'on a employé l'huile de chènevis, ils présentent naturellement une coloration verdâtre. Si l'on s'est servi d'autres huiles, qui ont par elles-mêmes une teinte jaune, on les verdit en ajoutant un peu d'indigo à la masse. Les savons noirs se font aussi avec l'huile de chènevis, mais on leur donne la nuance qui les caractérise en y ajoutant une matière colorante appropriée.

3. Outre les savons ordinaires, il y a aussi des **savons de toilette.** La fabrication de ces produits forme une des branches principales de l'art du parfumeur. Ils sont à base de soude ou de potasse et se préparent comme les savons mous. Seulement, on évite de les faire trop alcalins, c'est-à-dire d'y mettre trop de soude, et l'on emploie des matières de choix. En outre, on y incorpore

des substances aromatiques et des matières colorantes.
Il y en a pour l'usage de la barbe qui sont en poudre,
et d'autres qui sont transparents.

4. Les applications du savon sont connues de tout le
monde. Suivant leur qualité, tous les savons blancs
ou unicolores servent au blanchiment et au nettoyage
du linge fin. Le savon marbré, qui est plus alcalin,
par suite plus mordant, est employé pour blanchir et
nettoyer les tissus forts. Les savons mous reçoivent la
même destination que ce dernier; on en consomme
aussi de grandes quantités pour le foulage et le dégraissage de la laine. Quant aux savons de toilette, leur nom
seul indique l'usage qu'on en fait.

DEUX CENT DIXIÈME LEÇON

Comment se fait le savon. (*Suite.*)

1. C'est dans les ouvrages de Pline le Naturaliste,
mort l'an 79 de Jésus-Christ, qu'il est question, pour la
première fois, de compositions analogues à nos savons.
Cet écrivain leur donne le nom de *sapo*, origine du mot
français *savon*, et il en attribue l'invention aux Gaulois
qui, raconte-t-il, les obtenaient avec des mélanges de
cendres et de suif. Au temps où il vivait, les Romains,
ses compatriotes, connaissaient aussi l'art du savonnier;
car on a trouvé dans les ruines de Pompéi, un atelier
complet de savonnerie, avec ses différents ustensiles, et
des baquets pleins de savon.

2. Dans les temps modernes, les documents relatifs à
l'industrie savonnière ne remontent pas au delà du quinzième siècle. Alors, dit-on, fut fondée à Savone, en Italie,
la première fabrique de savons durs tels qu'on les fait
encore aujourd'hui. Il paraît à peu près établi que cette
ville conserva le monopole de cette branche d'industrie
jusque vers le commencement du dix-septième siècle,
où elle en fut presque entièrement dépossédée par les
Génois. Un peu plus tard, cette même industrie fut introduite en Provence par les soins du grand Colbert. En
1660, Marseille comptait déjà sept savonneries très
importantes et, une centaine d'années plus tard, elle

se trouvait un des centres principaux de la fabrication des savons à base de soude.

3. Depuis la fin du siècle dernier, les progrès de l'aisance générale ont permis à l'art du savonnier de pénétrer dans tous les pays qui ne le possédaient pas encore, et de prospérer dans ceux où diverses causes l'avaient jusqu'alors empêché de se développer. La branche qui s'occupe spécialement des savons unicolores n'est même pas antérieure à une quarantaine d'années.

———

MOTEURS

DEUX CENT ONZIÈME LEÇON

Ce qu'on entend par **moteurs**. (*Généralités.*)

1. Aucune machine ne peut fonctionner si on ne la met en mouvement au moyen d'une force quelconque. Or, la force qui lui donne ce mouvement est ce qu'on appelle un **moteur**. Ainsi, l'*homme* qui pousse la brouette est un moteur. De même, la *jeune fille* dont le pied agit sur la marche du rouet à filer. De même encore, le *cheval* qui traîne une voiture, le *bœuf* qui tire la charrue, l'*eau* qui fait tourner la roue du moulin, le *vent* qui gonfle la voile des navires, le *poids* des horloges d'église, le *ressort* des montres et des pendules de cheminée. Enfin, l'eau convertie en *vapeur* à l'aide du feu, peut, ainsi que beaucoup d'autres gaz, être employée comme moteur. Le dessin ci-joint (*fig.* 138) représente quelques-unes de ces forces.

2. Les anciens ne savaient recueillir et utiliser que la force motrice développée par les hommes ou par les animaux, par le vent ou par l'eau. Les mécaniciens du moyen âge y ont joint celle qui résulte de l'action des poids et des ressorts, ce qui a conduit à l'invention des horloges et des montres. Dans les dernières années du dix-septième siècle, on a commencé à tirer parti de la force expansive de la vapeur d'eau, et, depuis cette époque, la *machine à vapeur* est devenue le moteur par

excellence de l'industrie. Enfin, de nos jours, on est parvenu à tirer parti de l'*air comprimé* pour faire marcher

Fig. 138. — Principales forces motrices.

des voitures et fonctionner différentes machines. On a
également eu l'idée d'employer l'*électricité* comme moteur, mais jusqu'à présent, les efforts effectués dans cette
direction n'ont pas eu de résultats bien pratiques ; à
l'avenir est réservée la solution de ce problème

DEUX CENT DOUZIÈME LEÇON

Ce qu'on entend par **moteurs**. (*Moteurs à vapeur.*)

1. Comment l'eau peut-elle produire de la force ? Peu
de mots le feront comprendre. On a remarqué de tout
temps que lorsqu'on chauffe de l'eau dans un vase, elle
devient de plus en plus fluide, et qu'arrivée à une certaine température, elle se met à bouillir, c'est-à-dire
qu'elle passe à l'état de gaz ou de vapeur. Si le vase
est ouvert, cette vapeur se répand dans l'air à mesure
qu'elle se forme ; si, au contraire, il est fermé, elle
exerce sur les parois qui l'emprisonnent une pression
énorme et d'autant plus considérable que son volume
est 1,700 fois plus grand que celui de l'eau d'où elle
provient. Si alors on lui ouvre un étroit passage, elle s'y
précipite avec violence en chassant devant elle tout ce

qu'elle rencontre. A ce moment, il se produit donc une force très énergique, et c'est en réglant cette force qu'on est parvenu à faire de l'eau convertie en vapeur l'admirable moteur que tout le monde connaît.

2. La description de la **machine à vapeur** nous entraînerait trop loin; en conséquence nous ne la ferons pas. Nous dirons seulement que les besoins si variés de l'industrie en ont fait et en font encore varier la construction de mille manières[3]. Néanmoins, quelles que soient les dispositions particulières qu'on donne à tels ou tels de leurs organes, on divise toujours les machines de ce genre en *machines fixes* et *machines locomobiles*.

3. On donne le nom de **machines fixes** à celles qu'on établit à demeure, à l'endroit même où elles doivent servir, et comme elles ne sont pas destinées à être changées de place, on les fait lourdes et massives. On n'en trouve guère d'autres dans les établissements industriels qui ont besoin d'un moteur puissant, filatures, papeteries, usines métallurgiques, etc. Au contraire, on appelle **machines locomobiles** celles dont la légèreté est assez grande pour qu'on puisse les transporter. Leur construction est généralement fort simple et, afin de pouvoir les conduire là où l'on veut les utiliser, on les met souvent sur un train à quatre roues auquel on attelle un ou plusieurs chevaux. La **locomotive** des chemins de fer en est une variété particulière dont il sera question plus loin.

DEUX CENT TREIZIÈME LEÇON

Ce qu'on entend par **moteurs**. (*Moteurs à vapeur.*)

1. La **machine à vapeur** est considérée avec raison comme une des plus belles conquêtes de l'esprit humain, et une de celles qui ont exercé l'influence la plus considérable sur le développement industriel de tous les peuples. Son invention date du dix-septième siècle. Elle appartient à Denis Papin, médecin français, à qui des écrivains prévenus ou mal informés ont vainement essayé d'en ravir l'honneur. Avant ce savant, beaucoup de physiciens, même dans l'antiquité, avaient bien connu

la force expansive de la vapeur; mais il est le premier qui ait compris toute la valeur de cette force et en ait clairement indiqué la diversité des applications.

2. C'est en 1690 que Denis Papin fit connaître ses idées relatives à l'emploi de la vapeur. Il essaya même plus tard de les appliquer; mais, comme toutes les choses qui commencent, son appareil était si défectueux qu'il eût été impossible de s'en servir. Les travaux de notre compatriote ne furent cependant pas perdus. En effet, l'ingénieur anglais Thomas Savery se les appropria, et, à l'aide de diverses modifications de détail, réussit à construire une machine qui, à partir de 1698, fonctionna avec un certain succès.

3. La machine de Savery était uniquement destinée à faire mouvoir des pompes pour l'épuisement des mines. Comme elle était très grossière, le serrurier Thomas Newcomen et le vitrier Jean Cauley l'enrichirent bientôt de perfectionnements qui en rendirent l'usage plus avantageux. La machine ainsi modifiée, reçut le nom de **machine de Newcomen**. Elle fut adoptée, à partir de 1712, par les directeurs des houillères pour faire marcher les pompes d'épuisement. Enfin, arriva James Watt.

4. A la suite de recherches commencées en 1763 et continuées jusqu'en 1782, cet homme illustre transforma la machine à vapeur de la manière la plus complète, et, au lieu de se borner à l'employer à la manœuvre des pompes, il eut le bonheur de la rendre propre à tous les usages de l'industrie, ainsi que Papin en avait eu d'ailleurs l'idée. Dès ce moment, elle put devenir un moteur universel, et les mécaniciens de tous les pays se mirent à l'œuvre pour l'approprier le plus parfaitement possible aux divers genres de services qu'elle pouvait être appelée à rendre.

5. Dans le principe, toutes les machines à vapeur étaient *fixes*. Les locomobiles sont une invention américaine, qui ne paraît pas remonter au delà de 1825. Aujourd'hui, on les emploie dans les ateliers de tous pays pour mettre en mouvement les appareils les plus divers. L'agriculture s'en sert aussi pour faire fonctionner les machines à battre, à moissonner, à faner, etc.

Enfin, dans l'art des constructions, elles donnent le moyen d'effectuer, avec une rapidité et une économie inconnues auparavant, les transports de matériaux, les épuisements, les travaux de sondage et une foule d'autres opérations non moins importantes.

INDUSTRIES DE LA NAVIGATION

DEUX CENT QUATORZIÈME LEÇON

La navigation. (*Généralités.*)

1. La **navigation** est l'art de voyager sur mer et sur les cours d'eau. Son origine remonte aux temps les plus reculés. La vue de quelque arbre flottant en suggéra probablement l'idée, et la nécessité dut exciter les hommes à se servir de ce grossier moyen de transport, soit pour descendre le cours des rivières ou traverser les bras de mer[2], afin de découvrir de nouveaux lieux de chasse ou de pêche, soit simplement pour échapper aux inondations. Plus tard, les facilités que les peuples trouvèrent, pour se rendre d'un point à un autre, en lançant à la mer de simples troncs creusés avec le feu (*fig.* 139), durent éveiller en eux l'esprit d'aventure et les engager à visiter les terres lointaines. Plus tard encore, lorsque, devenus plus nombreux, ils tournèrent leurs armes les uns contre les autres, elles durent faire naître en eux la pensée de se servir du même moyen pour attaquer.

Fig. 139. — Canot de sauvage.

2. Ce ne fut qu'à une époque relativement moderne que les progrès de la civilisation, en créant les

relations commerciales, imprimèrent à la navigation une impulsion nouvelle, et alors commença son rôle véritablement utile, le seul peut-être qui lui restera un jour. Dès ce moment, elle fit une alliance étroite avec l'industrie, et la prospérité de l'une se trouva subordonnée à celle de l'autre. On sait que de tout temps, on a distingué la *navigation fluviale*, qui a lieu sur les cours d'eau, et la *navigation maritime*, qui s'opère sur l'Océan. La première est aussi appelée *navigation intérieure*, parce qu'elle se fait dans l'intérieur des continents. La raison contraire a valu à la seconde le nom de *navigation extérieure*. Arrêtons-nous d'abord sur la première.

DEUX CENT QUINZIÈME LEÇON

La **navigation**. (*Navigation fluviale*.)

1. Nous venons de voir que la **navigation fluviale** est celle qui a lieu sur les cours d'eau. En faisant suivre aux fleuves et aux rivières le fond des vallées, la nature a donné à l'homme un admirable moyen de transport économique. Malheureusement, une foule de causes ne permettent pas d'en tirer tout le parti possible. Les principales sont dues à l'irrégularité du régime des cours d'eau, à la rapidité de la descente, aux ensablements, aux changements de lit, toutes choses qui rendent très difficile, souvent même impraticable la circulation des bateaux. De plus, l'abondance des eaux augmente la vitesse du courant dans les temps de crue, et la sécheresse, au contraire, ne laissant qu'une profondeur insuffisante, le service reste forcément interrompu, et la reprise devient aussi incertaine que l'inconstance des saisons dont elle dépend.

2. Divers moyens, qui datent de l'enfance de l'art, sont mis en usage pour étendre et régulariser la navigation fluviale. Ainsi, on modère la pente des rivières en soutenant leurs eaux à l'aide de *barrages*, établis en travers d'une rive à l'autre, et que les bateaux franchissent par des passages ou *pertuis*, munis de portes. On rétrécit leur lit, pour accélérer le courant, au moyen de *digues* ou d'*épis*. Enfin, on augmente leur pro-

fondeur, là où elle est insuffisante, par l'opération du *draguage*, c'est-à-dire en enlevant les sables et les terres avec des machines puissantes, appelées **dragues**, qui fonctionnent jour et nuit.

DEUX CENT SEIZIÈME LEÇON

La navigation. (*Navigation maritime.*)

1. Dans les premiers temps, la **navigation maritime** consista simplement à côtoyer les rivages. Par la suite, l'habitude apprit, pour de plus longs trajets, à se contenter de quelques points de reconnaissance espacés de loin en loin sur la route à parcourir. Toutefois, on ne se hasarda à se lancer en pleine mer, à entreprendre les voyages les plus lointains, que lorsqu'on eut découvert la *boussole*. Les navires s'enhardirent alors, et ils purent quitter la terre, sûrs qu'ils étaient de la retrouver. Dès ce moment, on établit deux sortes de navigation maritime : le *cabotage* ou *navigation côtière* et la *navigation au long cours* ou *navigation hauturière*.

2. Le **cabotage** est littéralement la navigation qui se fait de cap en cap, sans perdre la côte de vue. Néanmoins, ce mot a aujourd'hui un sens beaucoup plus étendu, car, dans notre marine, il comprend les voyages de France au détroit de Gibraltar, au Sund, dans la Méditerranée et dans la mer Noire.

3. La **navigation au long cours** est celle qui se fait en haute mer, à travers l'immensité de l'Océan. Nos lois y comprennent les voyages en Amérique, dans l'Océanie, dans la mer des Indes, dans la partie de l'Atlantique située au sud de Gibraltar et dans les pays d'Europe qui se trouvent au delà du Sund.

DEUX CENT DIX-SEPTIÈME LEÇON

La boussole.

1. Nous venons de voir que l'invention de la **boussole** a été l'origine des grands progrès de la navigation maritime. Quelques mots sur cet instrument ont donc

ici leur place naturelle. Disons d'abord ce qu'on entend
par *aimant* et *aiguille aimantée.*

2. On appelle **aimant** un minerai de fer qui possède
la propriété d'attirer le fer, et au moyen duquel on peut
très facilement communiquer la même propriété à des
baguettes d'acier. Il y a donc des *aimants naturels* et
des *aimants artificiels.* Or si, pre-
nant une lame d'acier aimanté, très
mince et taillée en losange, on la
suspend, par son milieu, soit à un
fil, soit sur une pointe métallique
(*fig.* 140), on remarque qu'aussitôt
que cette lame est abandonnée à
elle-même, elle tourne sur son point
d'appui et s'arrête dans une direction constante, qui est, à peu de
chose près, celle du sud au nord,

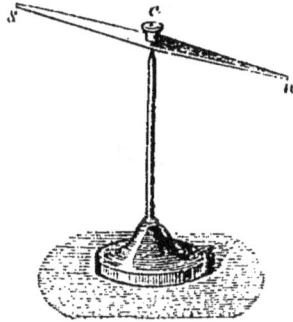

Fig. 140.—Aiguille aimantée.

l'une des pointes, invariablement tournée vers le sud,
et la pointe opposée, vers le nord. C'est cet aimant
mobile qu'on appelle **aiguille aimantée.**

3. La **boussole** n'est autre chose qu'une aiguille
aimantée mobile autour de
son centre. On la dispose de
différentes manières, suivant
l'usage qu'on veut en faire;
mais la boussole proprement
dite, celle qui a précédé toutes
les autres, lesquelles n'en sont
que de simples modifications,
est la *boussole marine* que les
marins appellent *compas de*

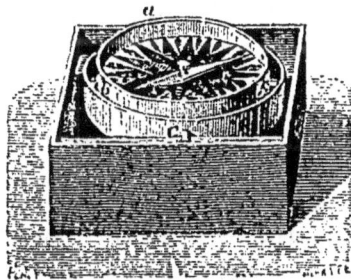

Fig. 141. — Boussole.

route, parce qu'elle leur sert à se diriger au milieu
des mers.

4. A bord des navires, la boussole est enfermée
dans une boîte rectangulaire, que protège une autre
boîte appelée *habitacle*, et les précautions les plus minutieuses sont prises pour que rien ne puisse la dé-
ranger. Comme le montre le dessin (*fig.* 141), le pivot
de l'aiguille est placé au centre d'un cadran, divisé en
360 parties égales ou degrés, et portant, en outre, les

points cardinaux et leurs intermédiaires, c'est-à-dire ce qu'on appelle la *rose des vents*.

DEUX CENT DIX-HUITIÈME LEÇON

La boussole. (*Suite.*)

1. La nature de ce livre ne nous permet pas de dire de quelle manière on interprète les mouvements de l'aiguille de la boussole sur son cadran. Il suffira de savoir qu'à l'aide des indications qu'elle fournit, combinées avec des observations astronomiques qu'il effectue, le capitaine peut toujours connaître le lieu où il se trouve et déterminer la direction qu'il doit donner à son navire.

2. Disons, pour terminer, où et à quelle époque la boussole a été inventée. Ce point d'histoire a donné lieu à beaucoup de discussions. Il paraît cependant prouvé que, dès l'an 2634 ans avant Jésus-Christ, les Chinois connaissaient la propriété que possède l'aiguille aimantée de prendre la direction polaire; qu'ils s'en servirent d'abord pour se diriger dans les immenses déserts de l'Asie centrale, mais qu'ils ne songèrent que fort tard, peut-être vers le cinquième ou le sixième siècle de notre ère, à l'utiliser à bord des navires. Il est également établi que ce peuple avait des boussoles grossières dans les premiers temps du moyen âge. Il en apprit l'usage aux navigateurs arabes qui fréquentaient les mers de l'Inde, et ceux-ci le communiquèrent, sans qu'on puisse savoir à quelle époque, à ceux de la Méditerranée.

3. La boussole était déjà bien connue en Europe à la fin du douzième siècle. Alors elle se composait simplement d'une aiguille aimantée qui flottait, sur deux fétus ou sur un morceau de liège, dans une fiole pleine d'eau; mais on ne tarda à y introduire des perfectionnements qui, la rendant plus facile à manier et plus exacte, l'amenèrent peu à peu à la forme qu'elle a aujourd'hui.

DEUX CENT DIX-NEUVIÈME LEÇON

Les ports de mer.

1. Les **ports de mer** sont les points de la côte où la mer, s'enfonçant dans les terres, offre aux navires un abri contre les vents et la tempête. C'est dans ces lieux que les bâtiments viennent aborder, soit pour prendre ou déposer des marchandises, soit simplement pour échapper à un danger pressant et attendre que des circonstances favorables leur permettent de continuer leur route. Pour les uns, la nature a tout fait en creusant sur le rivage un bassin qu'entoure une ligne de collines et qui ne communique avec la mer que par un passage étroit : ce sont les **ports naturels** (*fig.* 142). Pour les autres, l'homme a dû

Fig. 142. — Brest (port naturel).

compléter l'œuvre de la nature ou même tout créer : ce sont les **ports artificiels** (*fig.* 143).

2. On conçoit que tous les ports ne peuvent avoir ni les mêmes dispositions, ni la même étendue. Ainsi, tandis que les plus grands se composent de deux parties dis-

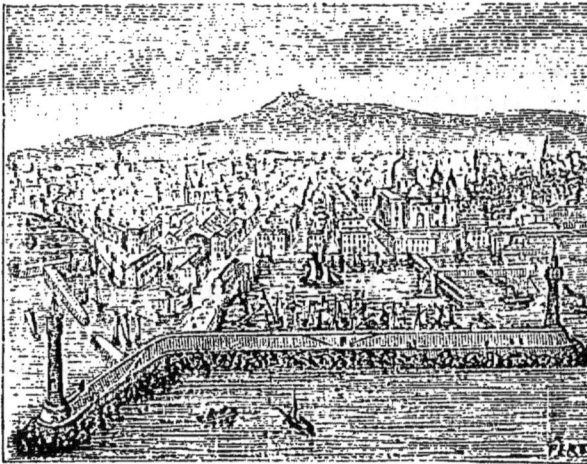

Fig. 143. — Marseille (port artificiel).

tinctes : une partie intérieure, qui est le port proprement

dit, où se placent les navires que l'on charge ou que l'on décharge, et une partie extérieure qu'on appelle la *rade*, où se rangent les navires qui arrivent ou qui vont partir, et ceux qu'on achève d'armer, les autres n'ont que la première, ce qui est un grand inconvénient, parce que, quand le temps devient mauvais, les navires ne pouvant pas s'abriter, sont souvent obligés de reprendre le large, à cause des dangers bien plus grands qu'ils courraient en restant près de terre.

3. Une autre distinction qu'on fait encore entre les ports, est celle des **ports à flot** et des **ports à marées.** Dans les premiers, il y a toujours assez d'eau pour que les navires puissent flotter, de façon qu'on peut y entrer ou en sortir à toute heure ; tous ceux de la Méditerranée sont dans ce cas. Dans les seconds, au contraire, et ceux de la Manche et de l'Océan appartiennent à cette catégorie, les navires ne peuvent entrer qu'avec le flux et ne se retirer qu'avec le reflux, en sorte que, dans l'intervalle, ils sont obligés de s'échouer. Cet échouage n'étant pas sans dommage pour beaucoup de navires, à cause de la délicatesse de leur construction ou de la très grande pesanteur de leur chargement, on y remédie assez souvent en creusant dans l'intérieur des ports ce qu'on appelle des *bassins à flot*. Ce sont de vastes réservoirs munis de portes qu'on ouvre au moment du flux et qu'on ferme au moment où le reflux va commencer. Les navires entrent dans ces bassins quand la mer monte, et s'y trouvent maintenus à flot lorsqu'en se retirant elle laisse le reste du port à sec.

4. Il est superflu d'ajouter que les précautions les plus minutieuses sont prises pour que les ports ne puissent être dégradés par la mer, ni envahis par les sables et les galets. Ils sont également largement pourvus de tout ce qui est nécessaire pour construire, réparer et armer les navires, comme aussi des magasins, machines et appareils propres à faciliter la réception, le chargement et le déchargement des produits les plus divers.

DEUX CENT VINGTIÈME LEÇON

Les phares.

1. Il ne suffit pas de rendre commode le séjour des ports, il faut encore en faciliter l'accès en signalant aux navires les dangers de la côte, en leur indiquant les parages vers lesquels ils doivent se diriger et ceux qu'ils doivent éviter. Pendant le jour, on obtient ce double résultat au moyen d'appareils diversement disposés qu'on appelle *balises* et *bouées*; pendant les temps de brume, on se sert de *trompes* mises en jeu par l'air comprimé; enfin, pendant la nuit, on emploie des *phares*. C'est de ces derniers que nous allons nous occuper.

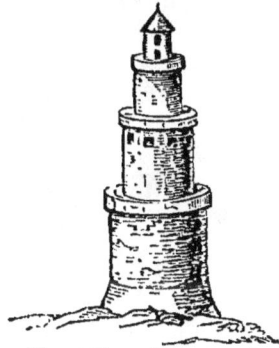

Fig. 144. — Phare ancien.

2. On sait qu'on nomme **phares** des tours en bois, en pierre ou en fer, au sommet desquelles on entretient des feux que l'on rend visibles d'aussi loin que possible. On les place, non seulement au voisinage des ports, mais encore sur les côtes les plus désertes, à l'extrémité des caps ou sur les écueils les plus exposés à la fureur des flots, afin d'annoncer aux navigateurs l'approche des terres (*fig.* 144 et 145).

3. L'utilité des phares a été si bien reconnue de tous temps qu'on en a trouvé l'usage établi chez toutes les nations maritimes. Néanmoins, ils n'ont commencé à fonctionner d'une manière satisfaisante que depuis une soixantaine d'années. Ce progrès a été accompli, en substituant aux moyens d'éclairage employés précédemment, l'emploi de grosses

Fig. 145.
Un phare moderne.

lampes à huile d'une construction spéciale, dont la lumière est concentrée et renvoyée par des verres convenablement disposés. Cette innovation capitale a été imaginée et introduite dans la pratique par plusieurs savants français, surtout par le physicien Fresnel (*fig.* 146).

Fig. 146. — Fresnel.

4. Aujourd'hui, le service des phares est admirablement bien organisé dans toute l'Europe. Ces appareils sont échelonnés de telle manière que chacun d'eux ne peut être confondu avec ceux de son voisinage; et, comme tout capitaine de navire a un tableau indiquant leur position exacte, il se trouve ainsi en mesure de se diriger dans sa route. On rend encore impossible toute confusion à cet égard, en variant l'aspect de leur lumière, qui tantôt est fixe et tantôt intermittente, tantôt blanche et tantôt de couleur. Enfin, sur les côtes où les brumes sont fréquentes, on commence à employer la lumière électrique, parce que, dans les conditions atmosphériques de ce genre, cette lumière est visible à des distances où celle des lampes ordinaires cesse de l'être.

DEUX CENT VINGT-UNIÈME LEÇON

Canaux de navigation.

1. En parlant de la navigation des fleuves et des rivières, nous avons dit combien elle est irrégulière et pourquoi. Or, c'est précisément pour faire disparaître cette irrégularité que les **canaux de navigation** ont été inventés. Toutefois, l'expérience a bientôt appris que leur rôle ne se borne pas à améliorer les voies navigables données par la nature, qu'ils peuvent également servir à en créer de nouvelles.

2. On peut définir les canaux **de navigation :** des espaces creusés par la main des hommes, en forme de lit de rivière, pour faciliter les transports du commerce. Tout canal consiste en une tranchée dont les bords sont plus ou moins inclinés, suivant la nature du terrain (*fig.* 147).

Fig. 147. — Canal de navigation (coupe).

Sa largeur dépend de celle des bateaux qui doivent y circuler ; mais il faut toujours qu'elle soit assez grande pour que deux bateaux puissent passer aisément. Quant à sa profondeur, elle doit être calculée de telle sorte qu'il y ait au moins $0^m,30$ d'eau sous le bateau complètement chargé, quantité suffisante pour qu'il puisse flotter[2].

3. De distance en distance, cette tranchée est munie

Fig. 148. — Vue d'une écluse.

d'une **écluse à sas.** On appelle ainsi une espèce de chambre en maçonnerie (*fig.* 148), qui occupe toute la

2. La figure 147, qui représente la coupe d'un canal, indique les différentes parties dont il se compose. Le sol *ss* de la tranchée porte le nom de **plafond.** Sur l'un des bords ll, est un chemin, dit **de halage,** pour la circulation des hommes et des animaux qui traînent les bateaux. Sur le bord opposé P, un autre chemin, plus étroit et qu'on appelle **banquette,** sert au passage des voyageurs. Ces deux chemins sont séparés : d'une part, du lit du canal par un petit sentier

largeur du canal, et qui est fermée à ses deux extrémités par une porte mobile en charpente ou en tôle.
Chaque porte se compose de deux battants, ou *vantaux*,
dont l'un présente à sa partie inférieure une ouverture fermée par une *vanne* ou *ventelle*, qu'on fait
mouvoir d'en haut. Quand les deux battants sont fermés,
ils forment, en s'appliquant l'un contre l'autre, un angle
obtus du côté d'amont. Dans cette position, ils sont tellement pressés par l'eau extérieure, qu'on ne pourrait les séparer, même en agissant sur les barres, qui
servent de levier pour cet usage.

4. Les écluses divisent donc le canal en un certain
nombre de parties qu'on appelle *biefs*. Par conséquent,
il y a pour chacune d'elles, un *bief supérieur*, ou *bief*
situé en amont, et un *bief inférieur*, ou *bief* situé en
aval. Dans les circonstances ordinaires, la porte d'amont
est fermée, et celle d'aval est ouverte. De cette façon,
l'eau est au même niveau dans le bief inférieur, et
dans la *chambre*, de l'écluse. Rien n'est alors plus
facile que de faire passer un bateau de ce bief dans le
sas. Cet effet obtenu, on ferme la porte d'aval, puis on
ouvre, non pas la porte d'amont, mais la vanne dont
elle est munie. L'eau du bief supérieur pénètre ainsi, par
l'ouverture qu'on lui livre, dans le sas, dont il élève peu
à peu le niveau. Enfin, quand ce dernier et le bief ont le
même niveau, on ouvre la porte d'amont, et l'on fait
passer le bateau. On exécute la même manœuvre, mais
en sens inverse, pour introduire un bateau du bief supérieur dans l'inférieur.

DEUX CENT VINGT-DEUXIÈME LEÇON

Canaux de navigation. (*Suite.*)

1. Suivant leur destination, les canaux de navigation
se divisent *en canaux latéraux, canaux à points de
partage* et *canaux maritimes*.

---

a a, nommé **berme**, qui est destiné à retenir les pierres et les terres
qui peuvent s'ébouler; d'autre part, de la campagne environnante
par un fossé qui reçoit les eaux pluviales et les empêche de dégrader
les bords de l'ouvrage.

2. Les **canaux latéraux**, appelés aussi **canaux de dérivation**, ont pour objet de remplacer un cours d'eau naturel dont la navigation est imparfaite ou trop difficile à améliorer. Ils se construisent latéralement à ce cours d'eau, et dans la vallée même qu'il parcourt. Ils empruntent les eaux dont ils ont besoin, soit au cours d'eau dont ils tiennent lieu, soit à l'un de ses affluents. Enfin, on les compose de parties horizontales, ou biefs, réunies par des écluses. De cette façon ils n'ont pas de courant sensible, et les bateaux peuvent les parcourir avec la même facilité, dans les deux directions. Il y a des canaux latéraux qui courent constamment le long du cours d'eau, sans que les bateaux puissent passer de l'un dans l'autre ailleurs qu'aux deux extrémités de l'ouvrage. Dans d'autres, au contraire, les bateaux du cours d'eau peuvent passer dans le canal, et réciproquement, sur certains points du parcours. On obtient ce résultat en établissant, sur chacun de ces points, ce qu'on appelle une *descente en rivière*, c'est-à-dire un tronçon de canal formé de plusieurs sections séparées par des écluses.

3. Les **canaux à points de partage** sont destinés à réunir deux vallées contiguës. Ils doivent donc franchir les chaînes de montagnes ou de collines qui séparent toujours les vallées; par conséquent, ils présentent des pentes en sens opposé. On fait monter les bateaux sur l'une des pentes et on les fait descendre sur l'autre, au moyen de nombreuses écluses; qui sont échelonnées de manière à diviser chaque branche du canal en biefs à pente nulle. En général, on fait passer le canal par la partie la plus basse de la chaîne. Quant à son alimentation, on y pourvoit en rassemblant à grands frais, dans des réservoirs immenses (*fig.* 149), établis sur le point le plus élevé du parcours, les eaux qui descendent des hauteurs voisines. Le plus grandiose travail de ce genre qui existe est notre *canal du Midi* ou *du Languedoc*, dont le bief le plus élevé, établi sur le col de Naurouse, près de Castelnaudary (Aude), est à 189 mètres au-dessus du niveau de la mer.

4. Les canaux maritimes servent à faire communiquer deux mers ensemble ; ils sont généralement sans écluses. Tel est celui qui a été établi dans ces dernières années, en Egypte, pour réunir la mer Rouge à la Méditerranée. Il commence à Suez, sur le golfe de même nom, dans la mer Rouge et se termine à Port-Saïd, sur la Méditerranée, après un parcours de 160 kilo-

Fig. 149. — Bassin de Naurouse.

mètres. Actuellement, on en construit un autre en Amérique, à travers l'isthme de Panama, pour faire

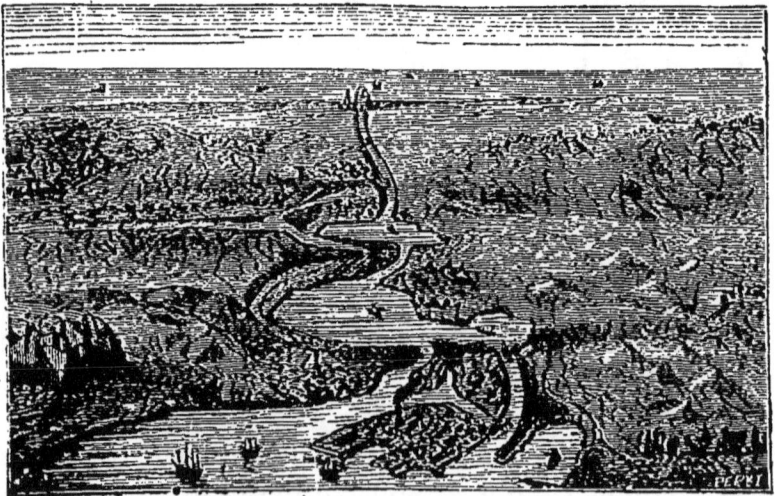

Fig. 150. — Isthme de Suez.

communiquer directement l'océan Atlantique avec l'océan Pacifique. Il différera du précédent en ce qu'il présentera un certain nombre d'écluses.

DEUX CENT VINGT-TROISIÈME LEÇON
Canaux de navigation. (*Histoire.*)

1. Les **canaux de dérivation** sont les seuls que les anciens aient connus; encore même, n'en firent-ils qu'un petit nombre. Le plus célèbre fut construit en Égypte pour joindre le Nil avec la mer Rouge.

2. Les **canaux à point de partage** sont, au contraire, d'origine moderne. Ils ont été la conséquence de l'invention des écluses à sas, faite en Hollande au treizième siècle, suivant les uns, en Lombardie, au quinzième, suivant les autres. Ces écluses furent introduites en France, entre 1515 et 1519, par Léonard de Vinci; mais on ne les employa d'abord que pour améliorer la navigation des rivières. Quelques années plus tard, l'ingénieur provençal, Adam de Craponne, ayant proposé d'en faire également usage pour mettre en communication les bassins des différents fleuves, ne put, pour diverses raisons, faire adopter ses idées.

3. Le premier canal à point de partage qui ait été construit est celui de Briare, dont les travaux commencés en 1604, par Hugues Crosnier, ne furent terminés qu'en 1642. Celui du Languedoc, dont nous avons parlé, fut conçu et exécuté par Riquet de Bonrepos, de 1666 à 1680. C'est de l'établissement de cet ouvrage célèbre que datent non seulement en France, mais encore dans toute l'Europe, les grandes entreprises de navigation artificielle.

4. L'idée des **canaux maritimes** a été conçue à plusieurs époques; mais, le seul qu'on ait construit jusqu'à présent est celui de Suez, l'un des ouvrages les plus remarquables qui soient sortis de la main des hommes.

DEUX CENT VINGT-QUATRIÈME LEÇON
Bateaux à vapeur. (*Généralités.*)

1. Jusqu'à notre siècle, c'est au moyen de *rames* mues par des hommes ou de *voiles* gonflées par le vent

qu'on a fait marcher les navires. On se servait des
rames aussi bien sur les mers que sur les fleuves et
les rivières. Quant aux voiles, on les réservait généralement à la navigation des grands lacs et des mers.
Mais l'action des rames était impuissante à faire remonter les courants rapides, et l'on y suppléait impar-
faitement par le dur travail du halage. Quant aux voiles,
elles éprouvaient des obstacles insurmontables durant
les calmes et les tempêtes,
et, quand les vents étaient
contraires, elles ne permet-
taient d'avancer qu'avec
une excessive lenteur.

2. A diverses époques,
même chez les anciens, on
essaya de vaincre ces difficultés en disposant sur les
flancs des navires des *roues
armées de palettes* qui
étaient mises en mouve-
ment par des hommes ou

Fig. 151.
Bateau à roues des Romains.

des animaux (*fig.* 151); mais ces tentatives n'eurent aucun
succès : elles ne pouvaient même réussir qu'à la condition de trouver un moteur ayant une force infiniment
plus grande et plus régulière que celle des moteurs
animés. L'on ne fut en possession de cette force indispensable que lorsqu'on put appliquer la *machine à vapeur*
aux besoins de l'industrie.

DEUX CENT VINGT-CINQUIÈME LEÇON

Bateaux à vapeur. (*Histoire.*)

1. La question de savoir quel est le premier qui a eu
l'idée des **bateaux à vapeur** a donné lieu à de nombreuses controverses. Il est aujourd'hui absolument
établi que cet honneur appartient à un de nos compatriotes, le médecin blaisois Denis Papin, c'est-à-dire
à l'homme de génie à qui nous devons la machine à
vapeur. Dès 1690, au moment même où il venait de
créer théoriquement cette machine, Papin annonça qu'il

serait possible de l'employer à faire tourner des roues
à palettes disposées sur les côtés d'un bateau; et, une
dizaine d'années plus tard, se trouvant dans la Hesse,
il fit construire, d'après ces principes, un petit bateau
qui, essayé à Cassel, sur la Fulde, pendant l'été de 1707,
fut brisé par des mariniers au moment où il se disposait
à le conduire en Angleterre, dans l'intention d'y pour-
suivre ses expériences sur une grande échelle. Dans tous
les cas, la machine à vapeur était encore si imparfaite
que son application à la marine n'eût pu donner que des
résultats insignifiants. Elle ne devint même susceptible
d'un emploi utile sous ce rapport que soixante ans plus
tard, après les perfectionnements indispensables introduits dans sa construction par James Watt.

2. Vingt-neuf ans après Papin, c'est-à-dire en 1736,
un mécanicien anglais nommé Jonathan Hulls proposa
d'employer la vapeur pour faire marcher un remorqueur
à roues, mais ce bateau ne fut jamais construit. D'ailleurs, si le dessin (*fig.* 152) et les plans qui en ont été

Fig. 152. — Bateau de Jonathan Hulls.

conservés sont exacts, il eût été incapable de se mouvoir.
C'est cependant à cet homme que les Anglais ont pré-
tendu attribuer l'invention de la marine à vapeur. Les
recherches sérieuses ne purent réellement commencer
qu'en 1760, quand James Watt eut exécuté ses premiers
travaux. A partir de ce moment, elles devinrent de plus en
plus nombreuses. Il y eut des expériences à Paris en 1774
et 1775, à Baume-les-Dames en 1776, à Lyon en 1783.
Ces dernières furent faites par le marquis de Jouffroy,

à la vue de milliers de spectateurs, dont elles excitèrent l'admiration. A la même époque, le problème de
la navigation à vapeur était à l'étude presque partout;
mais, tandis qu'en Europe les essais avaient lieu sans
persévérance, on y apportait en Amérique l'esprit de
suite qui pouvait seul conduire au succès.

DEUX CENT VINGT-SIXIÈME LEÇON

Bateaux à vapeur. (*Histoire.*)

1. En 1784, le gouvernement des Etats-Unis, voulant
améliorer la navigation des immenses cours d'eau de
ce pays, avait promis une forte récompense à celui
qui procurerait aux bateaux chargés le moyen de remonter les rivières économiquement et avec une certaine vitesse. On comprit aussitôt qu'on ne pouvait
remporter le prix qu'en employant la force motrice de
la vapeur. Les expériences commencèrent en 1786.
Elles duraient encore dix-sept ans après, quand des
nouvelles arrivées d'Europe vinrent en rendre la conti-
nuation inutile.

2. Pendant que les essais dont nous venons de parler
se poursuivaient aux Etats-Unis, on apprit qu'au mois
d'août 1803, un citoyen américain, Robert Fulton, qui,
depuis quelque temps habitait la France, était parvenu
à faire naviguer sur la Seine, à Paris, un petit bateau
à vapeur, et que ce bateau s'était comporté à la satis-
faction de son constructeur. C'est de cette époque seulement que date la réalisation pratique de la navigation
à vapeur.

3. Par reconnaissance pour l'accueil bienveillant qu'il
avait reçu de notre gouvernement et de nos savants,
Fulton aurait voulu faire profiter la France du bien-
fait de son invention; mais, n'ayant pu y réussir,
il la transporta dans son pays natal, auquel, du reste,
il l'avait toujours spécialement destinée. Quatre ans
après, le 11 août 1807, il lança, dans la rivière de
l'Est, à New-York, le premier bateau qui ait véritablement servi. Ce bateau se nommait *le Clermont*.
La manière dont il fonctionna dans les voyages d'essai

qu'on lui fit exécuter démontra aux plus incrédules les grands avantages de la navigation nouvelle, et, en quelques années, elle se trouva établie sur tous les grands fleuves des Etats-Unis. Elle pénétra en Europe, d'abord, par l'Angleterre, en 1812, puis en France, en 1816.

DEUX CENT VINGT-SEPTIÈME LEÇON

Bateaux à vapeur. (*Histoire.*)

1. Dans le principe, on croyait que les bateaux à vapeur ne pouvaient servir qu'à la navigation fluviale : c'était même en vue de cette application restreinte que Fulton et presque tous ses devanciers avaient entrepris leurs recherches. L'expérience apprit bientôt qu'ils étaient également bons pour la navigation maritime. En 1815, on commença par longer les côtes. Un peu plus tard, on s'éloigna plus ou moins du rivage. Enfin, en 1825, un bateau anglais, *l'Entreprise*, s'élança en pleine mer et fit le voyage d'Europe dans l'Inde, aller et retour, avec un bonheur inouï. Dès ce moment, les bateaux à vapeur furent reconnus propres aux transports maritimes. Ce ne fut cependant qu'à partir de 1836 que, grâce aux perfectionnements de toute sorte apportés à leur construction, ils purent entreprendre les voyages les plus prolongés, dans toutes les mers, par tous les temps, et dans toutes les saisons. Il existe actuellement des bateaux à vapeur qui transportent, en une seule fois, près d'un millier de personnes et qui, en quelques jours, effectuent des trajets qui demandaient des mois entiers il y a trente ans (*fig.* 153).

2. Pendant longtemps, les bateaux à vapeur ne furent employés qu'au transport des personnes et des marchandises. En voyant les avantages qu'en retirait la marine commerciale, les gouvernements comprirent qu'ils pourraient rendre aussi de grands services à la marine militaire. Toutefois, l'impossibilité où l'on était de mettre les roues à l'abri des boulets ennemis, jointe à quelques autres difficultés inhérentes à leur

mode de construction, ne fit d'abord voir en eux qu'un moyen de communication rapide et certaine, et ils ne

Fig. 153. — Bateau à vapeur à roues.

purent devenir des navires de combat qu'après qu'on fut parvenu à remplacer les roues à palettes par une *hélice*.

DEUX CENT VINGT-HUITIÈME LEÇON

Les bateaux à vapeur. (*Histoire.*)

1. Nous venons de voir que les premiers bateaux à vapeur avaient des roues à palettes pour propulseur, et qu'ils n'ont pu devenir des navires de guerre que lorsqu'on a remplacé ces roues par une hélice. Qu'est-ce donc qu'une **hélice**? Comme le montre le dessin (*fig.* 154),

Fig. 154. — Hélice propulsive.

on appelle ainsi un appareil composé de lames de tôle fixées en spirale, c'est-à-dire en forme de vis, sur un arbre de fer. Cet appareil est placé parallèlement à la quille dans une ouverture pratiquée à l'arrière, au-dessous de la ligne de flottaison. Une machine à vapeur lui imprime un mouvement de rotation très rapide.

2. La plus ancienne tentative pour appliquer l'hélice à la propulsion des bateaux paraît avoir été faite au Havre, en 1693, par un nommé Duquet. Des essais du même genre eurent lieu par la suite, surtout à partir de 1803, en France, en Angleterre et aux États-Unis; mais aucun de ceux qui les exécutèrent ne put réussir à produire un appareil applicable. Enfin parurent le fermier anglais William Petit Smith et le capitaine suédois John Ericsson qui, après des recherches commencées presque en même temps, et tous les deux en Angleterre, eurent le bonheur, pendant les années 1836-1837, d'établir des hélices véritablement propres à un service sérieux. C'est de cette époque que date la

Fig. 155. — Navire à hélice.

marine à hélice (*fig.* 155), et l'on sait que l'adoption du nouveau propulseur a complètement transformé la navigation maritime, aussi bien au point de vue commercial que sous le rapport militaire.

INDUSTRIE DES CHEMINS DE FER

DEUX CENT VINGT-NEUVIÈME LEÇON

Les **chemins de fer**. (*Généralités.*)

1. On a compris de tout temps que, pour aller commodément d'un lieu à un autre, il était nécessaire d'établir, entre le point de départ et le point d'arrivée, une bande de terrain disposée de manière à diminuer le plus possible la fatigue des hommes et des animaux, c'est-à-dire rendue très dure, très unie, et n'ayant pas de trop fortes pentes. C'est à ces bandes de terrain que l'on donne le nom de **routes**. Elles sont aussi anciennes que la civilisation, et les différents peuples ont apporté à leur construction tous les soins que comportait le degré de culture auquel chacun d'eux était parvenu. A la suite de perfectionnements successifs, la même idée a conduit à l'invention des **chemins de fer**.

2. Comme les routes ordinaires, les chemins de fer se composent de parties rectilignes, soit horizontales, soit inclinées, réunies par des parties courbes. Leur grand avantage provient de ce que, leur surface étant infiniment plus dure, plus unie et plus résistante, on peut y obtenir des vitesses plus grandes avec toute espèce de moteurs et, comme les frais de traction diminuent en même temps, il en résulte

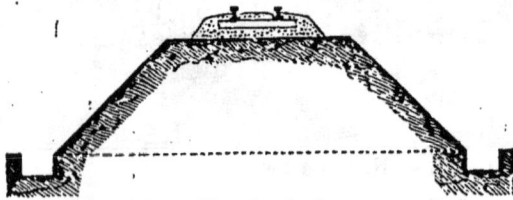

Fig. 156. — Chemin de fer sur remblai.

que les transports s'y opèrent avec plus de rapidité et, par conséquent, plus d'économie. Cet avantage est d'autant plus marqué que le moteur qu'on emploie a

Fig. 157. — Chemin de fer en tranchée.

une puissance plus considérable; mais, pour qu'il puisse

se manifester complètement, il faut que la voie ferrée présente des pentes très peu sensibles et des courbes excessivement douces. Pour réaliser ces conditions, on fait franchir aux chemins de fer les légères dépressions du sol sur des *remblais* (*fig.* 156); les élévations peu accentuées dans

Fig. 158. — Un viaduc.

des *tranchées* (*fig.* 157), les vallons et les rivières sur des ponts nommés *viaducs* (*fig.* 158), les hauteurs impor-tantes dans des galeries souter-raines qu'on ap-pelle *tunnels* (*fig.* 159), et qui, parfois, sont lon-gues de plu-sieurs kilomè-tres, comme à la Nerthe, près de Marseille, au mont Cenis et au Saint-Gothard; enfin, les grands

Fig. 159. — Un tunnel.

fleuves et même les bras de mer par des *ponts tubu-laires* (*fig.* 160). Les routes ordinaires nécessitent bien quelquefois des ouvrages du même genre, mais jamais dans des dimensions aussi considérables.

DEUX CENT TRENTIÈME LEÇON

Les chemins de fer. (*Histoire.*)

1. Les chemins de fer ont pris naissance en Angle-terre; c'est également dans ce pays qu'ils ont reçu

leurs premiers perfectionnements. Quant à l'époque
de leur origine, on la fait remonter au milieu du dix-

Fig. 160. — Un pont tubulaire.

septième siècle. On raconte à ce sujet qu'en 1630 un
ingénieur français nommé Beaumont, qui était attaché
au service d'une des houillères de Newcastle-sur-Tyne,
imagina de rendre plus faciles et moins dispendieux les
transports du charbon du carreau de la mine au port
d'embarquement, en faisant rouler les chariots sur des
rails ou barres de bois disposés le long de la route.
Cette innovation, ayant produit les effets les plus satisfaisants, fut adoptée par les propriétaires des autres
mines, et quelques années suffirent pour la répandre
dans toute l'Angleterre.

2. Cependant, on ne tarda pas à s'apercevoir que les
rails de bois s'usaient très vite, ce qui nécessitait des frais

Fig. 161.

d'entretien considérables. Pour en augmenter
la durée, on imagina de les revêtir d'une
lame de fer (1738). Une autre innovation qui
eut lieu quelque temps après, consista à les
munir d'un rebord extérieur saillant (*fig.* 161),
afin que les roues ne pussent pas les abandonner, mais ce rebord fut plus tard supprimé et transporté aux roues, qui, dès lors, eurent la forme qu'elles
n'ont plus quittée depuis. Vers 1766, les rails en bois re-

vêtu de fer commencèrent à être remplacés par des *rails en fonte*. Enfin, en 1805, l'introduction des *rails de fer forgé* prépara la prospérité futur des chemins de fer, car les rails de fonte, à cause de leur fragilité, n'auraient pu permettre de marcher à de grandes vitesses. Ce perfectionnement capital arriva juste au moment où la substitution de la **machine locomotive** aux chevaux, seuls employés jusqu'alors, allait permettre aux voies ferrées[3] de recevoir tous leurs développements.

DEUX CENT TRENTE-UNIÈME LEÇON

Les **chemins de fer.** (*Histoire.*)

1. La locomotive parut dans le courant de 1803; elle procura des vitesses bien supérieures à celles qu'on obtenait des chevaux, mais elle présentait des imperfections énormes, qui, malgré les efforts d'un grand nombre de constructeurs, ne furent complètement supprimées qu'en 1829, époque à laquelle, comme on le verra plus loin, l'illustre ingénieur George Stephenson eut le bonheur de triompher de tous les obstacles qui avaient arrêté ses devanciers. Dès ce moment, les voitures purent circuler avec une rapidité infiniment plus grande, et les chemins de fer, jusqu'alors exclusivement employés au transport de la houille et des autres marchandises, purent également servir à celui des voyageurs. Dès ce moment aussi, les Anglais, comprenant l'utilité générale de ces merveilleuses voies de communication, se mirent à l'œuvre pour en sillonner leur pays. Le premier chemin construit en vue du transport des personnes fut destiné à joindre Manchester à Liverpool (49 kilomètres); on l'inaugura le 15 septembre 1830, en présence d'une foule immense accourue de plus de vingt lieues à la ronde.

2. A l'exemple de l'Angleterre, les autres contrées de l'Europe voulurent avoir aussi des chemins de fer. Le premier qu'ait possédé la France fut ouvert en 1828 : c'est celui de Saint-Etienne à Andrézieux, qui fut spécialement construit pour le transport de la houille. Quelques autres furent établis pendant les années suivantes; mais notre pays ne s'occupa sérieusement d'en

multiplier le nombre et l'étendue qu'à partir de 1850.

3. Il y a aujourd'hui des chemins de fer partout, jusqu'en Chine et au Japon, et partout on les construit d'après les mêmes principes. Ils sont formés invariablement de files parallèles de rails pour recevoir les roues des voitures. Ces rails, au lieu de reposer directement sur la terre, en sont séparés par des pièces de bois placées en travers de la direction du chemin, et que l'on appelle *traverses*. On les fait ordinairement en fer forgé; néanmoins, depuis quelques années, on trouve de grands avantages à les fabriquer en acier fondu. Quant à la forme, on leur donne généralement l'une de celles que repésentent les figures ci-jointes (*fig.* 162, 163 et 164).

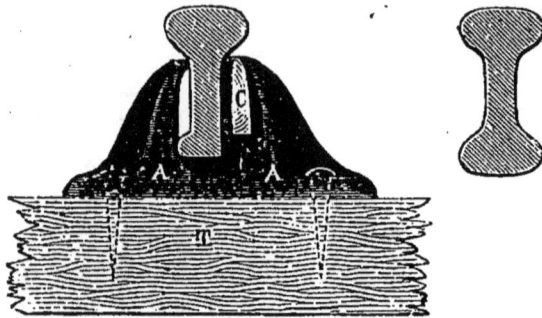

Fig. 162. — Rails à champignon.

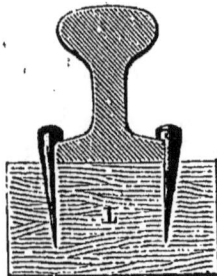

4. On appelle *voie* la réunion de deux files de rails. Les chemins importants en ont au moins deux (*chemins à double voie*). Les autres n'en possèdent qu'une (*chemins à simple voie*). Quand la circulation est très grande, la voie a 1^m,45 de largeur (*voie large*). Dans le cas contraire, elle descend à 1 mètre, parfois même à 0^m,90, 0^m,80 et même plus bas (*voie étroite*). Afin de pas gêner la circulation des voitures ordinaires, les *tramways*, qui servent à transporter les personnes à de petites distances, soit dans l'intérieur des grandes villes, soit dans les campagnes environnantes, ont leurs rails établis au niveau du sol, et munis d'une rainure pour recevoir le rebord des roues.

Fig. 163. — Rail à patin.   Fig. 164. — Rail Brunel.

DEUX CENT TRENTE-DEUXIÈME LEÇON

La locomotive.

1. Au siècle dernier, quand la machine à vapeur se trouva suffisamment perfectionnée pour que l'industrie pût en tirer parti, l'idée vint naturellement de l'utiliser pour faire marcher les voitures sur les routes ordinaires, car les chemins de fer n'existaient pas encore. Cinq hommes, à peu d'années d'intervalle, conçurent la possibilité de cette application, le docteur anglais Darwin, le physicien écossais Robison, James Watt, déjà au comble de la célébrité, un officier suisse du nom de Planta, et l'ingénieur français Joseph Cugnot. Ce dernier fut le seul qui persista dans ses idées et essaya de résoudre pratiquement le problème.

2. Cugnot était un ingénieur militaire. Il se proposait surtout de construire un chariot pour faciliter le transport de l'artillerie. Ce fut à Bruxelles, où il se trouvait momentanément, qu'en 1760 ou 1761, il entreprit de donner, pour la première fois, un corps à ses idées. Il construisit, en effet, dans cette ville, une petite voiture à vapeur qui dut fort mal marcher, car on n'a jamais su ce qu'elle put devenir. Quelques années après, de retour à Paris, il en fit deux autres, sur l'ordre du gouverne-

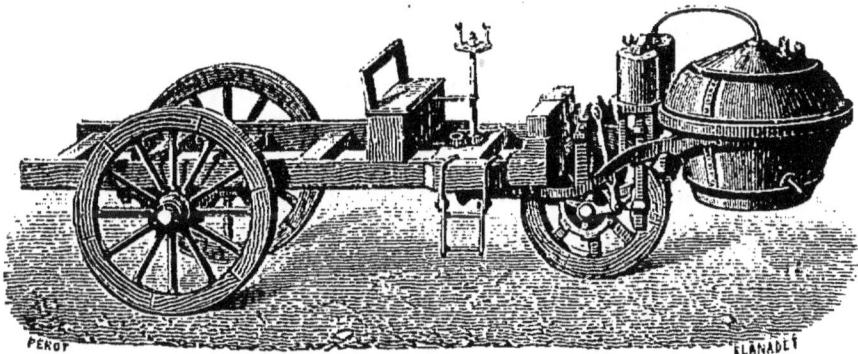

Fig. 165. — Premier essai de voiture à vapeur.

ment, l'une en 1769, l'autre en 1770. Cette dernière, la moins défectueuse, fut expérimentée publiquement, mais on la jugea incapable de pouvoir être utilement employée. C'est celle que représente notre dessin (*fig.* 165). Elle fait partie, sous le nom de *fardier à vapeur*, du musée du Conservatoire des Arts-et-Métiers, à Paris.

3. Des tentatives analogues eurent lieu peu de temps après, en Angleterre et aux États-Unis, mais sans plus de succès. Les choses prirent une tournure plus favorable au commencement de notre siècle. A cette époque, les houillères anglaises étaient déjà couvertes de petits *chemins à ornières*, comme on appelait alors les chemins de fer, et les transports y avaient acquis une telle importance que les chevaux ne pouvaient plus suffire à la traction. Déjà même, s'agitait la question de savoir s'il n'y aurait pas quelque avantage à faire tirer les chariots par des cordes ou des chaînes mises en mouvement à l'aide de machines à vapeur fixes, placées de distance en distance tout le long du parcours.

DEUX CENT TRENTE-TROISIÈME LEÇON

La locomotive. (*Suite.*)

1. Les esprits étaient dans cette disposition, quand Richard Trevithick, directeur des travaux dans une mine d'étain de Cornouailles, résolut de construire deux voitures à vapeur, l'une pour les routes ordinaires, l'autre spécialement destinée aux chemins de fer. En 1802, afin d'assurer ses droits d'inventeur, il prit une patente, tant en son nom qu'en celui de son cousin, André Vivian, qui devait fournir les fonds.

2. La voiture pour les routes ordinaires fut exécutée la première. Elle marcha de manière à satisfaire son inventeur, qui la conduisit à Londres, où elle excita un très grand intérêt. Néanmoins il la mit de côté, parce qu'il ne la crut pas capable de pouvoir être employée à un service régulier de transports. La voiture pour les chemins de fer fut construite dans les derniers mois de 1803, aux forges de Pen-y-Darran, dans le pays de Galles. L'année suivante, elle servit, pendant quelque temps, à charrier le minerai et les produits de l'usine, après quoi on cessa de l'employer, parce que le chemin sur lequel on la faisait circuler, n'ayant pas été établi pour porter un poids si considérable, elle brisait à chaque

instant les rails et les crampons qui les unissaient aux traverses. Tel fut le sort de la première **locomotive**. On voit par notre dessin (*fig.* 166) combien elle différait

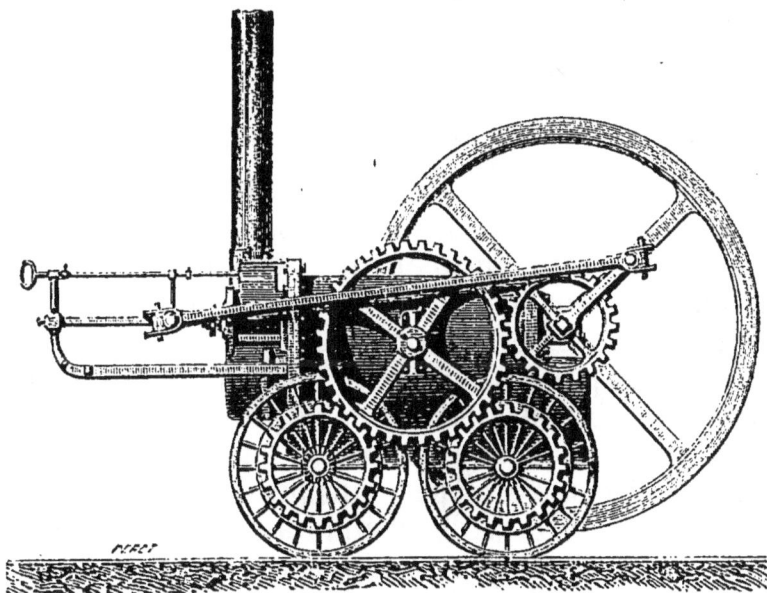

Fig. 166. — Locomotive de Trevithick.

des machines de même nom qu'on emploie aujourd'hui.

3. Comme toutes les choses qui commencent, la machine de Trevithick était très grossièrement établie. Néanmoins, on l'avait vue à l'œuvre, et la manière dont elle s'était comportée n'avait pas manqué d'attirer l'attention. Aussi, plusieurs mécaniciens se mirent-ils à étudier avec ardeur le nouveau mode de traction. Une difficulté singulière contraria longtemps leurs recherches. On s'imaginait que la surface des rails et celle des roues étant polies, celles-ci devaient tourner sur place ou du moins n'avancer qu'en glissant.

4. Cette erreur produisit des inventions plus ou moins bizarres. Enfin, dans le courant de 1813, un propriétaire de mines, Blackett, de Wilam, reconnut l'inutilité de toutes ces complications, et démontra expérimentalement qu'en raison des inégalités de surface que présente toujours le fer, aussi uni que le frottement puisse le rendre, les roues motrices des locomotives trouvent sur les rails un point d'appui suffisant, non

seulement pour entraîner la machine, mais encore pour provoquer la marche de lourds convois, sous la condition cependant que la voie soit sensiblement de niveau ou du moins n'ait qu'une faible inclinaison.

DEUX CENT TRENTE-QUATRIÈME LEÇON

La locomotive. (*Suite.*)

1. La découverte de Blackett constitua un progrès très important. Néanmoins, pendant longtemps encore, les locomotives restèrent dans un état d'imperfection dont rien ne semblait pouvoir les faire sortir. Elles marchaient avec tant de lenteur et traînaient une si petite charge, qu'elles ne présentaient aucun avantage sur l'emploi des chevaux. Leur défaut capital provenait de la disposition de la chaudière qui, étant faite comme celle des machines fixes, n'avait pas, quelque dimension qu'on lui donnât, une surface de chauffe assez considérable. Ce défaut ne disparut qu'en 1828, époque à laquelle un ingénieur français, Marc Séguin, alors directeur du chemin de fer de Saint-Étienne à Lyon, eut l'idée de remplacer la chaudière ordinaire par une *chaudière tubulaire* à tubes horizontaux.

2. Ce perfectionnement réalisé, une nouvelle difficulté se présenta. Elle résultait de l'impossibilité, due au peu d'élévation de la cheminée, d'obtenir un tirage suffisant à travers les petits tubes. Ce fut George Stephenson qui eut le bonheur de la résoudre définitivement. Depuis 1814, il s'occupait avec ardeur de la construction des locomotives. Il pensa que ces machines ne laisseraient plus rien à désirer si, adoptant la chaudière tubulaire de notre compatriote, on activait le *tirage par un jet de vapeur*, c'est-à-dire en lançant dans la cheminée la vapeur qui avait servi à faire mouvoir les pistons. La chaudière pourrait ainsi produire une plus grande quantité de vapeur, ce qui permettrait à la locomotive de traîner des charges plus lourdes et avec des vitesses plus considérables.

3. La première locomotive du nouveau système, c'est-à-dire à chaudière tubulaire avec tirage par un

jet de vapeur, fut exécutée, en 1829, par Robert Ste-phenson, sous la surveillance de son père, à l'occasion d'un concours ouvert par la compagnie du chemin de Liverpool à Manchester, et qui eut lieu du 6 au 14 octobre de la même année. On la nomma la *Fusée*, en anglais *the Rocket* (*fig.* 167). Elle satisfit seule, et au delà, aux conditions imposées. Le prix devait être accordé à la machine qui ferait en moyenne 10 milles à l'heure. Or, sans être surmenée, elle atteignit une vitesse de 25 milles. Ce succès inouï frappa d'étonnement. Il apprit au monde « qu'une puissance nouvelle venait de naître, puissance pleine d'activité et capable d'un travail illimité. » Dès ce moment, la locomotive ne laissa plus rien à désirer ; et les chemins de fer, qui n'avaient encore servi qu'au transport des marchandises, furent également propres à celui des voyageurs, et devinrent la plus rapide des voies de communication. Un progrès si extraordinaire était uniquement dû, nous venons de le dire, à l'idée, si

Fig. 167. — La *Fusée*.

simple en apparence, d'employer la chaudière tubulaire et de placer dans la cheminée le tuyau d'échappement de la vapeur.

DEUX CENT TRENTE-CINQUIÈME LEÇON

La locomotive. (*Suite*).

1. Depuis Robert Stephenson, rien n'a été changé, quant aux principes généraux, à la construction des locomotives. On s'est borné à les enrichir de tous les perfectionnements de détail dont l'expérience a fait reconnaître l'utilité ; beaucoup de ces perfectionnements ont même

été imaginés par Stephenson lui-même qui les appliqua aux diverses machines sorties plus tard de ses ateliers (*fig.* 168, locomotive construite en 1833). En outre, on

Fig. 168.

y a introduit une foule de modifications de détail suivant le service spécial qu'elles sont destinées à faire, c'est-à-dire qu'elles doivent marcher à grande, à moyenne ou à petite vitesse, ou être employées dans des pays de plaines ou des pays de montagnes.

2. On a vu que la locomotive a dû son invention aux essais entrepris, au siècle dernier, pour faire marcher des voitures à vapeur sur les routes ordinaires. Depuis 1830, ces essais ont été renouvelés bien des fois à peu près partout, et toujours sans succès pratique. On les a repris de nouveau vers 1860, et cette fois on a obtenu des résultats satisfaisants, parce qu'on a mieux compris les circonstances dans lesquelles les **locomotives routières** ou **machines de traction**, comme on appelle ces nouveaux véhicules, peuvent être d'un emploi avantageux.

3. Ces machines ne sont pas, en effet, destinées à marcher à de grandes vitesses, par conséquent, à transporter les personnes. Leur rôle véritable est de fonctionner à petite vitesse en traînant de lourds fardeaux. « Elles produisent alors moins d'encombrement que les attelages ordinaires et peuvent surtout rendre de grands services sur les routes accidentées, où elles peuvent dispenser des chevaux de renfort, et ainsi se suffire à elles-mêmes au moyen d'un accroissement momentané dans l'activité du foyer, sur les points de la route où la résistance est plus grande. »

TRAVAUX SOUS-MARINS

DEUX CENT TRENTE-SIXIÈME LEÇON

Comment on travaille sous l'eau : **appareils de plongeur.**

1. Les animaux sont constitués de manière à pouvoir vivre dans le milieu auquel ils sont spécialement destinés. Ainsi, les uns, tels que l'homme, les quadrupèdes, les oiseaux, sont faits pour passer leur vie dans l'air, et ils périssent promptement quand ils sont plongés dans l'eau ou que l'air qu'ils respirent est vicié ou en quantité insuffisante. Les autres, au contraire, ont été créés pour vivre sous l'eau, et, quoique ayant besoin d'une certaine quantité d'air pour l'entretien de leur vie, ils ne tardent pas à mourir lorsqu'ils ne sont plus dans leur élément naturel ; tels sont les poissons. Quelques-uns, enfin, peuvent vivre indifféremment dans l'eau ou dans l'air ; ils doivent à cette circonstance la qualification d'*amphibies*. Les phoques, les castors, les hippopotames sont dans ce cas. Il en est de même des grenouilles et des crapauds dans les premiers temps de leur existence.

2. Or, de tout temps, le rêve de l'homme a été de pénétrer au fond de la mer, soit pour en sonder les mystères, soit pour en recueillir les trésors. Malheureusement, son organisation ne lui permet pas de rester sous l'eau plus de deux minutes. Aussi le vœu de tous les siècles a été d'inventer des appareils propres à lui rendre possible le séjour sous-marin. Ces appareils sont la *cloche* et le *scaphandre*. On les emploie journellement, soit pour établir ou maintenir en bon état les fondations des ouvrages qui protègent les ports, soit pour détruire les écueils qui en rendent les abords dangereux, soit pour réparer la carène des navires, soit enfin pour recouvrer les richesses englouties par les naufrages. On commence aussi à en faire usage pour la pêche du corail, des perles et des éponges.

DEUX CENT TRENTE-SEPTIÈME LEÇON

Comment on travaille sous l'eau : cloches de plongeur.

1. La cloche à plongeur est ainsi appelée à cause de la forme qu'on lui donne habituellement, et qui ressemble assez à celle d'une cloche d'église. C'est une espèce de grande cuve de fonte (*fig.* 169), qui est suspendue, l'ouverture en bas, au moyen de chaînes, à une solide charpente établie sur un bateau ou sur le bord de l'eau, suivant le genre de travail qu'il s'agit d'effectuer. Le haut de cette cuve est percé de plusieurs trous qui, fermés par des verres épais, sont destinés à laisser pénétrer la lumière du soleil. Une autre ouverture reçoit le bout d'un tuyau

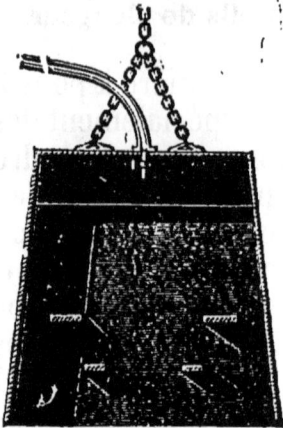

Fig. 169.
Coupe d'une cloche.

flexible, de cuir ou de forte toile caoutchoutée, qui communique par le bout opposé avec une pompe foulante placée dans le bateau ou sur le rivage. Enfin, dans l'intérieur de la cloche, règne une banquette et un marchepied circulaires, pour recevoir les hommes pendant la descente et la montée.

2. Pour entrer dans la cloche, on l'élève à un mètre ou un mètre et demi au-dessus de la surface de l'eau. Un bateau qui porte les ouvriers s'avance immédiatement au-dessous, et ceux-ci se hissent sur la banquette en s'aidant d'une corde pendante. Cela fait, le bateau se retire et la cloche s'enfonce graduellement. A mesure qu'elle descend, l'eau fuit sous les pieds des plongeurs, refoulée qu'elle est par l'air que la pompe, manœuvrée par de robustes compagnons, ne cesse d'envoyer. Enfin, quand elle est arrivée au fond de l'eau ou à une très faible distance, les ouvriers sautent à bas de leur siège et se mettent au travail (*fig.* 170). On conçoit qu'ils ne peuvent agir que dans les limites tracées par la cloche elle-même ; aussi, quand ils ont achevé leur besogne

sur un point, demandent-ils qu'on déplace leur prison.

3. Pour correspondre avec leurs camarades du bateau, les ouvriers de la cloche frappent sur le sommet de celle-ci avec un marteau, ou bien, se servant d'une cordelette qui a été disposée d'avance pour cela, ils leur envoient des planchettes sur lesquelles ils ont écrit avec de l'encre ou de la craie. Quand l'eau est très limpide, on y voit assez dans la cloche pour vaquer aux occupations les plus variées, même pour lire; mais, aussitôt qu'elle devient agitée et boueuse, on est obligé d'avoir une lampe. Quant à la durée de

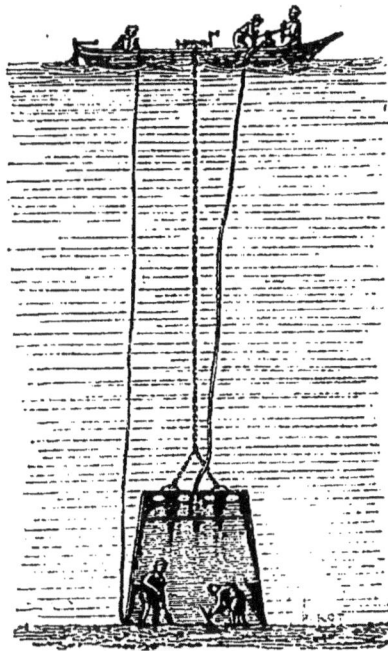

Fig. 170. — Cloche pendant le travail.

l'immersion, il est assez rare qu'elle dépasse cinq heures consécutives.

DEUX CENT TRENTE-HUITIÈME LEÇON

Comment on travaille sous l'eau : scaphandres.

1. Les cloches à plongeur sont faites pour recevoir deux à six hommes. Elles ont rendu et rendent encore de grands services. Toutefois, on ne les emploie plus guère aujourd'hui que dans les travaux sédentaires. Pour ceux qui demandent de la part des ouvriers du mouvement et de la liberté d'action, on leur préfère les *scaphandres*.

2. Un **scaphandre** consiste en un vêtement imperméable, en toile caoutchoutée, qui enveloppe le corps depuis la pointe des pieds jusqu'au cou (*fig.* 171). Ce vêtement est d'une seule pièce, et l'on y entre comme dans un sac. Pour que l'eau ne puisse pénétrer par les poignets, ceux-ci sont maintenus par des bracelets de caoutchouc, qui les forcent à s'appliquer sur la peau.

Autour du cou, le vêtement s'ajuste à une espèce de collerette d'étain, à laquelle se visse un casque d'acier. Ce dernier est muni d'ouvertures fermées par des verres qui permettent de voir dans tous les sens. De plus, il porte deux trous, l'un pourvu d'une soupape s'ouvrant de dedans en dehors pour la sortie de l'air expiré, l'autre, sur lequel se place un tuyau de cuir communiquant avec une pompe foulante, pour l'entrée de l'air frais.

3. Au vêtement que nous venons de décrire, le plongeur ajoute des chaussures à semelles de plomb, et place sur la poitrine et les épaules des masses de même métal : sans ces accessoires, il ne pourrait ni s'enfoncer dans l'eau, ni s'y maintenir.

DEUX CENT TRENTE-NEUVIÈME LEÇON

Comment on travaille sous l'eau : **scaphandres.** (*Suite.*)

1. Le *scaphandrier*, car c'est le nom que l'on donne à l'homme revêtu du scaphandre, descend dans l'eau au moyen d'une échelle de corde (*fig.*171), ou bien se laisse glisser au moyen d'un câble. Arrivé au fond, il y travaille presque aussi facilement qu'à terre, l'air frais lui arrivant constamment par le tuyau de la pompe, et l'air vicié s'échappant à mesure par la soupape dont il vient d'être question. Il communique avec l'extérieur à l'aide d'une cordelette attachée à sa ceinture, et dont le bout opposé est tenu par un homme assis dans un bateau, à côté de la pompe.

2. En cas de danger, comme, par exemple, lorsque, ce qui est rare, un accident arrive à la pompe ou au tuyau, le scaphandrier se débarrasse de sa chaussure et des masses de plomb, et alors, à cause de l'air qui remplit le vêtement, il revient à la surface avec la rapidité d'une flèche. Observons en passant que la profondeur à laquelle il peut descendre n'est pas illimitée : elle ne dépasse pas 35 mètres. Au delà, la pression de l'eau compromettrait la vie du plongeur. A cette profondeur, on y voit assez pour travailler, pourvu que la mer soit limpide ; quand la lumière n'arrive pas d'une manière suffisante, on y pourvoit au moyen de lampes spéciales.

3. Les scaphandres sont d'autant plus utiles qu'ils permettent de former des ateliers aussi nombreux qu'on le juge nécessaire. On les emploie partout et à chaque instant, mais, d'une manière beaucoup plus générale, dans toutes les circonstances où l'on se servait autrefois des cloches. En outre, il y en a toujours au moins un à bord des grands navires de guerre.

4. Les appareils de plongeur étaient déjà connus, du moins dans un état rudimentaire, plusieurs centaines d'années avant Jésus-Christ. Toutefois, c'est seulement au siècle dernier qu'ils ont commencé à devenir d'un emploi véritablement utile, grâce aux perfectionnements de tout genre qu'ils reçurent en Angleterre. La première **cloche** propre à un bon service fut

Fig. 171. — Le scaphandre.

établie en 1716, par le physicien Edmond Halley. Les ingénieurs Smeaton, en 1788, et Rennie, en 1812, imaginèrent ensuite les dispositions générales qu'on donne aujourd'hui aux machines de ce genre. Quant aux **scaphandres,** les Anglais en avaient déjà à l'époque de Halley, même avant, dont ils se servaient avec avantage. Leur forme actuelle date de 1829, et paraît due aux ingénieurs Siebe et Deans. L'appareil de ces inventeurs jouit encore d'une grande faveur chez nos voisins : c'est celui que représente notre dessin.

AÉROSTATION

DEUX CENT QUARANTIÈME LEÇON

Comment on s'élève dans l'air : **ballons** et **aérostats**. (*Généralités.*)

1. Les **ballons** sont la contre-partie des appareils de plongeur. Tandis que les cloches et les scaphandres s'enfoncent dans l'eau, ils montent explorer les champs de l'atmosphère. Pour que ces machines puissent s'élever, il est indispensable qu'elles soient plus légères que le volume d'air qu'elles déplacent. Toutefois, leur ascension n'est pas indéfinie, car elles doivent toujours finir par rencontrer une couche d'air qui pèse autant qu'elles, à volume égal, et alors elles s'arrêtent forcément.

2. On distingue deux sortes de ballons : les *montgolfières* et les *aérostats*. Ce qui constitue essentiellement leur différence, c'est la nature de l'agent qu'on emploie pour les faire monter.

3. Les **montgolfières** (*fig.* 172), nous verrons bientôt

Fig. 172. — Mongolfière.

pourquoi on les appelle ainsi, sont des globes de toile imperméable ou même simplement de papier, qu'on remplit d'air chaud. Pour les charger, il suffit de les gonfler, c'est-à-dire de chauffer fortement avec de la paille allumée ou tout autre combustible, l'air qu'elles contiennent, après quoi on leur donne la liberté. Elles s'élèvent alors, parce que l'air chaud qui les remplit pèse moins, à volume égal, que l'air froid qui les entoure ; mais, à mesure qu'elles montent, l'air chaud se refroidit graduellement, et quand ce refroidissement a amené la température de cet air au même degré que celle de l'air ambiant, elles ne tardent pas à tomber. On rend la chute un peu moins prompte en suspendant au-dessous de leur ouverture un réchaud rempli de matières enflammées, dont la chaleur conserve pendant quelque temps la température intérieure.

4. Les **aérostats** peuvent se faire avec les mêmes substances que les montgolfières, pourvu qu'elles soient imperméables. Quand ils sont destinés à emporter des personnes; on se sert d'étoffes de soie très fortes, fabriquées avec un soin tout particulier, et qu'on recouvre de plusieurs couches superposées de caoutchouc fluide. On les remplit avec du gaz hydrogène, qu'on obtient en mettant dans des tonneaux de l'eau, des morceaux de fer et de l'acide sulfurique. Ce gaz est éminemment propre à cet usage, car le mètre cube ne pèse que 90 grammes, tandis que le même volume d'air pèse 1,300 grammes : il reste donc 1,210 grammes, ou un peu plus d'un kilogramme, pour la force ascensionnelle, c'est-à-dire pour la force destinée à faire monter le ballon. Toutefois, comme il est assez dispendieux à fabriquer, on le remplace généralement, partout où il y a des usines à gaz, par le gaz d'éclairage[7], qui, ainsi que nous le savons, est de l'hydrogène carboné; mais, en raison de sa composition, celui-ci est beaucoup moins léger que le précédent, car il ne pèse que 700 grammes le mètre cube, ce qui réduit sa force ascensionnelle à 610 grammes, et oblige d'augmenter proportionnellement les dimensions du ballon pour emporter le même poids.

DEUX CENT QUARANTE-UNIÈME LEÇON

Comment on s'élève dans l'air : **ballons** et **aérostats.** (*Ascensions.*)

1. Les ascensions en ballon peuvent, à la rigueur, se faire avec les montgolfières. Néanmoins, en général, on emploie de préférence les aérostats, et lorsqu'elles sont conduites avec toute la prudence convenable, elles ne présentent aucun danger. Les voyageurs se placent dans une légère nacelle d'osier suspendue à un solide filet qui enveloppe la machine (*fig.* 173). Une fois en l'air, ils sont dans l'impossibilité de se diriger. Ils peuvent seulement monter ou descendre. Pour s'élever davantage, ils vident un ou plusieurs sacs de sable, dont ils ont emporté

une abondante provision en partant. Pour gagner la terre,

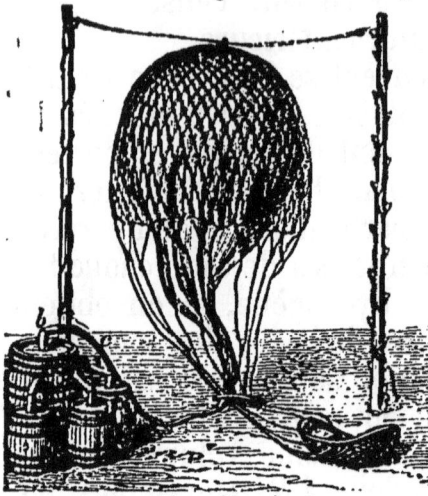

ils font sortir une quantité convenable de gaz en ouvrant au moyen d'une corde une soupape établie au sommet du ballon. On conçoit que, dans le premier cas, l'aérostat devient plus léger du poids du sable qu'on a jeté, tandis que, dans le second, il devient plus lourd du poids de l'air qui s'y est introduit pour remplacer le gaz disparu.

Fig. 173. — Un aérostat.

2. La hauteur à laquelle on peut s'élever est excessivement variable. La plus grande qu'on ait atteinte est d'environ sept mille mètres : c'est celle qu'a mesurée l'aéronaute François-Gaston Tissandier, le 15 avril 1875. A cette distance de la terre, le froid est tellement intense, et l'air tellement irrespirable qu'il faut en toute hâte opérer la descente, sous peine de périr.

3. Nous venons de voir qu'une fois en l'air, les aéronautes ne peuvent pas se diriger. Ils vont, en effet, à la garde de Dieu. Ce n'est pas qu'on n'ait cherché et qu'on ne cherche encore des moyens de direction; mais, jusqu'à présent, toutes les recherches ont absolument échoué.

4. A quoi servent les ballons? La réponse à cette question est fort simple. Les montgolfières ne sont employées que pour amuser la foule dans les fêtes publiques. Les aérostats reçoivent également la même destination; mais on y a aussi quelquefois recours, soit pour faire des expériences scientifiques, soit, en temps de guerre, pour exécuter des reconnaissances militaires. Mentionnons encore les services qu'ils ont rendus à notre pays dans les derniers mois de 1870 : sans eux, Paris assiégé n'eût pu communiquer avec le reste de la France.

DEUX CENT QUARANTE-DEUXIÈME LEÇON

Comment on s'élève dans l'air : **ballons et aérostats.** (*Histoire.*)

1. Terminons par quelques notions d'histoire. L'idée de s'élever dans l'air se perd dans la nuit des temps. Néanmoins, c'est aux frères Etienne et Joseph Montgolfier, à Annonay, qu'appartient véritablement l'invention des *ballons*. Après plusieurs essais exécutés en secret, et auxquels ils furent conduits par de profondes études scientifiques, ils lancèrent publiquement, le 5 juin 1783, dans leur ville natale, un immense globe de toile doublée de papier, qu'ils avaient rempli d'air chaud. C'est à cette circonstance que les **ballons à feu** doivent le nom de *montgolfières*, qui leur est resté.

2. L'expérience d'Annonay fit un bruit immense. Quand la nouvelle en arriva à Paris, on voulut la répéter aussitôt; mais, comme on ne savait pas encore les moyens qu'avaient employés les Montgolfier, on résolut d'y suppléer. Le ballon fut fait en taffetas caoutchouté. Quant au gaz destiné à l'enlever, le physicien Charles indiqua l'hydrogène, et devint ainsi le créateur des **aérostats** proprement dits. L'ascension eut lieu au Champ-de-Mars, le 27 août 1783, en présence de plus de trois cent mille personnes, et avec le plus grand succès.

3. Le 19 septembre suivant, Etienne Montgolfier lança, dans la cour du château de Versailles, un ballon construit comme celui d'Annonay, et auquel il avait suspendu une cage contenant un mouton, un coq et un canard. Ces animaux étant arrivés à terre sans accident, on en conclut la possibilité des voyages aériens. Le physicien Pilâtre de Rozier et le marquis d'Arlandes exécutèrent la première entreprise de ce genre : le 21 novembre, dans le jardin de la Muette, au bois de Boulogne, ils osèrent monter dans une montgolfière qui alla les déposer à l'extrémité opposée de Paris, après un trajet d'environ dix kilomètres. La figure 173 ci-dessus représente l'appareil dans lequel ils s'élevèrent. Quelques jours après, une deuxième ascension fut faite par le physicien Charles et un nommé Robert; mais elle eut lieu dans des conditions

bien différentes. De Rozier et d'Arlandes n'avaient fait qu'un acte d'audace, presque de folie; les nouveaux aéronautes, au contraire, mûrirent parfaitement leur projet et préparèrent avec le soin le plus minutieux tout ce qui pouvait en assurer le succès. A cette occasion, Charles créa l'art aéronautique tel qu'il existe encore. L'ascension se fit avec un aérostat rempli d'hydrogène qui, parti le 1er décembre du jardin des Tuileries, alla descendre à neuf lieues de Paris.

4. Dès ce moment, les voyages aériens se multiplièrent à l'infini, tant en France qu'à l'étranger. Le 7 janvier 1785, le Français Blanchard et le docteur anglais Jeffries exécutèrent le plus extraordinaire qu'on eût encore vu : ils traversèrent la Manche, de Douvres à Calais. Le 16 juin de la même année, Pilâtre de Rozier et un jeune homme du nom de Robert, en voulant faire une opération semblable, périrent misérablement près de Boulogne-sur-Mer, et furent ainsi les premières victimes de l'aérostation.

TRANSPORT DES CORRESPONDANCES

DEUX CENT QUARANTE-TROISIÈME LEÇON

Utilité et histoire de la poste.

1. Le transport régulier des correspondances est si utile, on peut même dire si indispensable, que, de tout temps, les grandes nations civilisées ont dû posséder, du moins à l'état rudimentaire, quelque chose d'analogue à notre poste. Malheureusement, nous n'avons que des renseignements très incomplets sur l'organisation de ce service aux époques antérieures au quinzième siècle.

2. La plus ancienne mention de la poste remonte au règne de Cyrus, roi de Perse, cinq cent soixante ans av. J.-C. Les historiens racontent que ce prince, afin de pouvoir entretenir des communications régulières avec les provinces de son empire, avait établi sur les grands chemins une suite de stations, distantes l'une de l'autre

d'une journée de marche, et où des hommes et des chevaux étaient prêts à partir au premier signal. Des relais de courriers royaux existaient aussi en Égypte et dans l'Inde.

3. Les Romains, malgré leur incontestable supériorité sur les autres peuples, connurent la poste fort tard, seulement à l'époque de Tibère; mais, une fois qu'ils en furent en possession, ils lui donnèrent un développement régulier et considérable qu'elle n'avait jamais eu auparavant. Toutes leurs routes furent peu à peu pourvues de relais d'hommes, de chevaux, même de voitures, qui, d'abord uniquement destinés au transport des dépêches du gouvernement et des hauts fonctionnaires, finirent par être mis à la disposition du public.

4. Au cinquième siècle, les invasions des Barbares anéantirent les postes romaines, et il n'en restait plus qu'un vague souvenir quand on tenta de les restaurer en France. Ce fut Charlemagne qui l'essaya, mais l'œuvre qu'il était parvenu à réaliser sombra au milieu des troubles qui suivirent sa mort, et la poste française dut attendre le quinzième siècle pour reparaître, grandir et s'accroître jusqu'au point où nous la voyons aujourd'hui. Les mêmes faits durent se produire dans les autres parties de l'Europe; mais nous ne nous occuperons ici que de notre pays.

DEUX CENT QUARANTE-QUATRIÈME LEÇON

Utilité et histoire de la **poste**. (*Suite.*)

1. L'origine de notre administration actuelle des postes date de Louis XI. Le 19 juin 1464, ce prince, adoptant un système de transport organisé, depuis 1296, par l'Université de Paris, pour faciliter les rapports de ses élèves avec leurs parents, établit sur les principales routes du royaume, des agents, appelés d'abord *maîtres tenant les chevaux du roy*, plus tard, *maîtres de poste*, pour faire porter, de relais en relais, les lettres et paquets qui leur seraient remis.

2. De même que chez les anciens, la *poste royale*, comme on l'appelait, ne servit d'abord qu'au roi, à ses

ambassadeurs en pays étranger et à ses principaux offi-
ciers. A la fin du seizième siècle, les courriers furent
autorisés à prendre les paquets des particuliers ; mais ils
n'obtinrent la même latitude pour les lettres qu'en 1622,
sous l'administration de M. d'Almeiras, directeur général ou, comme on disait, contrôleur général des Postes.
Cette grande réforme fut complétée le 26 octobre 1627,
par la publication du premier tarif régulier des lettres,
dont la taxation avait été jusqu'alors presque entièrement
laissée à l'arbitraire des commis. Enfin, en 1629, on
adopta un tarif semblable pour le transport des articles
d'argent, en même temps qu'on organisa l'exemption de
la taxe pour les hauts fonctionnaires, ce qu'on a nommé
depuis la *franchise postale*. Dès ce moment, la poste
devint réellement et pour toujours un service public dont
l'importance s'accrut d'année en année.

DEUX CENT QUARANTE-CINQUIÈME LEÇON
Utilité et histoire de la **poste**. (*Suite.*)

1. A l'époque de l'établissement de la poste, le transport des lettres se faisait à cheval. Plus tard, on y employa
des voitures, auxquelles leur construction grossière ne
permettait qu'une marche assez lente. En 1793, on importa d'Angleterre des véhicules moins lourds, qui furent
appelés *malles-poste*, et qui faisaient en moyenne deux
lieues à l'heure. En même temps, on multiplia le nombre
des départs. Enfin, en 1840, on remplaça les malles par
des voitures plus légères, nommées *briskas*, et également
d'origine anglaise, qui franchissaient jusqu'à 16 kilomètres à l'heure, et qui n'ont disparu que devant les
wagons des chemins de fer.

2. Jusqu'en 1829, toutes les communes rurales furent
sans relations directes avec la poste. Pour retirer les lettres, les habitants des campagnes étaient obligés de se
rendre au chef-lieu de canton, souvent même au chef-
lieu d'arrondissement. Ce grand inconvénient commença
à disparaître dans le courant de cette année, où une loi
spéciale établit le *service* ou *factage rural*.

3. Remarquons, en passant, que, pendant des siècles,

les villes communiquaient entre elles et avec l'étranger, mais ne pouvaient pas communiquer avec elles-mêmes, c'est-à-dire que la poste ne se chargeait pas des lettres envoyées d'un quartier d'une ville dans un autre quartier de la même ville. En France, ce progrès fut réalisé, pour la première fois, à Paris, en 1760, par Pierron de Chamousset, conseiller à la Cour des comptes, qui prit pour modèle une institution analogue fondée à Londres, en 1680, par un nommé Dockwar. Alors exista ce qu'on appela d'abord la *poste à un sou*, puis la *poste à deux sous*, et qu'on appelle aujourd'hui la *petite poste*.

DEUX CENT QUARANTE-SIXIÈME LEÇON

Utilité et histoire de la **poste**. (*Suite.*)

1. Actuellement, l'administration française des postes se divise en deux branches distinctes : la *poste aux chevaux* et la *poste aux lettres*.

2. La **poste aux chevaux** a pour objet de transporter à grande vitesse les personnes et les choses, tant du gouvernement que des particuliers, moyennant, pour ces derniers, un prix fixé par un tarif spécial. Elle opère au moyen de relais établis de distance en distance et dirigés par des entrepreneurs particuliers, appelés *maîtres de poste*, qui, nommés par le gouvernement, sont tenus d'entretenir un nombre de chevaux déterminé. Ce service, très important autrefois, a disparu sur toutes les lignes où il existe des chemins de fer.

3. La **poste aux lettres** est exclusivement chargée du transport des lettres et, dans certaines conditions, de celui des journaux périodiques, des articles de librairie, des papiers de commerce ou d'affaires, des épreuves d'imprimerie, des échantillons de marchandises. Elle se charge aussi du transport de l'argent, des bijoux et autres objets précieux. Pour opérer ses transports, elle emploie, suivant les cas, la poste aux chevaux, des entreprises à pied, à cheval ou en voiture, les chemins de fer, les navires du commerce ou des navires particuliers. Anciennement, elle avait des tarifs qui variaient avec les distances. Aujourd'hui, il n'existe qu'un seul

tarif pour toutes les lettres qui ont la même destination et le même poids. Cette réforme capitale, qui existait déjà en Angleterre, dès février 1840, a été introduite en France par une loi du 24 août 1848. Nous devons aussi à cette loi l'usage des *timbres-poste*, que les Anglais possédaient depuis 1839, et dont la première idée, émise à Paris en 1653 et reprise en Suède en 1823, n'avait pu, à aucune de ces époques, être réalisée pratiquement. Enfin, une loi du 20 décembre 1872 a établi la correspondance au moyen des *cartes-postales*.

DEUX CENT QUARANTE-SEPTIÈME LEÇON

Utilité et histoire de la poste. (*Fin.*)

1. Dans les grandes villes, le service de la poste est tellement surchargé qu'il emploie parfois un moyen en apparence singulier pour transmettre d'un quartier à l'autre les correspondances qu'on lui confie. A cet effet, on établit sous le pavé des rues, entre les lieux qui doivent correspondre, un tube hermétiquement clos, dans lequel on fait circuler des boîtes renfermant les dépêches. Pour mettre ces boîtes en mouvement, il suffit de tourner un robinet en rapport avec un réservoir d'air comprimé. L'air, s'échappant aussitôt avec violence de ce réservoir, pénètre dans le tube et pousse les boîtes devant lui de la même manière que les gaz de la poudre chassent la balle du fusil. Ce mode d'opérer a reçu le nom de **poste atmosphérique**. Inventé en 1810 par Medhurst, ingénieur danois, il n'a été rendu pratique que dans ces dernières années.

2. Quelques mots maintenant sur l'emploi que, de tout temps, on a fait des *pigeons* pour envoyer des dépêches. On sait que lorsqu'on transporte un de ces oiseaux loin de son colombier, et qu'ensuite on le lâche, il part à tire d'aile[2] et revient au point d'où il est parti. Il suffit donc, pour en faire un messager, d'attacher une lettre légère à une partie de son corps, de manière qu'elle ne puisse gêner ses mouvements.

3. L'origine de la **poste aux pigeons**, comme on appelle ce mode de correspondance, se perd dans l'anti-

quité. Le fait date donc de loin. Toutefois, ce sont les Arabes[3] qui ont su les premiers en tirer parti, du moins d'une manière suivie. Dès le huitième siècle, ils avaient établi un service de pigeons qui, se relayant de distance en distance dans des tours disposées à cet effet, transmettaient les nouvelles de Bagdad à Alep et plus tard au Caire, avec une rapidité prodigieuse. Ce service existait encore au dix-septième siècle. Dans l'Europe moderne, on a eu très souvent recours aux pigeons messagers ; mais c'est surtout pendant la guerre atroce que nous ont faite les hordes prussiennes en 1870-1871, qu'on a pu apprécier leur admirable utilité. Sans ces coureurs aériens et sans les ballons, Paris bloqué se fût trouvé, durant cinq longs mois, absolument isolé du reste de la France.

TÉLÉGRAPHIE

DEUX CENT QUARANTE-HUITIÈME LEÇON

Ce qu'on entend par télégraphie.

1. Conformément à son étymologie, la **télégraphie** est l'art de transmettre au loin des dépêches au moyen de signaux. Toutefois, les signaux convenus à l'avance et qui ne doivent servir qu'à un moment déterminé ne constituent pas un système télégraphique. La télégraphie n'existe réellement que lorsqu'on peut communiquer une pensée quelconque à une distance plus ou moins grande, avec une vitesse relativement considérable et sans déplacement de personnes ou de choses.

2. Dès les temps les plus anciens, les hommes ont su communiquer entre eux à des distances éloignées. L'histoire nous apprend, en effet, que les peuples de l'antiquité se servaient de feux, d'étendards et même du son des instruments de musique, surtout de celui des trompettes, pour annoncer les mouvements des armées ou des événements attendus; mais, ainsi que nous venons de le faire remarquer, ce n'était pas là de la vraie télégraphie. Les Macédoniens seuls eurent un système télé-

graphique proprement dit, qu'ils communiquèrent plus tard aux Romains, et dans lequel les signaux se faisaient au moyen de fanaux combinés de manière à représenter des lettres ou des mots.

3. Chez les modernes, l'art télégraphique n'est devenu pratique qu'à la fin du siècle dernier. Depuis cette époque, il s'est successivement enrichi de nombreuses améliorations, qui l'ont amené à l'état de perfection où nous le voyons. Dans le principe, on opérait en plein air et à l'aide de signaux que l'œil reconnaissait : c'était la *télégraphie aérienne*. Actuellement on se sert de l'électricité pour agent de transmission : c'est la *télégraphie électrique*.

DEUX CENT QUARANTE-NEUVIÈME LEÇON

Télégraphie aérienne.

1. C'est en France qu'a été inventé le premier système de **télégraphie aérienne** dont on ait pu se servir. Voici à quelle occasion. Au commencement de la Révolution, notre pays se trouvant à la veille d'entrer en lutte avec toute l'Europe, il était d'une extrême importance que le gouvernement eût un moyen, à la fois rapide et secret, de transmettre ses ordres aux armées chargées de repousser l'ennemi. Ce moyen fut trouvé, vers la fin de 1791, par un ecclésiastique, du nom de Claude Chappe, qui, à ses moments de loisir, s'occupait de recherches de physique. Après de nombreuses expériences faites sous les yeux de commissaires désignés par le gouvernement, et qui réussirent admirablement, le système de cet ecclésiastique fut établi entre Paris et Lille. L'inauguration de cette ligne eut lieu le 1er septembre 1794, et la première dépêche qu'elle envoya fut une glorieuse nouvelle : la reprise de la ville de Condé sur les Autrichiens.

2. Dès ce moment, le sort de la télégraphie aérienne se trouva définitivement assuré, et des mesures furent prises pour mettre nos principales places frontières en communication avec Paris. Presque aussitôt, les gouvernements étrangers, apprenant le succès de l'inven-

tion de notre compatriote, s'empressèrent d'en doter leurs États; mais ce ne fut presque toujours qu'en y apportant des modifications plus ou moins heureuses.

3. Beaucoup de personnes ont pu voir fonctionner le télégraphe de l'abbé Chappe. Une ligne établie d'après ce système se composait d'une suite de tourelles (*fig.* 174) construites sur des lieux élevés, et distantes de 12 à 15 kilomètres. Chacune de ces tourelles était surmontée d'un mât, haut de 4 à 5 mètres, à l'extrémité duquel se trouvait un fléau, mobile en son milieu, et portant à chaque bout une espèce de bras qui tournait également autour d'un axe. On faisait mouvoir ces trois pièces, soit isolément, soit deux à deux, soit toutes ensemble, à l'aide de poulies et de cordes qui communiquaient, dans l'intérieur de la tourelle, à une manivelle placée sous la main d'un employé. Elles prenaient ainsi différentes positions relatives qui

Fig. 174. — Une tour du télégraphe de Chappe.

formaient des figures ayant un sens convenu, et, pour mieux les apercevoir, chaque poste était muni d'excellentes longues-vues. La rapidité des transmissions dépendait de l'état de l'atmosphère et de l'habileté des employés; mais, en général, quand les conditions étaient très favorables, on ne pouvait guère envoyer en moyenne, plus d'un signal par minute.

4. Le télégraphe aérien rendait d'immenses services. Néanmoins, il avait deux défauts excessivement graves. D'une part, il était sans utilité pendant la nuit. D'autre part, le brouillard empêchait d'apercevoir les signaux pendant une grande partie de l'année. Aussi, dans les moments où les messages étaient nombreux, la moitié seulement des dépêches arrivait à destination le jour de leur date. Quant à la seconde, elle ne faisait qu'une partie du trajet par le télégraphe et était réexpédiée par la poste. Ces inconvénients avaient vivement préoccupé tous les gouvernements; mais l'invention de la télégraphie électrique fit abandonner les recherches entreprises

pour y remédier, au moment même où le succès parais-
sait devoir les couronner.

DEUX CENT CINQUANTIÈME LEÇON
Télégraphie électrique.

1. Disons d'abord quelques mots sur ce qu'on entend
par **électricité**. On appelle ainsi un agent mystérieux
qui, suivant les circonstances, produit des effets d'at-
traction, de répulsion, de chaleur, de lumière, de décomposition, etc., et qui se présente à nous avec tous
les caractères d'un principe universel. La nature de cet
agent est absolument inconnue ; elle semble même destinée à rester impénétrable à notre esprit. Au contraire,
les phénomènes auxquels il donne naissance sont appré-
ciables aux yeux avec une facilité extrême, et leur puissance est aussi admirable que leur variété est inépuisable.

2. Pour que ces phénomènes se manifestent, il est toujours nécessaire que les corps soient soumis à certaines
actions. Tantôt, l'électricité se développe par le simple
frottement, tantôt au contraire, par le contact de deux
métaux. Dans le premier, cas on l'appelle *statique*, parce
qu'elle se tient en repos à la surface des corps ; dans le
second, on la nomme *galvanique*, du nom de celui qui l'a
découverte, ou *à courant continu*, parce que, au lieu
d'être stationnaire, elle circule le long des corps conduc-
teurs, c'est-à-dire qui se prêtent à cette circulation. C'est
cette dernière, que l'on nomme aussi *dynamique*, qu'emploient la télégraphie et l'électro-métallurgie, et qu'emploient aussi les autres applications qu'on fait de l'électricité. Pour la produire, on se sert d'appareils spéciaux,
appelés *piles électriques, voltaïques* ou *galvaniques*,
dont il existe un très grand nombre d'espèces, mais dans
lesquelles les deux extrémités portent toujours le nom,
l'une de *pôle positif*, l'autre de *pôle négatif*.

DEUX CENT CINQUANTE-UNIÈME LEÇON
Télégraphie électrique.

1. La possibilité d'employer l'électricité à la transmission des dépêches a été exposée, pour la première

fois, au mois de février 1753, par le physicien écossais Charles Marshal. Cette idée fut reprise plus tard par Lesage, en Suisse, Lomond, en France, Reiser, en Allemagne, Salva et Bettancourt en Espagne; mais tous ces savants se bornèrent à produire des appareils de cabinet, des espèces de joujoux, et leurs systèmes n'auraient pu être employés sur une échelle quelque peu considérable, parce que les moyens qu'on avait de leur temps pour développer le fluide électrique étaient trop imparfaits.

2. Les choses changèrent de face au commencement de ce siècle, après la découverte de la *pile* par le professeur italien Volta, surtout à partir de 1820, après les travaux du physicien danois Œrsted, et du physicien français Ampère, sur la déviation de l'aiguille aimantée par le courant de la pile. Dès ce moment, une foule de chercheurs se mirent à l'œuvre. Enfin, la **télégraphie électrique** fut pratiquement réalisée en 1837, et dans trois pays à la fois, en Angleterre, par Wheatstone, en Bavière, par Steinheil, aux Etats-Unis, par Samuel Morse. Les Anglais et les Américains adoptèrent aussitôt la nouvelle invention. Elle avait même déjà reçu chez eux un développement énorme, que les autres contrées en étaient encore aux essais. La première ligne qu'il y ait eu en France est celle de Paris à Rouen, qui, établie en vertu d'une ordonnance du roi Louis-Philippe, en date du 23 novembre 1844, fut inaugurée le 18 mai de l'année suivante.

DEUX CENT CINQUANTE-DEUXIÈME LEÇON

Télégraphie électrique. (*Suite.*)

1. Trois choses sont nécessaires pour établir une communication électrique entre deux villes : 1° un premier appareil au point de départ pour produire les signaux : c'est le *manipulateur*; 2° un second appareil au point d'arrivée pour reproduire les signaux : c'est le *récepteur*; 3° un troisième appareil pour transmettre au second les signaux faits par le premier : c'est le *transmetteur*. Ce dernier se compose d'un ou plusieurs fils de

fer qui relient les deux postes en correspondance. Il constitue ce qu'on appelle une *ligne télégraphique*, et l'on dit que cette ligne est *aérienne*, quand les fils sont tendus en plein air, *souterraine*, quand ils sont placés dans le sol, et *sous-marine*, quand ils reposent sur le fond des grands fleuves, des lacs ou des mers. Dans tous les cas, les fils, en quelque nombre qu'ils soient, doivent être absolument isolés.

2. Dans le principe, la télégraphie électrique fut établie exclusivement sur terre. Bientôt cependant, on reconnut qu'elle pouvait fonctionner également à travers les fleuves et les mers. Alors prit naissance la *télégraphie sous-marine*. Dès le mois d'août 1850, la France et l'Angleterre correspondirent électriquement ; seize ans plus tard, une communication analogue relia l'Europe à l'Amérique.

3. Les appareils qu'emploie la télégraphie électrique pour produire et reproduire les signaux sont beaucoup trop compliqués pour que nous puissions les décrire. Nous dirons seulement sous quelle forme ils transmettent les dépêches. Sous ce rapport, on distingue cinq sortes principales de télégraphes : les *télégraphes à aiguilles*, les *télégraphes à cadran*, les *télégraphes écrivants*, les *télégraphes imprimants* et les *télégraphes autographiques*.

4. Dans les **télégraphes à aiguilles,** les signaux sont faits par la déviation d'une ou plusieurs aiguilles aimantées. Comme ils ont le défaut de ne conserver aucune trace des transmissions, on ne s'en sert plus aujourd'hui du moins sur les lignes d'une certaine étendue. — Dans les **télégraphes à cadran,** une aiguille, semblable à celle des horloges, indique des lettres et des chiffres points sur un cadran. Ils ont le même défaut que les précédents. Néanmoins, comme ils sont d'un maniement très facile, les administrations des chemins de fer en font un très fréquent usage pour les besoins de leur service.

5. Les **télégraphes écrivants** transmettent les nouvelles en traçant sur des bandes de papier des lignes plus ou moins longues ou des points qui forment une

écriture de convention. Les grandes lignes n'en emploient pas d'autres, parce qu'ils ont l'avantage de conserver les dépêches, ce qui met à l'abri de beaucoup
d'erreurs, et donne un moyen de contrôle très utile dans
une foule de circonstances. Plusieurs produisent les
points et les lignes, tantôt à l'aide d'un poinçon qui
gaufre ou perce le papier, tantôt à l'aide d'un crayon
ou d'une espèce de plume munie d'encre.

6. Dans les **télégraphes imprimants**, les dépêches sont imprimées en caractères typographiques. Ce
sont, avec les précédents, les seuls en usage sur les
lignes importantes. Quant aux **télégraphes autographiques**, ils transmettent l'écriture même de
l'expéditeur, mais ils ont plusieurs défauts qui en ont
empêché jusqu'à présent la mise en pratique.

ÉLECTRO-MÉTALLURGIE

DEUX CENT CINQUANTE-TROISIÈME LEÇON

En quoi consiste l'électro-métallurgie.

1. Le principe sur lequel repose l'**électro-métallurgie** est facile à comprendre. Si, après avoir dissous
un métal dans un liquide convenable, on plonge dans ce
liquide, après l'avoir suspendu au pôle négatif d'une
pile, un objet naturellement conducteur de l'électricité
ou rendu tel artificiellement, et qu'ensuite on réunisse
le pôle positif de cette pile à son pôle négatif, on voit se
produire ce qui suit : sous l'influence de l'électricité qui
se développe aussitôt, la dissolution se décompose et
abandonne le métal, qui va se déposer, à l'état de pureté
parfaite, sur l'objet destiné à le recevoir.

2. On peut donc définir l'électro-métallurgie : l'art de
précipiter, par l'action d'un courant électrique un métal
dissous dans un liquide, sur un corps conducteur de l'é-
lectricité. Cet art se divise en deux branches : si le métal
précipité ne doit pas adhérer sur l'objet, on fait de la
galvanoplastie; si, au contraire, il doit être adhérent,
on fait de l'*électro-chimie*.

3. La **galvanoplastie** emploie surtout le cuivre, qu'elle fait déposer dans des moules appropriés. Elle sert principalement à produire des pièces pour la décoration des meubles et des habitations. On y a également recours pour faire des planches à l'usage des graveurs en taille-douce, et des clichés typographiques. **L'électro-chimie** met en œuvre tous les métaux. Tantôt, elle recouvre d'un métal précieux des objets faits d'un métal commun pour leur donner l'aspect du premier. Tantôt, elle revêt des objets d'un métal altérable d'une couche d'un métal moins altérable pour leur communiquer les propriétés de celui-ci. Dans le premier cas, elle se nomme *dorure, argenture, nickelage galvaniques*; dans le second, *cuivrage, aciérage, laitonisage galvaniques*.

DEUX CENT CINQUANTE-QUATRIÈME LEÇON

Électro-métallurgie. (*Histoire*.)

1. L'*électro-métallurgie* a son origine dans l'invention de la pile (1799), dont elle peut être regardée comme une des plus belles conséquences. Quoique le fait sur lequel elle repose ait été connu dès 1800, ce n'est cependant qu'après plus de trente ans qu'il a pu devenir le point de départ d'applications utiles.

2. Des deux branches qui la constituent, la *galvanoplastie* parut la première. Elle fut réalisée en 1837, à quelques mois d'intervalle : d'une part, en Russie, par le physicien Jacobi ; d'autre part, en Angleterre, par le physicien Thomas Spencer. Les travaux de ces savants eurent un immense retentissement, et bientôt dans toute l'Europe, on rivalisa d'efforts pour en faire profiter l'industrie.

3. La galvanoplastie inventée, la pensée d'en appliquer les procédés à la dorure et à l'argenture vint naturellement à une foule d'esprits. Ce nouveau problème fut résolu en 1840, par deux manufacturiers de Birmingham, les frères Henri et Richard Elkington, et, l'année suivante, un de nos compatriotes, le physicien Henri de Ruolz, dont le nom est devenu populaire, for-

mula, pour la première fois, les conditions indispensables au succès des opérations. A partir de ce moment, l'*électro-chimie* se trouva un fait accompli. On s'est borné depuis à en perfectionner les procédés et en multiplier les usages.

———

INVENTIONS DIVERSES

DEUX CENT CINQUANTE-CINQUIÈME LEÇON

Horloges, Pendules, Montres.

1. Jusqu'au dixième siècle, on s'est servi, pour mesurer la durée, de *cadrans solaires*, de *clepsydres* et de *sabliers*. Dans les *cadrans*, l'heure était marquée par la coïncidence de l'ombre d'une verge de fer avec des lignes tracées sur une surface préparée pour cela. Dans les *clepsydres*, c'était par l'écoulement d'une certaine quantité d'eau d'un vase dans un autre. Les *sabliers* fonctionnaient de la même manière que les clepsydres, sauf que l'eau y était remplacée par du sable fin. Tous ces appareils remontaient à l'origine même de la civilisation, mais ils avaient le défaut de ne donner que des indications simplement approximatives.

2. Plus heureux que les anciens, les modernes possèdent des instruments qui, établis et entretenus avec soin, marquent l'heure avec une exactitude rigoureuse. Ce sont les *grosses horloges* pour l'extérieur des édifices, les *pendules* pour l'intérieur des maisons, et les *montres* pour être portées par les personnes. Tous ces instruments se composent d'un assemblage de roues et de pignons qui font marcher des aiguilles sur un cadran; mais ils diffèrent par le moteur qui actionne les roues. En outre, ils ont paru à des époques différentes.

DEUX CENT CINQUANTE-SIXIÈME LEÇON

Horloges, Pendules, Montres. (*Suite.*)

1. Les **grosses horloges** sont les plus anciennes; elles datent du dixième siècle. On sait que

le mouvement y est produit par la descente d'un *poids* (P, *fig*. 175) attaché, à l'aide d'une corde, à l'arbre de la roue principale (R, même fig.). On en attribue l'invention au moine Gerbert, d'Aurillac, un des hommes les plus savants de son temps, qui devint pape, en 999, sous le nom de Sylvestre II. Comme presque toutes les choses qui commencent, ces horloges furent d'abord d'une construction très grossière. En outre, elles étaient dépourvues de sonnerie : elles indiquaient simplement l'heure que des hommes allaient ensuite crier dans les rues. Mais cette lacune ne tarda pas à disparaître. En effet, dès le commencement du douzième siècle, on y adapta un rouage particulier correspondant à un marteau qui frappait sur une cloche les heures marquées par le cadran. Vers la fin du siècle suivant, une autre innovation se produisit. Jusqu'à ce moment, les horloges n'avaient été faites que pour l'extérieur des édifices. On se mit alors à en fabriquer d'assez faibles dimensions pour qu'il fût possible de les placer dans l'intérieur des habitations. Ces appareils, qu'on appelait *horloges de chambre*, ne différaient des précédents que par leur volume. On les suspendait ordinairement contre les murs des appartements. Quelquefois aussi, on les posait sur des piédestaux en bois sculpté, qui étaient vides intérieurement pour laisser le passage libre aux poids.

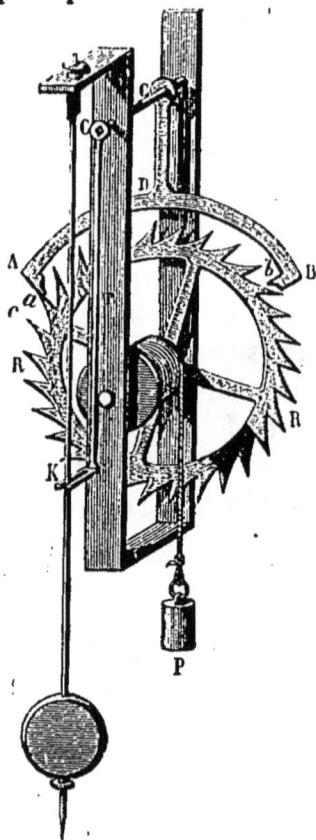

Fig. 175.

2. Très rares dans le principe, les horloges de chambre devinrent peu à peu communes, surtout à partir de 1460, quand un horloger parisien du nom de Carovage eut remplacé le poids moteur par un ressort d'acier (*ab, fig*. 176)

tourné en hélice, dont un bout était fixé au bâti de l'horloge, tandis que le bout opposé faisait corps avec une tige de fer (*d*, même fig.), portant la roue motrice (*c*), et qu'on pouvait faire tourner avec une clef. Ce *ressort-moteur*, comme on l'appela, pouvant être renfermé dans un espace très étroit, rendit possible l'exécution d'horloges de chambre de formes plus diverses, ce qui permit de les placer sur les meubles, sur les cheminées, ce qu'on ne pouvait faire auparavant. Ce perfectionnement donna naissance à une autre invention. Il suggéra l'idée de faire des instruments assez petits pour être portés par les personnes. Alors parurent les *horloges de poche*, auxquelles on donna aussi le nom de **montres**, qui seul est resté. Il y en

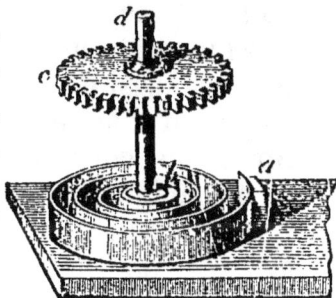

Fig. 176.
Ressort-moteur.

avait déjà au commencement du seizième siècle, peut-être même à la fin du quinzième.

3. Pendant longtemps, les instruments dont nous venons d'indiquer l'origine furent loin de marcher avec régularité; mais, dès le milieu du dix-septième siècle, les savants et les principaux horlogers de tous les pays se mirent à la recherche de perfectionnements et leurs efforts furent couronnés du plus éclatant succès. En 1656, le mathématicien hollandais Huyghens fit adopter l'emploi du *pendule* pour régulariser la marche des grosses horloges et des horloges

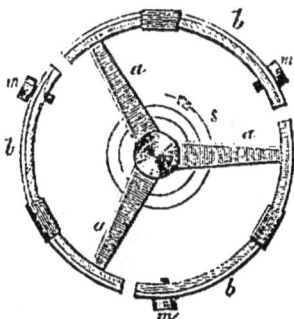

Fig. 177.
Ressort spiral.

de chambre. En 1675, le même savant dota les montres du même progrès en y adaptant le régulateur à *ressort spiral* (*fig.* 177). En 1676, trois horlogers anglais, Tompion, Quare et Barlow, inventèrent les *montres à répétition*. Enfin, vers 1736, John Harisson, autre horloger anglais, fit les premières *montres marines*, que Julien Leroy introduisit presque aussitôt en France.

DEUX CENT CINQUANTE-SEPTIÈME LEÇON

Poudre à canon.

1. Une invention a eu le privilège d'exciter la susceptibilité des moralistes : c'est celle de la **poudre à canon** ou **poudre de guerre**. Suivant le point de vue auquel on se place, cette substance est une excellente ou une mauvaise chose ; mais si elle permet d'attaquer, elle permet aussi de se défendre ; d'ailleurs elle a rendu et elle rend chaque jour à l'industrie des services si nombreux et si considérables que, si elle n'existait pas, on serait obligé de l'inventer.

2. On sait que la poudre est un mélange de charbon de bois, de soufre et de salpêtre ; mais, pour qu'elle possède les propriétés qui la font rechercher, il faut que ces substances soient employées dans un grand état de pureté et dans des proportions déterminées. Ces proportions varient suivant l'usage particulier qu'on veut faire de la poudre, c'est-à-dire qu'elle doit servir à tuer le gibier (*poudre de chasse*), à charger les armes de guerre (*poudre de guerre*), ou à exploiter les mines et les carrières (*poudre de mine*).

3. Aucune invention n'a donné lieu à tant de controverses que celle de la poudre. On en a fait honneur aux Chinois, aux Indiens, aux Arabes, ainsi qu'à plusieurs savants du moyen âge, surtout au moine anglais Roger Bacon, et aux moines allemands Albert le Grand et Berthold Schwartz. La vérité est qu'on ignore absolument où, par qui et à quelle époque elle a été faite. Tout ce qu'il est permis de présumer, c'est que la poudre n'a pas été le résultat de recherches savantes : elle s'est rencontrée accidentellement, on ne sait à la suite de quelles circonstances, parmi les compositions incendiaires dont les peuples orientaux se servaient, de temps immémorial, dans leurs guerres. Dans tous les cas, elle était déjà connue, vers 1250, chez les Grecs de Byzance, les Arabes du nord de l'Afrique et les Maures d'Espagne, et, une cinquantaine d'années plus tard, on commençait à l'employer en Italie, en France et en Allemagne.

DEUX CENT CINQUANTE-HUITIÈME LEÇON

Poudre à canon. (*Suite.*)

1. En inventant la poudre, on s'était uniquement proposé de fournir aux hommes un moyen de destruction supérieur à ceux qui existaient. Aussi pendant longtemps n'a-t-elle eu d'emploi que dans les sièges et sur les champs de bataille (*fig.* 178 à 180). Ce n'est même qu'assez tard qu'on lui a trouvé des applications pacifiques, car son usage, dans l'exploitation des carrières, n'est pas antérieur à la fin

Fig. 178. — Fusil de l'origine.

du seizième siècle, et dans celle des mines au commencement du dix-septième. Depuis cette époque, elle est devenue, entre les mains des ingénieurs, un moyen d'action tellement précieux, aussi bien pour l'extraction des richesses souterraines et des matériaux de construction, que pour l'exécution des travaux publics, que sans elle une

Fig. 179. — Canon ancien.

multitude de grandes entreprises eussent été impossibles.

2. De nos jours, on a plusieurs fois essayé de remplacer la poudre par de nouvelles compositions, les unes moins coûteuses, les autres douées d'une plus grande puissance.

Une seule de ces compositions, la **dynamite**, a pu devenir pratique. Inventée en 1866 par Alfred Nobel, ingénieur suédois, elle est devenue, depuis cette époque, d'un usage universel : d'une part dans l'industrie, pour exploiter les mines et les carrières, percer les tunnels, extraire les roches sous-marines, etc. ; d'autre part, dans l'art militaire, pour démolir les maçonneries, renverser les obstacles et charger les torpilles. On y a également recours, en agriculture, pour faire des défonçages profonds.

Fig. 180. — Canon moderne.

DEUX CENT CINQUANTE-NEUVIÈME LEÇON

Caoutchouc et Gutta-Percha.

1. Un grand nombre d'arbres ou d'arbustes renferment des substances plus ou moins liquides qui en découlent, soit spontanément par les gerçures naturelles de l'écorce, soit artificiellement par des entailles faites à dessein. Les *gommes* et les *résines* sont des substances de ce genre. Il en est de même du *caoutchouc* et de la *gutta-percha*, dont les applications sont devenues si importantes depuis une quarantaine d'années.

2. Le **caoutchouc**, appelé aussi **gomme élastique,** est fourni par différents arbres du Brésil, du Pérou, de la Guyane, de l'Inde et de la côte occidentale d'Afrique. On se le procure en incisant le tronc des arbres. Il est fluide quand il s'écoule ; mais, au contact de l'air, il s'épaissit peu à peu et finit par devenir solide : il ressemble alors à du cuir mou. Celui d'Amérique a été connu le premier. En 1736, le voyageur français la Condamine, qui avait eu l'occasion de le connaître dans les forêts du Pérou, en signala l'existence à l'Europe. Quelques années plus tard, le commerce s'en étant procuré de petites quantités, les savants purent en étudier avec soin les propriétés. Toutefois, on ne sut d'abord l'utiliser que pour effacer les traces du crayon sur le papier et faire des balles à jouer ; mais à mesure qu'il devint plus abondant, on s'empressa de lui chercher de

nouveaux emplois. Ce ne fut cependant qu'en 1820 que
ses applications commencèrent à se développer sérieuse-
sement, et en 1836, l'Américain Charles Goodyear, en
imaginant d'y incorporer du soufre, donna le moyen de
les multiplier en quelque sorte à l'infini. Le caoutchouc
ainsi traité par le soufre se nomme *caoutchouc durci* ou
vulcanisé, ou bien encore *ébonite*.

3. La **gutta-percha** est produite par un arbre qui
n'a encore été trouvé que dans les îles de la Malaisie.
Elle se récolte de la même manière que le caoutchouc.
Certains de ses caractères la rapprochent de celui-ci,
mais elle s'en distingue par des propriétés spéciales qui
permettent de l'employer dans une foule de circonstances
où il serait inapplicable. On ne la connaît en Europe
que depuis 1844, époque à laquelle, sur les indications
du docteur Montgomerie, de Singapore, les Anglais
commencèrent à la travailler. Dans le courant de la même
année, des renseignements semblables arrivèrent, de
la même ville à Paris, par les soins d'une ambassade
que le gouvernement français avait envoyée en Chine.

DEUX CENT SOIXANTIÈME LEÇON

Plumes à écrire, Encre, Crayons.

1. C'est avec des **roseaux** d'un très petit diamètre
qu'on a d'abord écrit avec de l'encre sur le parchemin
et le papier. Il est déjà question de cet usage dans la
Bible, à l'époque du roi David. Il existe même encore chez
plusieurs peuples orientaux. Les **plumes d'oiseau**
commencèrent à être employées environ cent ou cent
cinquante ans après Jésus-Christ, mais elles ne rempla-
cèrent entièrement les roseaux que vers le neuvième ou le
dixième siècle. Quant aux **plumes métalliques,** bien
qu'elles ne soient devenues à la mode qu'à notre époque,
elles ont cependant une origine très ancienne. Il a été,
en effet, établi que, dès le sixième siècle, les patriarches
de Constantinople s'en servaient pour signer leurs actes;
on sait aussi que, pendant le moyen âge, dans plusieurs
couvents, elles faisaient partie du bagage des copistes,
et qu'au dix-septième siècle, les instituteurs de Port-

Royal en donnaient à leurs écoliers. Dans tous les cas, elles n'ont commencé à se répandre qu'à partir de 1820, époque à laquelle, en employant des matières bien choisies et des moyens d'exécution perfectionnés, les Anglais réussirent à les faire meilleures et à bon marché. Ces petits instruments se font en découpant des feuilles d'acier puis soumettant chaque fragment à des opérations particulières qui lui donnent successivement

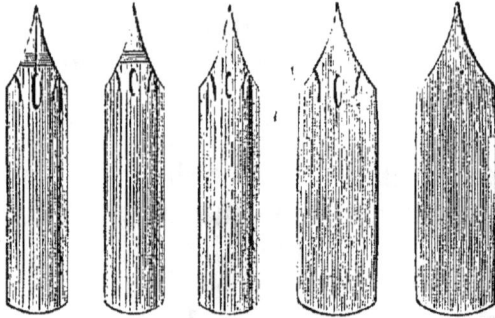

Fig. 181.

les formes représentées par le dessin ci-joint (*fig.* 181).

2. De tout temps, pour l'usage ordinaire, on s'est universellement servi d'**encre noire**. Celle des anciens était un simple mélange d'eau gommée et de noir de charbon préparé de différentes manières. Celle des modernes a pour éléments principaux la noix de galle et le sulfate de fer. Inventée au commencement du dixième siècle, elle n'a cessé depuis d'être employée dans tous les pays. Ce qui la caractérise, c'est, quand elle est bien faite, d'être très fluide, pénétrante, d'une durée presque indéfinie, et d'une nature telle, que si, avec le temps, elle s'affaiblit assez pour rendre la lecture difficile, on peut toujours la faire reparaître. Comme elle attaque les plumes métalliques et les détruit rapidement, on a imaginé de nos jours de la remplacer par des encres nouvelles qui ne présentent pas cet inconvénient, du moins au même degré ; mais la plupart de ces préparations ont le grave défaut de n'être pas à l'abri de l'épreuve du temps.

3. Pour rayer le parchemin, les anciens se servaient de *poinçons de métal*. Quand on connut le papier, on remplaça ces poinçons par des *bâtonnets de plomb*. Plus tard encore, on reconnut que l'espèce de charbon minéral qu'on appelle *plombagine*, *graphite* ou *mine de plomb*, possède la propriété de laisser sur le papier une trace grise et luisante, et l'on tira parti de cette décou-

verte pour y tailler des bâtonnets que l'on appliqua au même usage que ceux de plomb. Alors prit naissance, en Angleterre ou en Allemagne, et peu avant le seizième siècle, l'industrie des **crayons modernes**. Toutefois, comme le graphite de bonne qualité est fort rare, on imagina plus tard de le remplacer par des pâtes diversement composées. On obtint ainsi des *crayons artificiels*, dont la fabrication, d'abord très imparfaite, fut tellement perfectionnée, vers 1795, par le chimiste français Jacques Conté, que ce savant peut en être regardé comme le véritable inventeur.

DEUX CENT SOIXANTE-UNIÈME LEÇON

Allumettes chimiques.

1. Dans le principe, les *allumettes* étaient de simples bûchettes de bois ou de chènevotte trempées par un bout dans du soufre fondu ; elles ne donnaient pas elles-mêmes du feu, car on ne pouvait les enflammer qu'en les mettant en contact avec un corps en ignition. Celles qu'on emploie aujourd'hui, et qu'on appelle **allumettes chimiques** doivent leur origine à la découverte, en 1786, par le chimiste français Berthollet, d'un sel particulier auquel les savants donnent le nom de *chlorate de potasse*. Elles ont été inventées, en 1832, par Frédéric Kammerer, d'Ehmingen, dans le Wurtemberg, après des essais laborieux dont les premiers, qui remontent à 1805, appartiennent à un jeune homme des environs de Gap, J.-L. Chancel, alors élève en pharmacie à Paris.

2. La fabrication des allumettes chimiques constitue aujourd'hui une industrie importante qui, libre partout, appartient en France, depuis 1871, à une compagnie privilégiée. Depuis qu'elles sont connues, beaucoup de savants ont fait des recherches très nombreuses en vue de les débarrasser des propriétés dangereuses qu'elles présentaient à l'origine. Toutefois, malgré les succès obtenus sous ce rapport, elles ne sont pas encore suffisamment inoffensives pour qu'on puisse les laisser à la disposition des enfants et des personnes peu prudentes.

DEUX CENT SOIXANTE-DEUXIÈME LEÇON

Utilisation des déchets.

1. On a dit bien souvent que la quantité de savon, de fer ou de papier qu'un peuple emploie, le nombre de bibliothèques qu'il crée et l'usage qu'il en fait, peuvent servir à déterminer le degré de civilisation auquel il est parvenu. On pourrait, avec non moins de raison, considérer comme une mesure de son développement industriel, le parti qu'il sait tirer des *déchets* ou *résidus*, si variés et parfois si incommodes, que fournissent chaque jour les ateliers grands et petits, ainsi que la demeure du pauvre et le palais du riche. Aussi, dans les pays où les arts industriels sont très avancés, cherche-t-on à tout retenir dans le cercle de la production : d'une part, en tirant parti de substances autrefois négligées parce qu'on n'en connaissait pas les qualités ; d'autre part, en utilisant des matières qui, regardées comme usées, semblaient sans valeur. Chaque effort dans cette direction crée une branche nouvelle de travail, et augmente en même temps la richesse publique. Aujourd'hui, rien n'est perdu pour l'industrie. Quelques exemples suffiront pour donner une idée des progrès déjà accomplis.

2. Les *chiffons de laine*, qui ne servaient autrefois qu'à faire de mauvais papier et un peu de bleu de Prusse, sont détissés, mêlés à un peu de laine neuve, puis cardés, filés et convertis en étoffes à bon marché pour vêtements et couvertures. On recueille aussi les *vieilles soies* et l'on en confectionne des velours. Les *scories* ou *laitiers* des hauts-fourneaux ont été, pendant des siècles, un embarras des plus grands pour les maîtres de forges ; depuis quelques années, elles sont employées dans les verreries, et, moyennant une préparation fort simple, on les fait entrer dans la construction des édifices, l'établissement et l'entretien des routes. On en fabrique aussi une matière filamenteuse, appelée *laine minérale*, dont on enveloppe les tuyaux de vapeur pour les empêcher de se refroidir. On a vu ailleurs qu'on fabrique les *agglomérés* avec les houilles pulvérulentes, ancienne-

ment sans emploi, et les *charbons moulés* avec les poussiers des marchands de charbon de bois.

3. La *glycérine*, que produit en si grande abondance la fabrication de l'acide stéarique, et à laquelle on ne connaissait jadis aucun usage, est devenue l'un des éléments de la dynamite, et une matière presque indispensable pour la parfumerie et la savonnerie. Le *goudron de houille* a eu un sort encore plus remarquable : il n'a d'abord été qu'un embarras pour les usines à gaz, mais, quand on l'a mieux connu, on est parvenu à en retirer une multitude de produits utiles, entre autres ces magnifiques couleurs de teinture qu'on appelle, d'une manière générale, *couleurs de houille*. Les *vinasses* des distilleries de betteraves, qu'on jetait autrefois dans les rivières, sont maintenant soumises à un traitement spécial qui en extrait des sels de potasse et une foule d'autres substances également utiles à l'agriculture ou aux arts. Il n'y a du reste aucune industrie chimique dont les résidus ne puissent fournir quelque produit dont il ne soit possible de tirer parti.

4. Les *pyrites de fer*, composés naturels de soufre et de fer, qui se trouvent en abondance presque partout, ont été délaissées jusqu'à nos jours, parce qu'on ne pouvait en préparer que des fers de mauvaise qualité ; depuis quelques années, on les exploite sur une grande échelle pour en séparer le soufre, ce qui a délivré les fabriques d'acide sulfurique, du moins en partie, de l'obligation où elles étaient de tirer à grands frais cette matière des mines de la Sicile. Les *eaux d'égout*, source d'inconvénients de tout genre pour les grandes villes, sont devenues, dans plusieurs pays, un agent fertilisateur de premier ordre. D'autres substances, encore plus rebutantes, celles des *fosses d'aisances*, commencent à recevoir la même destination ; c'est à elles que la Chine et le Japon doivent la prospérité de leur agriculture si renommée, et, si l'on en croit un des plus illustres savants de notre époque, elles seules seraient capables de conserver au sol de l'Europe la fertilité qu'une production excessive tend à lui enlever.

5. Rien n'est perdu pour l'industrie. Avec les déchets

de *liège*, on fait des tapis ; avec les rognures de *cuir*, des plaques et des pâtes pour les selliers, les carrossiers, les tabletiers ; avec les *vieux clous*, du fer excellent pour les canons des fusils de chasse ; avec les *bois de teinture* usés, du papier et du carton ; avec la *sciure de bois*, *d'os*, *d'ivoire*, une multitude d'objets d'utilité ou de simple agrément, etc. Enfin, du cadavre d'un chien ramassé au coin d'une borne, on retire des matières, peau, graisse, os et chair, qui, une fois travaillées, représentent une somme relativement assez grande, en sorte que l'expression populaire : « Ça ne vaut pas un chien mort, » pour exprimer qu'une chose ne vaut absolument rien, manque aujourd'hui d'exactitude.

INDUSTRIE AGRICOLE

DEUX CENT SOIXANTE-TROISIÈME LEÇON

Travail de la terre. (*Généralités.*)

1. Après avoir indiqué très brièvement, au commencement de ces leçons, l'origine du travail agricole, quelques mots sur les questions principales qui se rattachent à cette branche de l'industrie humaine ne seront peut-être pas inutiles. On sait que le but de l'agriculture est de procurer en aussi grande quantité et à aussi bas prix que possible les plantes utiles à l'homme et aux animaux qu'il entretient. Comme l'a dit un grand chimiste, Chaptal, « sans elle, les hommes vivraient errants sur la terre, se disputant la dépouille des animaux et quelques fruits sauvages ; on ne connaîtrait ni société ni patrie. En multipliant les subsistances, elle a permis aux habitants de la terre de se réunir pour se prêter de mutuels secours en se spécialisant. En outre, si le séjour des villes et la vie sédentaire amollissent et énervent une portion de l'espèce humaine, elle conserve la population des campagnes dans un état de force, de santé et de bonnes mœurs, et ce n'est pas là un de ses moindres bienfaits. »

2. Comme les animaux, les plantes sont formées d'un

petit nombre d'éléments principaux, l'oxygène, l'hydrogène, le carbone et l'azote, associés d'une infinité de manières, et auxquels s'en ajoutent quelques autres, mais en faibles proportions. Toutefois, il ne suffit pas, pour produire les mystérieuses réactions qui donnent naissance à telle ou telle plante, de mettre en présence les éléments qui la constituent; il faut encore réaliser les conditions nécessaires à l'entretien de la vie et au développement de cette plante.

3. La conclusion à tirer de ce qui précède, c'est que l'agriculture n'est pas un art grossier qu'on peut exercer sans instruction et au hasard. Celui qui ne connaîtrait que la pratique pourrait sans doute, s'il restait sur le même point du globe, dans la même propriété, obtenir de bonnes récoltes en répétant, sans y rien changer, ce qu'il aurait vu faire à d'autres; mais il se trouverait dérouté au moindre changement à ses habitudes, et il ne saurait comment se conduire si, pour une cause quelconque, il avait affaire à un autre sol ou à un autre climat. La pratique seule n'est donc pas suffisante. La science seule se trouve dans le même cas, et cela pour deux raisons principales. D'abord, on ne sait jamais parfaitement ce qu'on n'a pas pratiqué d'une manière sérieuse. Ensuite, on acquiert par la pratique un esprit de prudence que la théorie ne peut donner et qui corrige ce que celle-ci a souvent de trop absolu.

4. L'utilité de la science n'est pas moins facile à comprendre. On sait que tous les phénomènes qu'offre l'agriculture sont des effets naturels des lois éternelles qui régissent les corps. On sait aussi que toutes les opérations qu'elle exécute ne font que développer ou modifier l'action de ces lois. En faisant connaître ces mêmes lois, en constatant leurs effets, puis, remontant aux causes par les effets, en expliquant l'influence qu'exercent sur les plantes l'air, l'eau, la chaleur, la lumière, le sol, les engrais, etc., la science apprend à la pratique à tirer un meilleur parti des trésors que la surface du globe recèle dans son sein. De même que l'industrie proprement dite, l'industrie manufacturière, n'a pris son essor que du moment où les savants ont été appelés à la diriger,

de même aussi l'industrie agricole n'est devenue progressive que lorsqu'elle a senti la nécessité d'appuyer ses pratiques, jusqu'alors routinières, sur les principes sûrs et féconds de la science.

DEUX CENT SOIXANTE-QUATRIÈME LEÇON

Comment vivent les plantes.

1. Les plantes sont des êtres vivants doués d'une véritable respiration; elles ressemblent donc, sous ce rapport, aux animaux. L'air leur est si nécessaire que s'il vient à leur manquer, elles ne tardent pas à dépérir. Elles respirent par les feuilles, qui sont pour elles de véritables poumons. Mais, tandis que les animaux, en respirant, absorbent une partie de l'oxygène de l'air et rejettent une notable quantité d'acide carbonique, les plantes, au contraire, versent dans l'atmosphère une abondance d'oxygène et retiennent une forte proportion d'acide carbonique. Elles sont donc appelées à remédier à l'incessante altération que les espèces animales font subir au fluide respirable. Toutefois, cette action bienfaisante des végétaux ne se produit que sous l'influence de la lumière, c'est-à-dire pendant le jour, en sorte que si le soleil venait à s'éteindre, le globe, plongé dans l'obscurité, perdrait bientôt toute sa verdure, en même temps que le règne animal disparaîtrait.

2. Une nourriture convenable n'est pas moins indispensable aux plantes que l'air et la lumière. Elles la reçoivent par les feuilles, en absorbant les gaz et les vapeurs répandus dans l'atmosphère, et par les racines, en s'emparant de nombreuses matières salines qu'elles trouvent dans la terre. Ces dernières agissent par les spongioles qui terminent leurs filaments les plus ténus. Elles ne prennent pas tous les corps qu'elles rencontrent, mais, faisant un choix entre eux, elles ne retiennent que ceux qui conviennent le mieux à chaque nature de végétal, et sans dépasser la proportion que ce végétal réclame. Ainsi, par exemple, il y a des plantes qui se chargent de sel marin là où d'autres n'en veulent point ou en veulent fort peu. Sur le même terrain, le froment

prend huit fois plus d'acide phosphorique que les betteraves et les navets. Les graminées veulent une assez
forte proportion de silice, d'autres préfèrent l'azote. Il
y en a même, d'après plusieurs savants, qui absorbent
du fer, du cuivre, jusqu'à de l'or.

3. Les pores par lesquels les matières nutritives pé-
nètrent dans les feuilles et les racines des plantes sont
d'une petitesse si énorme qu'ils ne peuvent livrer passage qu'à celles qui sont à l'état de gaz ou de vapeur.
Quant aux autres, il faut qu'elles soient dissoutes dans
un liquide. Ce liquide a reçu le nom de *sève*. C'est de
l'eau tenant en dissolution de l'air, de l'acide carbonique, des débris organiques et des sels provenant de
la combinaison des acides et des oxydes renfermés dans
le sol. Véritable sang des végétaux, il part des racines,
monte par les parties centrales des plantes jusqu'aux
feuilles les plus élevées, où il se dépouille de la presque
totalité de l'air, de l'acide carbonique et de l'eau, et se
transforme en suc nourricier sous l'action de l'atmosphère. Cette transformation effectuée, il redescend dans
les racines, en cheminant dans l'écorce et distribuant
aux divers organes les matériaux nécessaires à leur
accroissement.

DEUX CENT SOIXANTE-CINQUIÈME LEÇON

Le sol et le sous-sol.

1. La première chose à connaître quand on veut cultiver un champ, c'est la nature du **sol** dont il est formé.
On appelle ainsi la partie superficielle du terrain qui est
propre à la vie des plantes et qui peut être atteinte par
les instruments aratoires. On emploie quelquefois ce
mot comme synonyme de *terre*, et c'est dans ce sens
qu'on donne au sol les noms de *terre végétale*, *terre
arable*, *terre cultivable*, mais on entend plus particulièrement par ce mot *terre* les matières mêmes qui composent le sol. Dans tous les cas, le sol joue un double
rôle dans la vie des plantes : d'une part, il leur procure
un point d'appui en servant de siège aux racines; d'autre

part, il leur fournit une grande partie des substances
nécessaires à leur nourriture.

2. Tous les sols renferment, comme principes essentiels et dominants, de l'argile, du calcaire et de la
silice, qui proviennent de la destruction des roches
dont est formée l'écorce terrestre. On y trouve également, mais en proportions moindres, un grand nombre
d'autres matières minérales indispensables à la nourriture des végétaux, ainsi que des substances organiques
dues à la décomposition des plantes qui meurent et des
feuilles qui tombent chaque année, et auxquelles s'ajoutent les cadavres des insectes et des débris animaux de
toute espèce. Ces dernières constituent ce qu'on appelle
l'**humus**.

3. Il est rare que les sols soient *purs*, c'est-à-dire ne
contiennent que de l'argile, ou du calcaire, ou de la
silice ; autrement, ils seraient très mauvais. Habituellement, ils résultent du mélange de ces trois substances
et ils prennent le nom d'*argileux*, de *calcaire* ou de
sablonneux, suivant que l'argile, le calcaire ou la silice,
en sont la partie dominante. Ces divers sols ont des qualités et des défauts. Les meilleurs sont ceux dans lesquels les diverses substances sont en quantité égale.
Telles sont les terres dites d'*alluvion*. On nomme ainsi
les terres que les fleuves et les rivières ont détachées de
leurs rives dans la partie supérieure de leur cours, et
déposées dans leur partie inférieure ou sur les côtés.
Comme ils ont traversé des terrains d'espèces très différentes, il en résulte que leurs dépôts sont composés des
éléments les plus divers et possèdent une fertilité énorme.
Malheureusement, ces sortes de terres sont excessivement rares. Une terre qui est encore des plus fertiles,
est celle qui est riche en humus. Quand celui-ci est pur,
on le considère comme la terre cultivable par excellence.

4. Dans la pratique, on divise les terres en *terres
franches, fortes, légères, froides* et *chaudes*. Les **terres
franches** occupent le premier rang au point de vue de
la fertilité. A cette catégorie appartiennent les terres
d'alluvion et celles qui contiennent de l'humus. Les
terres fortes sont celles où domine l'argile. Très

tenaces et très compactes, elles retiennent l'eau pendant longtemps, s'opposent à la pénétration de l'air et au développement des racines, et se travaillent difficilement. Les **terres légères** sont surtout celles dont la silice forme la partie la plus importante ; elles comprennent aussi les terres calcaires. Elles exigent fort peu de travail, mais elles n'ont aucune consistance, ce qui les expose à être ravinées et entraînées par les fortes pluies. En outre, si elles permettent la libre pénétration de l'air et le facile développement des racines, l'eau et les engrais liquides ne peuvent s'y arrêter. Les **terres froides** sont naturellement les terres humides, telles que les terres argileuses. Quant aux **terres chaudes,** elles comprennent les terres qui sont habituellement sèches, comme les terres légères. Plusieurs sont même dites *brûlantes.* Telles sont les terres calcaires qui, étant généralement blanches, peuvent brûler les plantes par la réverbération des rayons solaires.

5. Quelques mots maintenant sur le **sous-sol.** On entend par là la partie du terrain qui est située immédiatement au-dessous de la terre arable. Son influence sur la vie des plantes est considérable, surtout quand le sol n'a pas assez de profondeur pour que les racines puissent se développer convenablement. Dans ce cas, s'il n'est pas d'une nature trop mauvaise, on peut, en le mélangeant au sol, augmenter l'épaisseur de celui-ci. Parfois aussi, si sa composition est convenable, il peut servir à corriger les défauts du sol.

DEUX CENT SOIXANTE-SIXIÈME LEÇON

Les amendements.

1. *Amender* le sol, c'est y introduire des substances propres à le corriger de ses défauts naturels, tout en lui donnant des qualités qu'il n'a pas ou qu'il n'a qu'à un degré insuffisant. Ainsi, augmenter l'humidité des terres sèches, diminuer celle des terres humides ; accroître la ténacité des terres légères, réduire celle des terres fortes, etc., sont autant d'opérations qui ont pour but l'amendement des terres. Pour les effectuer, on emploie

des matières minérales qu'on appelle **amendements**, et dont la nature doit varier suivant la composition du sol lui-même. On les divise en trois sortes : amendements siliceux, argileux ou calcaires.

2. Les *amendements siliceux* sont les sables, les graviers, les pierrailles, le grès pilé. On les emploie pour les terres compactes, qu'ils rendent perméables à l'air et à l'eau en les divisant mécaniquement. Dans ces mêmes circonstances, on fait aussi usage des plâtras de démolition. L'argile forme, à elle seule, la section des *amendements argileux*. Elle est particulièrement destinée à l'amélioration des terres sèches et légères. On l'utilise sous forme de poudre. Toutefois, comme elle est peu facile à pulvériser, on la remplace souvent par des vases argileuses, parce qu'elle s'y trouve naturellement divisée. Les *amendements calcaires* sont au nombre de trois : la marne, la chaux et le plâtre ; leur emploi se nomme *marnage, chaulage, plâtrage*. La marne, mélange naturel d'argile et de chaux, s'emploie dans les terres légères, quand l'argile y domine, et dans les terres froides et humides quand c'est la chaux. Elle exerce une action si bienfaisante sur la végétation, qu'elle peut suffire pour rendre fécondes les terres presque entièrement formées de sable siliceux. Quant à la chaux et au plâtre, ils conviennent particulièrement, la première aux terres à blé, la seconde aux prairies artificielles, dont ils augmentent notablement la fertilité.

3. L'emploi des amendements n'est pas le seul moyen d'améliorer le sol. Les irrigations, les plantations et le drainage concourent aussi au même but. Dans tous les cas, quand on se propose d'amender un sol, la première chose est de calculer la dépense et de s'assurer si l'augmentation des récoltes sera en rapport avec cette dépense et donnera un bénéfice convenable.

DEUX CENT SOIXANTE-SEPTIÈME LEÇON

Les engrais.

1. Du moment que les plantes puisent dans le sol la plus grande partie des principes nécessaires à leur nour-

riture, il en résulte que la terre perd peu à peu de sa fertilité et que les récoltes diminuent de plus en plus. Les choses étant ainsi, on conçoit que si l'on n'avait un moyen de l'empêcher, il arriverait un moment où, manquant d'un ou plusieurs des principes dont elles ont besoin, les plantes ne pourraient vivre et périraient littéralement de faim. Si donc l'on veut que la terre continue à produire, il est indispensable de lui restituer ce qu'elle a perdu. Ce moyen consiste dans l'emploi des **engrais;** c'est ce qu'on appelle *fumer* la terre.

2. Les engrais ont donc pour objet de rendre à la terre les substances que les récoltes lui ont enlevées. Ils servent aussi à donner la fertilité aux terres qui en sont naturellement dépourvues. Comme les principes qu'elles sont destinées à fournir, ces substances sont, les unes d'origine organique, c'est-à-dire animale ou végétale, les autres d'origine inorganique, c'est-à-dire fournies par des minéraux. Le nombre en est très considérable, mais nous devons nous contenter d'indiquer les plus importantes. Ajoutons cependant qu'elles ne conviennent pas toutes à toutes les plantes ni à toutes les terres; il y a, sous ce rapport, un choix à faire pour lequel la pratique et les enseignements de la science doivent être consultés.

3. Le *fumier* a toujours été considéré comme l'engrais par excellence, et, si l'on en avait assez, on pourrait se passer de tous les autres. Ce qui en fait la valeur, c'est qu'on y trouve réunis tous les principes de la fertilité, notamment l'azote, le phosphate de chaux, la chaux, les sels de potasse, etc. On sait qu'il se compose des déjections des quadrupèdes domestiques mêlées aux litières qu'on a mises sous eux. Malheureusement, même dans les pays les plus favorisés, il n'est jamais possible de s'en procurer les quantités dont on a besoin. On est donc obligé de les remplacer par d'autres matières renfermant un plus ou moins grand nombre de ses principes actifs, et qu'on choisit suivant les récoltes spéciales qu'on se propose d'obtenir.

4. Parmi les matières qu'on substitue au fumier, nous citerons : les excréments des oiseaux de basse-cour

(poulaite, colombine), et ceux des oiseaux marins (guano); les débris des animaux (chair musculaire, os, sang, crins), les phosphates naturels (phosphorite, apatite, coprolithes), le salpêtre (nitrate de potasse, nitrate de soude), les débris de récoltes (pailles, balles, fanes, racines), certaines plantes cultivées exprès pour être enfouies avant leur maturité et désignées sous le nom d'*engrais verts* (sarrasin, lupin blanc, moutarde, colza, etc.), les diverses cendres (de bois, de tourbe, de houille), les curures des rivières et des mares, les boues des villes, enfin divers résidus industriels (chiffons de laine, noir des raffineries de sucre, déchets de cuir, tourteaux des huileries, etc.). La chaux, la marne, le plâtre, dont il a été question aux amendements, agissent aussi comme engrais, ainsi que plusieurs sables marins (tangue, trez, merl), qu'on trouve dans plusieurs pays, sur les bords ou non loin de la mer.

DEUX CENT SOIXANTE-HUITIÈME LEÇON

Aménagement des **eaux**.

1. L'eau est si indispensable à la végétation que sans elle les plantes ne pourraient absorber les principes nutritifs qu'elles tirent du sol. C'est elle, en effet, qui sert de véhicule à toutes les parties actives des engrais, et qui constitue la masse principale de la sève. Toute terre qui en est complètement privée est frappée de stérilité. D'un autre côté, quand elle est en excès, elle empêche la pénétration de l'air dans le sol, arrête la décomposition des engrais, nuit au développement des plantes, souvent même rend impossible la germination des graines. Pour qu'une terre soit dans les conditions d'une bonne culture, il faut donc que l'eau ne s'y trouve ni en excès, ni en quantité insuffisante. C'est ce double but que l'on se propose d'atteindre par ce qu'on appelle l'**aménagement des eaux**. Si l'on veut se débarrasser de l'eau surabondante, on y parvient par l'*égouttement;* si, au contraire, il s'agit de donner l'eau qui manque, on y arrive par l'*irrigation*.

2. L'**égouttement** des terres a donc pour objet de

les débarrasser de l'eau inutile. Il consiste à y pratiquer plusieurs systèmes de rigoles de dimensions variables qui sont disposées de telle sorte que les plus étroites versent successivement leurs eaux dans d'autres graduellement plus larges, les dernières débouchant dans un fossé extérieur, ou dans un canal de dessèchement, ou enfin dans un ruisseau. Ces rigoles peuvent être découvertes ou couvertes. Dans le premier cas, l'opération s'appelle *assainissement;* dans le second, elle prend le nom de *drainage.*

3. On reproche aux rigoles découvertes de gêner la circulation des personnes et des animaux, d'enlever à la culture une partie notable du terrain, d'exiger beaucoup d'entretien, et, enfin, de ne pas produire tout l'effet voulu, car, en général, elles ne font disparaître que les eaux de la surface. Les rigoles couvertes n'ont aucun de ces inconvénients. Ce mode d'égouttement consiste à ouvrir dans le sol des fossés très étroits et profonds de 0^m,90 à 1^m,20, au fond desquels on pose des tuyaux en terre cuite (*fig.* 182), placés bout à bout à la file, et qu'on recouvre avec la terre extraite pour que le dessus soit de niveau avec le sol environnant. Ces tuyaux, qu'on nomme

Fig. 182. — Rigole de drainage (coupe).

drains, forment, dans chaque fossé, un conduit ininterrompu qui communique avec ceux des rigoles voisines, et le tout va déboucher à l'air libre dans la partie la plus basse du terrain. Enfin, leurs extrémités (*fig.* 183) sont juxtaposées de telle

Fig. 183. — Drains (jonction).

sorte que les joints laissent un vide juste assez grand pour que l'eau seule puisse s'y introduire.

4. On a vu que les **irrigations** ont pour objet de fournir de l'eau aux terres qui n'en ont point ou qui n'en ont pas assez. Elles nécessitent généralement des travaux très dispendieux qui n'en permettent l'entreprise qu'aux gouvernements ou à des sociétés particulières. Quoi qu'il en soit, quand l'eau a été amenée là

où elle doit servir, on l'emploie de différentes manières, suivant les circonstances. Si le terrain est fortement incliné, les choses sont disposées de telle sorte que l'eau, partant de la partie supérieure, parcourt lentement les rigoles horizontales, d'où elle se répand de l'une dans l'autre en se déversant du côté de la pente (*irrigation par déversement*). Si le terrain est horizontal, l'on en recouvre toute la surface d'une couche d'eau plus ou moins épaisse, dont on se débarrasse à l'aide de rigoles convenablement établies, lorsqu'elle a produit l'effet voulu (*irrigation par submersion*). Enfin, si le terrain est également horizontal, mais léger et brûlant, on le sillonne de rigoles profondes que l'on remplit d'eau jusqu'aux bords, de telle sorte qu'elle ne puisse pénétrer dans le sol qu'en s'infiltrant par les côtés (*irrigation par infiltration*).

DEUX CENT SOIXANTE-NEUVIÈME LEÇON

Travaux d'ameublissement.

1. Quand on connaît la nature du sol à cultiver, il s'agit de le préparer à donner des récoltes. S'il est humide, on commence par l'assainir, ce à quoi l'on parvient aisément par le drainage. Cela fait, on cherche à l'*ameublir*, c'est-à-dire à le diviser, à l'émietter en quelque sorte afin de le rendre perméable à l'air, à l'eau et aux racines des plantes. Trois opérations concourent à ce but : le *labourage*, le *hersage* et le *roulage*.

2. **Labourer** la terre, c'est y pénétrer avec un instrument approprié, pour la couper et la retourner, en ramenant la partie inférieure à la surface et en mettant, par conséquent, en contact avec le sous-sol la partie qui était précédemment en rapport avec l'air extérieur. En agissant ainsi, on ne divise pas seulement le sol, on détruit encore les mauvaises herbes, on enfouit les amendements et les engrais; enfin, si cela est utile, on mélange le sol avec une partie du sous-sol.

4. On effectue les labours avec la *pioche*, la *bêche*, la *fourche*, la *houe* et la *charrue*. Ce dernier instrument travaille moins parfaitement que les quatre autres, mais

on l'emploie seul dans la culture des champs, parce qu'il opère plus vite, et qu'en permettant à l'homme de se faire aider par les animaux de trait, il peut seul lui donner le moyen de cultiver économiquement de vastes étendues de terrain. Aussi, son invention remonte-t-elle à l'origine même de la vie agricole, mais elle a changé très souvent de forme. On sait que chez les peuples civilisés de l'antiquité, elle consistait uniquement en un crochet

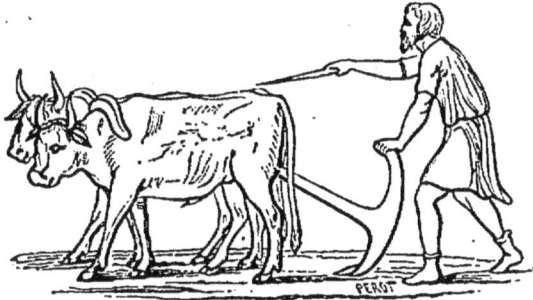

Fig. 184. — Charrue grecque.

adapté à un timon auquel on attelait deux bœufs réunis par un joug (*fig.* 184, charrue grecque, d'après les monuments).

3. Il existe aujourd'hui un nombre très considérable

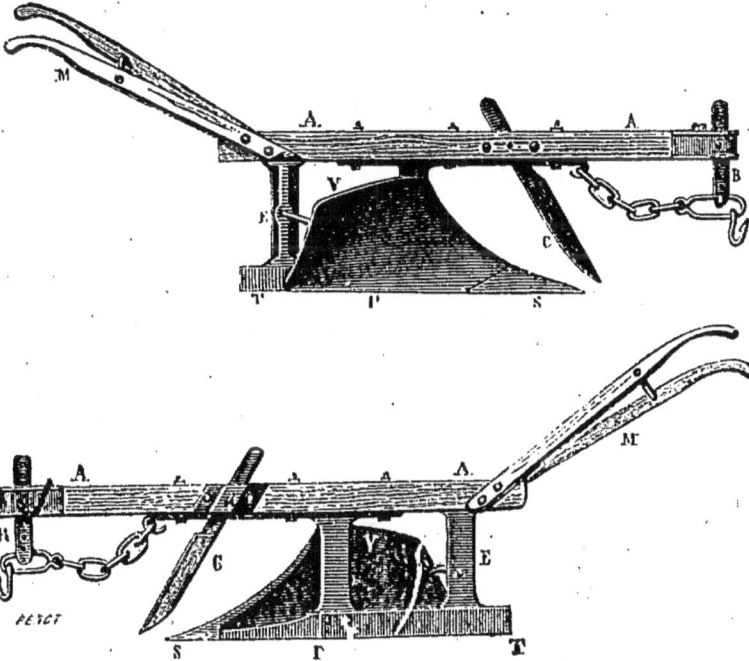

Fig. 185. — Charrue Dombasle.

de sortes de charrues. Celles qu'on emploie aujourd'hui

se divisent en deux classes : les *charrues simples* ou *araires* et les *charrues composées* ou *à avant-train*. Elles diffèrent surtout en ce que les premières ont besoin d'être transportées aux champs, tandis que les secondes sont munies d'un appareil à roues qui permet de les déplacer avec une extrême facilité. Comme exemple de charrue simple, nous citerons l'araire de Mathieu de Dombasle (*fig.* 185) [1], et comme exemple de charrue composée, celle du constructeur anglais Ransome (*fig.* 186).

Fig. 186. — Charrue Ransome.

Entre les mains de laboureurs habiles, elles valent aussi bien les unes que les autres. Néanmoins, en France, on préfère les araires dans les pays à bœufs et les terres faciles à travailler, et les charrues à avant-train dans les pays à chevaux et les terres pierreuses ou très compactes.

5. Par le **hersage**, qui succède ordinairement au labourage, on se propose de briser les mottes soulevées par la charrue, d'unir la surface du sol, d'enlever les longues racines des mauvaises plantes, de répartir les engrais aussi également que possible. Il consiste à pro-

1. Ces deux figures représentent, l'une, la première, le côté droit, l'autre, la seconde, le côté gauche de l'araire Dombasle ; A A, l'*age* ; EE, les étançons ; P le *sep* ou la *semelle*. Ces pièces forment le bâti de la charrue et en soutiennent la partie active, laquelle se compose : 1º du *soc* S, fer tranchant qui détache la bande de terre en dessous et la soulève ; 2º du *coutre* ou *couteau* C, également en fer, qui prend verticalement cette même bande ; 3º du *versoir* ou *oreille* V, en bois ou en métal, qui la retourne et la renverse. MM *mancherons* à l'aide desquels le laboureur dirige la charrue ; enfin, R *régulateur* servant à faire varier la profondeur à laquelle le soc doit pénétrer dans la terre.

mener sur les sillons, dans divers sens, un instrument appelé *herse*, qui remplit dans le travail des champs le même rôle que le modeste râteau dans celui des jardins. Cet instrument n'est autre chose qu'un cadre en bois ou en fer, ayant la forme d'une grille triangulaire, rectangulaire ou trapézoïdale, dont les barreaux sont munis, à leurs points de jonction de dents droites ou inclinées (*fig.* 187, herse double, système Valcourt, formée de deux herses simples).

6. Le passage de la herse n'étant pas toujours suffisant pour rompre toutes les mottes, on y supplée par le **roulage**, c'est-à-dire en promenant sur la terre hersée un lourd rouleau de pierre, de fonte ou même de bois dur, qui tourne dans un cadre traîné par des animaux. Cette opération a aussi pour but de tasser les sols légers, pour qu'ils conservent mieux la fraîcheur.

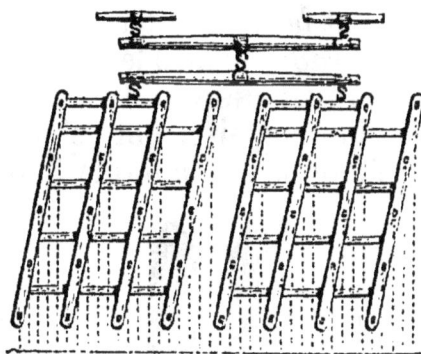

Fig. 187. — Herse double Valcourt.

DEUX CENT SOIXANTE-DIXIÈME LEÇON

Travaux d'ensemencement.

1. La terre étant suffisamment préparée, il s'agit d'y faire pousser des plantes. On a recours pour cela à l'*ensemencement*, qu'on appelle particulièrement *semailles*, quand il s'agit des céréales, et *semis* dans les autres cas. Il consiste répandre sur la terre les semences ou graines qui doivent se transformer en végétaux. Pour qu'il soit bien fait, il faut que les graines soient également répandues dans toutes les parties du champ, de façon que chaque partie en reçoive exactement la même quantité. On sème de trois manières différentes : *à la volée*, en *lignes* ou *rayons*, au *plantoir*.

2. L'**ensemencement à la volée** se fait à la main ; c'est le mode le plus simple, le plus ancien, mais aussi

le plus imparfait. Après avoir posé des jalons, le semeur met la graine dans un tablier de toile, avec lequel il forme une espèce de poche, puis, marchant d'un pas ferme et régulier vers l'un des jalons, la jette par poignées en faisant décrire à son bras une demi-circonférence de droite à gauche ; un trait de labour recouvre ensuite la graine. Quelle que soit l'habileté de l'ouvrier, la semence est toujours très inégalement répandue, en sorte qu'il y en a trop dans certaines parties et pas assez ou même pas du tout dans d'autres ; elle est aussi inégalement enfouie, et les graines qui ne le sont pas suffisamment deviennent la proie des oiseaux. Il est cependant facile d'éviter ces inconvénients. Il suffit pour cela de *rayer* préalablement la terre avec un **rayonneur-compresseur.** On appelle ainsi un instrument d'origine anglaise, qui se compose de plusieurs roues en fonte, ayant la forme indiquée par le dessin (*fig.* 188),

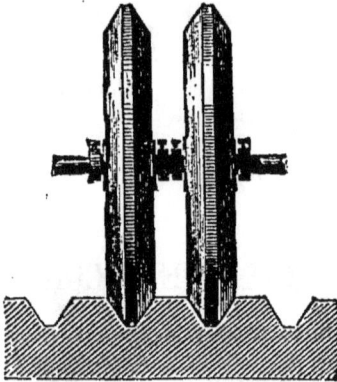

Fig. 188. — Rayonneur.

et auquel on attelle des bœufs ou des chevaux. Ces roues creusent dans le sol des raies parallèles entre elles et dont on peut régler l'écartement à volonté. Quand on sème à la volée un champ ainsi préparé, les graines tombent presque toutes dans les raies, et un léger hersage y ramène celles qui se sont arrêtées dans les intervalles. En outre, elles se trouvent uniformément enterrées, puisque la profondeur des raies est la même.

3. **L'ensemencement en lignes** se fait avec des instruments qu'on nomme **semoirs**. Ils consistent essentiellement en une caisse ou trémie du fond de laquelle partent un ou plusieurs tubes qui distribuent la graine dans la terre, et en telle quantité qu'on le juge utile. En outre, plusieurs sont munis, en arrière des tubes, de petits socs qui recouvrent la semence à mesure qu'elle tombe. Il y a des semoirs de toutes les dimensions ; les uns, dits *à brouette,* sont poussés par un

homme comme une brouette ordinaire, et ne font qu'une ou deux lignes, tandis que les autres, dits *à cheval*, parce qu'ils veulent être traînés par un ou deux chevaux, à cause de leurs grandes dimensions, peuvent en faire jusqu'à dix ou douze à la fois. Quelles que soient leurs dispositions, ces instruments répandent la semence avec une régularité parfaite ; de plus, ils l'économisent, puisqu'ils permettent de n'employer que la quantité strictement nécessaire ; enfin, ils la soustraient à la rapacité des oiseaux, et font un travail très rapide, très économique, et qui peut être exécuté par le premier venu. Aussi, se répandent-ils dans toutes les exploitations bien tenues, et avec d'autant plus de raison qu'ils sont applicables aux graines de toute espèce.

4. L'**ensemencement au plantoir** consiste à faire un trou dans le sol avec un piquet de bois appelé **plantoir**, puis à déposer dans ce trou une ou plusieurs graines, qu'on recouvre immédiatement de terre. C'est, on le conçoit, un procédé très long et très coûteux. On n'y a recours que dans la petite culture, surtout dans le jardinage ; encore ne s'en sert-on que pour un fort petit nombre de plantes.

5. Pour certaines plantes, l'ensemencement se complique d'une seconde opération qu'on appelle **repiquage**. Ainsi, le tabac et le colza sont d'abord semés *en pépinière*, c'est-à-dire dans un terrain préparé pour cela, puis repiqués, en d'autres termes, transplantés là où ils doivent rester. Enfin, il existe des plantes qui ne se perpétuent pas en culture au moyen de graines, mais par plants de tubercules, comme les pommes de terre, ou par caïeux, comme l'ail.

DEUX CENT SOIXANTE-ONZIÈME LEÇON

Travaux d'entretien.

1. Quand les plantes sont en végétation, beaucoup exigent que le sol qu'elles occupent reçoive certaines façons. Ce sont ces façons qu'on désigne, toutes ensemble, sous le nom de *travaux d'entretien*. Les plus importantes sont le *sarclage*, le *binage* et le *buttage*.

2. Le sarclage et le **binage** ont pour but, le premier la destruction des mauvaises herbes, le second l'ameublissement de la superficie du sol. Ces deux opérations sont confondues presque toujours ensemble et se font avec les mêmes instruments. Pour les plantes semées à la volée, on emploie la *serfouette*, la partie tranchante servant à couper les herbes parasites, et la partie fourchue à remuer la terre. Pour les plantes semées en lignes ou au plantoir, on fait usage des *houes à main* ou *binettes* et des *houes à cheval* (*fig.* 189). Ces dernières sont les meil-

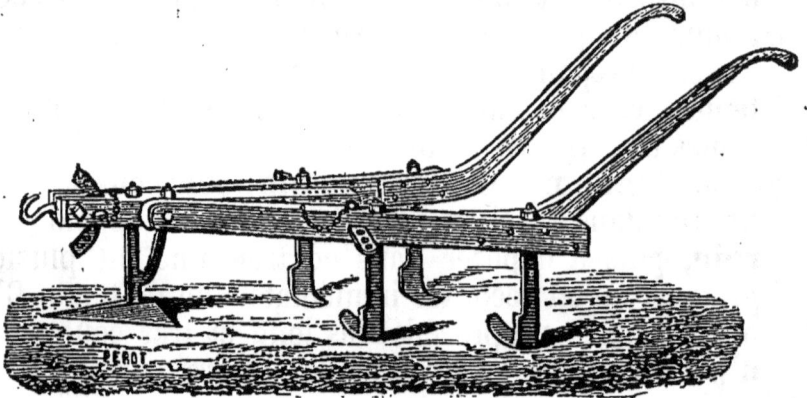

Fig. 189. — Houe à cheval.

leures. Elles travaillent d'une manière plus prompte et moins coûteuse. Jusqu'à présent, on les a surtout appliquées aux betteraves, aux colzas, aux navets et autres grosses cultures sarclées, mais, au moyen de certaines dispositions, on peut aussi en faire usage pour les céréales. Quel que soit l'instrument employé, il ne faut pas attendre que les mauvaises herbes aient atteint toute leur croissance, car elles montent vite en graine et, en les sarclant, on ne ferait que les semer.

3. Le buttage consiste à relever la terre autour de la partie inférieure de la tige des plantes. Il a pour objet d'augmenter la vigueur des récoltes ou tout simplement de consolider la tige de certaines espèces qui, sans cela, ne pourraient résister à la force du vent. Il se pratique avec une petite charrue particulière qu'on nomme *butteur* ou *buttoir*, mais, pour qu'il produise de bons effets, il doit avoir lieu quand la terre vient d'être ameublie par un binage, car, si elle était trop dure, le butteur fonctionnerait mal.

DEUX CENT SOIXANTE-DOUZIÈME LEÇON

Travaux de récolte.

1. Toutes les plantes donnent nécessairement lieu à des *travaux de récolte*, mais, dans la grande culture, on comprend spécialement sous ce nom la *moisson* des céréales, la *fenaison* des fourrages et l'*arrachage* des racines et des tubercules. Occupons-nous d'abord de la première.

2. La **moisson** est l'opération la plus importante de la culture des céréales, celle qui exige le plus d'activité de la part des cultivateurs. Elle se fait à la main, mais, suivant les pays, on emploie la *faucille*, ou la *faux*, ou la *sape flamande*. Malgré leur haute antiquité, les deux premiers surtout, ces instruments travaillent avec une extrême lenteur, par conséquent occasionnent une très forte dépense. En outre, ils ont le défaut capital, surtout quand la crainte du mauvais temps exige le prompt enlèvement des récoltes, de livrer le cultivateur au caprice d'ouvriers qui refusent de continuer le travail si l'on n'augmente immédiatement leur salaire. C'est pour remédier à ces deux inconvénients qu'ont été inventées les *moissonneuses*.

3. Comme leur nom l'indique, les **moissonneuses** sont des appareils destinés à opérer mécaniquement la moisson. Traînées par un ou deux chevaux et dirigées par deux hommes au plus, chacune d'elles produit par jour autant qu'une dizaine de faucheurs. Il en résulte donc tout à la fois une grande diminution de frais et une rapidité d'exécution qui permet de défier les orages et les pluies prolongées. L'idée qui leur a donné naissance remonte à une haute antiquité. Mais elles ne sont devenues pratiques que depuis 1831, et c'est au mécanicien Mac-Cormick, de Chicago (États-Unis), qu'on est redevable de ce progrès. Le dessin ci-joint (*fig.* 190) représente une des machines de ce constructeur.

4. Après la coupe des céréales, il s'agit de séparer le

grain de la paille. C'est en cela que consiste le **battage.**
Pour l'effectuer, on étend les tiges sur une aire préparée

Fig. 190. — Moissonneuse Mac-Cormick[1].

à dessein, puis on les fait frapper par des hommes au
moyen d'un fléau (*battage au fléau*), ou piétiner par des
animaux (*dépiquage*), ou enfin comprimer par le passage
d'un *rouleau* de pierre (*roulage*) traîné par un cheval ou
par des bœufs. Ces différentes manières d'opérer ont
toutes les défauts de la coupe à la faucille, à la faux ou à
la sape. Aussi les remplace-t-on, dans toutes les exploitations bien tenues, par l'emploi des **batteuses.** Ces
machines travaillent plus vite et mieux que les autres
procédés, fournissent plus de grain parce qu'elles n'en
laissent point dans les épis, et fonctionnent en tout temps
sans qu'on ait à se préoccuper du manque d'espace ou
des intempéries. La figure ci-après (*fig.* 191) indique
le principe général de leur construction[2]. La première qui

1. Deux chevaux étant attelés à la machine et marchant au pas, le
conducteur assis sur le siège A, les tiges à couper sont séparées des
autres par la pièce M, appelée *séparateur*, puis couchées de l'avant à
l'arrière par le volant EEEE et maintenues par une rangée de piques I. Dans cette position, elles sont coupées par une lame de scie
disposée sous les piques et à laquelle un mouvement de va-et-vient
est imprimé par les roues CG et la courroie HD. A mesure qu'elles
sont sciées, elles tombent sur le tablier K, d'où un ouvrier, s'appuyant contre la planche inclinée B, les pousse avec un râteau sur
le chemin où les chevaux viennent de passer.
2. La batteuse représentée par cette figure peut être actionnée, c'est-
à-dire mise en mouvement par un manège ou par un moteur à
vapeur. Les gerbes étant déliées et couchées, les épis en avant, sur
le tablier A, sont attirées par le laminoir B, qui les livre au cylindre
CC, appelé *batteur*, dont la surface est armée de quatre barres de

ait marché d'une manière convenable, et d'où dérivent

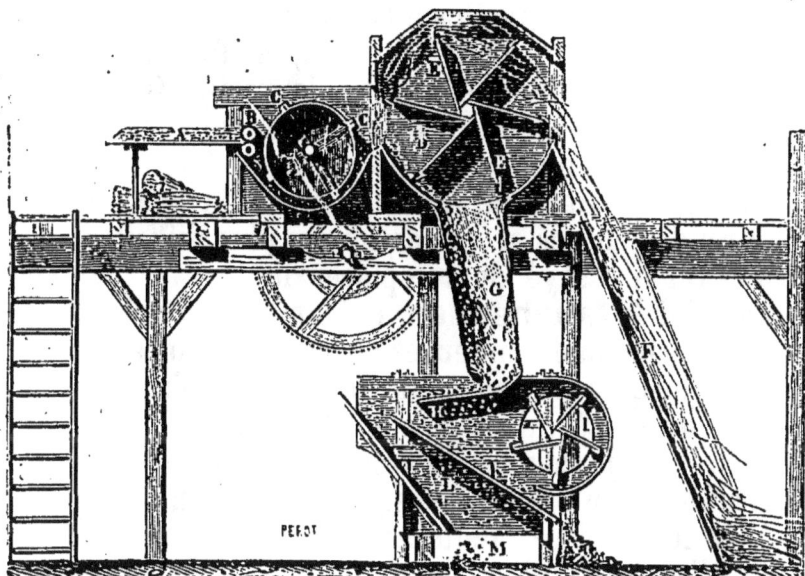

Fig. 191. — Batteuse.

toutes celles qui existent, paraît avoir été inventée en
1786 par un mécanicien écossais du nom d'André
Meikle.

DEUX CENT SOIXANTE-TREIZIÈME LEÇON

Travaux de récolte. (*Suite*.)

1. On a vu que par **fenaison** on entend la récolte
des fourrages. Elle se compose de deux opérations distinctes, qui se suivent immédiatement, en commençant
par le *fauchage* et continuant par le *fanage*. On doit

bois nommées *battants*. Ces barres les entraînent dans l'espace étroit
compris entre le batteur et le demi-cylindre inférieur, qu'on appelle
contre-batteur, et leur en font parcourir toute la longueur. Pendant
ce voyage, elles éprouvent un froissement qui sépare le grain de la
paille. Celle-ci est alors enlevée par les crochets EE du râteau D,
qui l'envoient au dehors sur le plan incliné F, tandis que le grain
et les balles descendent par le conduit G, sur une grille de secouage
H. Là, le ventilateur I chasse les balles les plus légères par l'ouverture O, tandis que les plus lourdes passent dans le couloir L. Quant
au blé, il tombe, plus ou moins épuré, sur la grille inclinée K qui
en extrait la poussière que le courant d'air du ventilateur n'a pu
enlever. Enfin, cette poussière va rejoindre les grosses balles en M,
et le blé, glissant sur la grille K, se rend au dehors. Les diverses
pièces de la machine sont mises en marche par la roue R.

procéder pour chacune d'elles le plus rapidement possible, afin de profiter du soleil et de soustraire le foin aux pluies si fréquentes à l'époque où l'on opère.

2. Comme son nom l'indique, le **fauchage** se fait avec la faux, par conséquent à la main. On a soin de couper le foin le plus près de terre, sans quoi on diminuerait le rendement et, de plus, on laisserait de gros tronçons de tiges qui, en se séchant, deviendraient durs et rendraient les secondes coupes plus difficiles à récolter. On a essayé de remplacer le travail manuel par l'emploi de **faucheuses**, qui sont à peu près disposées comme les moissonneuses et ont les mêmes avantages, mais jusqu'à présent cette innovation n'a pas eu beaucoup de succès, du moins en France.

3. Le foin coupé, il s'agit de le retourner à plusieurs reprises, afin de le faire sécher. C'est en cela que consiste le **fanage**. Cette opération doit être effectuée de manière à obtenir la dessiccation la plus prompte et la plus complète, tout en conservant le plus de feuilles adhérentes aux tiges, et sans exposer trop longtemps le fourrage à l'action du soleil et des pluies quand les prairies ont une faible étendue, l'emploi de *fourches* à bras peut suffire. Partout ailleurs, il est préférable de se servir de **faneuses mécaniques** dont une seule, traînée par un cheval au pas, retourne en moins d'une heure et demie le foin d'un hectare. Le dessin ci-joint (*fig.* 192)

Fig. 192. — Faneuse Nicolson.

donne une idée de la disposition de ces machines. Au fanage succède le **râtelage**, qui consiste à ramasser le foin et se fait, dans les grandes exploitations, avec des **râteaux à cheval** (*fig.* 193).

Fig. 193. — Râteau à cheval.

4. L'arrachage des tubercules et des racines ne présente aucune difficulté. Quand les plantes sont en lignes, il s'effectue avec un buttoir ou une charrue sans versoir. Dans le cas contraire, on se sert d'une fourche ou d'une houe.

INDUSTRIE COMMERCIALE

DEUX CENT SOIXANTE-QUATORZIÈME LEÇON

Le commerce. (*Généralités.*)

1. Le mot **commerce** signifie proprement échange de marchandises ou plutôt de valeurs contre valeurs. Dans un sens plus restreint, il désigne la branche industrielle qui a pour objet de rechercher les produits de tout genre, aussi bien ceux de l'agriculture, de la pêche, de la chasse, etc., que ceux de l'industrie manufacturière, et de les transporter là où le besoin s'en fait sentir, afin de les mettre à la disposition des personnes qui veulent les consommer. Il est né de l'impossibilité où est chaque homme de se procurer par son propre travail tout ce qui lui est nécessaire, et chaque pays de fournir à ses habitants toutes les matières dont ils ont besoin.

2. L'utilité du commerce est si évidente que sans lui toutes les autres branches de l'industrie seraient comme frappées de stérilité. Prenons une exploitation agricole pour exemple. S'il n'y avait pas de marchands, le fermier, qui voudrait vendre sa récolte, serait d'abord obligé de chercher des acheteurs et de disposer de son blé par portions correspondantes aux demandes des divers individus disposés à l'acheter; puis, après en avoir reçu le prix, il serait forcé d'envoyer en dix ou vingt endroits différents, peut-être fort éloignés les uns des autres, pour se procurer avec cet argent les objets dont il aurait besoin. Ainsi, outre qu'il serait exposé à une multitude d'embarras et d'inconvénients, son attention se trouverait continuellement détournée des travaux de sa ferme. Ce n'est pas tout. Obligé de perdre un temps considérable pour rechercher les objets produits par les autres, il se contenterait de ce qui lui serait strictement indispensable et renoncerait à se procurer les objets propres à accroître son bien-être et celui de sa famille. Dans un pareil état de choses, l'œuvre de la production dans ses différentes branches serait perpétuellement interrompue, et beaucoup d'industries que l'on exerce avec succès dans les pays commerçants ne pourraient être pratiquées.

3. C'est la nécessité d'obvier aux inconvénients qui viennent d'être exposés, qui a donné naissance au commerce. Sans faire subir eux-mêmes aucune transformation nouvelle aux produits, ceux qui exercent cette industrie, les commerçants, rendent les plus grands services aux producteurs et aux consommateurs. Ils achètent aux premiers les choses qu'ils ont à vendre et les réunissent dans des magasins et dans des boutiques, où les seconds peuvent s'en approvisionner sans obstacle, ni perte de temps, et même à meilleur marché qu'ils ne pourraient le faire autrement.

4. Le commerce permet donc aux différentes classes de travailleurs de continuer leurs travaux sans interruption, car chacun connaissant d'avance l'endroit où il peut vendre ses produits et acheter ceux qu'il n'a pas

et qu'il désire, nul n'est plus détourné de ses occupations. Ce n'est pas tout : n'ayant plus à chercher ni acheteurs pour leurs propres produits, ni vendeurs pour les produits étrangers dont ils ont besoin, l'agriculteur et le fabricant peuvent améliorer leurs industries respectives et y apporter tous les perfectionnements dont elles sont susceptibles. Le commerce permet encore aux habitants de chaque contrée de s'appliquer spécialement à la nature de travaux et au genre de production pour lesquels ils ont le plus d'aptitude, le sol qu'ils possèdent et le climat sous lequel ils habitent sont le mieux appropriés. En résumé, nous devons au commerce des milliers de jouissances qui nous fussent demeurées inconnues sans son intervention. En faisant circuler partout les différentes sortes de marchandises, il provoque la demande, perfectionne le goût et crée ainsi des consommateurs que le désir d'acquérir excite eux-mêmes à la production. Grâce à lui, aucune invention utile ne demeure stérile et exclusive pour aucun peuple, il appelle le monde entier à profiter des améliorations obtenues sur un seul point du globe.

DEUX CENT SOIXANTE-QUINZIÈME LEÇON

Différentes sortes de commerce.

1. Il y a plusieurs manières de commercer. La plus ancienne, la seule que l'homme primitif a connue, est celle qu'on désigne sous le nom de *troc.* Elle consiste dans l'échange direct d'une chose contre une autre. Ce mode d'opérer ne convient qu'à un petit nombre de produits, par conséquent aux peuplades qui ont peu de besoins. Aussi ne le trouve-t-on actuellement que chez les tribus les plus sauvages des deux mondes. Néanmoins, les Européens qui visitent ces tribus y ont aussi habituellement recours. C'est ce qu'ils font quand ils portent sur la côte occidentale d'Afrique des cotonnades, des barils d'eau-de-vie, des verroteries, etc., qu'ils échangent avec les nègres contre des graines oléagineuses, de la poudre d'or ou des dents d'éléphant.

2. Comme on le verra plus loin, le commerce propre-

ment dit n'a pris naissance qu'à l'époque de l'invention de la monnaie. A partir de ce moment, il n'a cessé de se développer, et ces développements, conséquence de l'augmentation des besoins, ont fini par devenir si grands et si divers qu'il est devenu indispensable de le diviser en plusieurs branches. Voici les différentes manières de commercer que l'on distingue actuellement :

Celui qui achète des marchandises dans un pays pour les revendre dans le même pays se livre au *commerce intérieur;*

Celui qui achète des marchandises à l'étranger pour les revendre dans son pays, ou qui les achète dans son pays pour les revendre à l'étranger, se livre au *commerce extérieur,* que l'on appelle *commerce d'importation,* quand les marchandises viennent de l'étranger, et *commerce d'exportation* quand elles sont envoyées à l'étranger;

Celui qui achète des marchandises à l'étranger pour leur faire traverser son pays et les revendre à l'étranger, se livre au *commerce de transit;*

Celui qui achète des marchandises n'importe où pour les revendre dans son pays à une époque plus ou moins éloignée, quand il jugera conforme à ses intérêts, fait le *commerce de spéculation;*

Celui qui achète des marchandises dans son pays ou à l'étranger, mais toujours par grandes masses, pour les revendre aux autres commerçants, se livre au *commerce en gros;*

Celui qui achète des marchandises aux commerçants en gros pour les revendre, par petites portions, aux consommateurs, se livre au *commerce de détail.*

3. Tous les individus qui exercent ces différents commerces sont les agents principaux de l'industrie commerciale, puisque c'est sous leur direction immédiate, et à leurs risques et périls, que s'opère la distribution des produits du sol, de la mer et de toutes les branches de travail sans exception. Après eux viennent, en second lieu, ceux qui, d'une manière quelconque, concourent à la même œuvre. Tels sont, entre autres :

Les *commissionnaires de roulage,* y compris les com-

pagnies de chemins de fer, qui se chargent du transport des marchandises par les routes de terre et par la navigation intérieure;

Les *armateurs*, qui se chargent également du transport des marchandises, mais par la navigation maritime;

Les *courtiers de commerce*, qui servent d'intermédiaires entre les commerçants qui veulent acheter et ceux qui veulent vendre;

Les *courtiers d'assurances maritimes*, qui jouent le même rôle entre les compagnies qui garantissent les risques de mer et les commerçants qui veulent faire assurer leurs marchandises; ces compagnies elles-mêmes;

Enfin, les *banquiers*, qui exécutent pour l'argent la même opération que les commissionnaires ou les armateurs pour les autres marchandises.

4. On désigne ordinairement sous le nom de *marchands* les commerçants qui font le commerce de détail, et sous celui de *négociants* ceux qui font le commerce en gros. Les premiers exercent presque toujours avec de petits capitaux, tantôt à poste fixe, dans une boutique (*marchands sédentaires*), tantôt en allant de village en village (*marchands ambulants*), tantôt enfin en se rendant, à certains jours déterminés, dans des marchés (*marchands forains*). Les seconds occupent toujours le premier rang. Ils ont besoin de gros capitaux, de vastes magasins, de débouchés très nombreux, car ils ont pour fonction de former les grands approvisionnements, d'accumuler les produits indigènes pour les livrer au petit commerce au moment convenable, comme aussi de faire venir les produits étrangers, que les détaillants ne pourraient ni connaître ni aller chercher. Enfin, ils déterminent par leurs opérations les cours des principales marchandises, ce qu'on appelle communément les *prix régulateurs du marché*. En conséquence, ils réunissent entre leurs mains toutes les manières de commercer, sauf le commerce de détail, et font ce qu'on nomme le *gros commerce*, les uns embrassant toute espèce de marchandises, les autres se spécialisant, c'est-à-dire ne s'occupant que de quelques-unes ou même quelquefois d'une seule.

DEUX CENT SOIXANTE-SEIZIÈME LEÇON

La monnaie.

1. On vient de voir que le *troc* est l'échange direct d'une marchandise contre une autre. S'il était la forme unique des transactions, il en résulterait des difficultés sans nombre et souvent insurmontables. Supposons un homme qui, ne possédant qu'un mouton, a besoin d'un vêtement ou d'une certaine quantité de pain. Il pourra se trouver embarrassé de l'une des manières suivantes : ou celui qui a l'objet qu'il désire ne voudrait pas de son mouton, ou ce mouton excéderait en valeur l'article désiré et ne pourrait se partager. Pour obvier à ces inconvénients de l'échange direct, il suffirait de trouver un article que tout individu qui a des denrées ou des marchandises dont il veut se défaire, consentît à recevoir en paiement, et qui pût être divisé en portions telles qu'une certaine quantité de ces portions se trouvât toujours correspondre à la valeur de l'objet qu'on veut obtenir. Dans ce cas, l'homme qui aurait un mouton et qui désirerait du pain ou un habit, au lieu d'offrir son mouton, l'échangerait d'abord contre une portion équivalente de l'article en question, et avec cette portion il achèterait le pain, le vêtement et les autres objets qui lui seraient nécessaires. Cet article intermédiaire qui remplit l'office de mesure commune de la valeur de deux produits, n'est autre chose que la **monnaie** : ce peut être une marchandise quelconque dont on donne ou reçoit une certaine quantité comme équivalent à la marchandise que l'on veut vendre ou acheter, et c'est depuis qu'elle a été inventée que les opérations commerciales n'ont plus connu de limites à leur essor.

2. Suivant les temps et les lieux, un grand nombre de matières ont été employées pour remplir le rôle de monnaie. Mais l'expérience a fini par démontrer que, pour constituer une monnaie parfaite, il fallait que la matière choisie fût aisée à transporter, inaltérable, homogène, divisible presque à l'infini, enfin d'une valeur aussi stable que possible. Deux métaux seulement, l'or

et l'argent, ont été reconnus réunir ces qualités, et c'est la considération de ces avantages naturels qui les a fait adopter par tous les peuples pour servir d'intermédiaires dans les échanges.

3. Dans l'origine, les métaux précieux s'employèrent sous forme de lingots. En conséquence, quand le vendeur et l'acheteur étaient tombés d'accord, l'un de vendre une marchandise, l'autre de l'acheter, moyennant une certaine quantité d'or ou d'argent, le métal précieux se livrait au poids, ce qui obligeait à le peser à chaque transaction. En outre, on n'était jamais sûr de sa valeur, qui variait suivant son degré de pureté. Il résultait de ce mode d'opérer de nombreuses difficultés, que l'on parvint à résoudre d'une manière fort simple, en préparant les métaux de façon qu'ils continssent une proportion déterminée de fin ; puis on les façonna en disques de différentes grandeurs pour répondre à la division des valeurs et faciliter ainsi les transactions ; enfin, on marqua ces disques d'une empreinte, attestant à la fois le poids de chaque disque et la finesse du métal, et, pour que la loyauté de leur fabrication ne pût pas être soupçonnée, le soin de présider à celle-ci fut confiée aux gouvernements. Les disques ainsi façonnés sont ce qu'on nomme la *monnaie*, le *numéraire*, les *espèces métalliques*.

4. La monnaie est donc une véritable marchandise équivalente à celle contre laquelle on l'échange. Sa valeur dépend exclusivement du poids de fin qui entre dans sa composition, et, comme elle ne peut jamais dépendre du caprice d'une autorité quelconque, il en résulte que l'unique rôle des gouvernements, dans les choses monétaires, consiste à veiller à ce que les monnaies contiennent exactement la quantité de métal précieux pour laquelle elles sont données.

5. Jusqu'ici, il n'a été question que des espèces d'or et d'argent ; ce sont les seules, en effet, qui méritent le nom de monnaie. Quant aux pièces dites *de billon*, et qui sont formées, soit de cuivre pur, soit de cuivre allié avec un peu d'étain, de nickel ou même d'argent, elles ne constituent pas des monnaies proprement dites, car

on leur attribue une valeur bien supérieure à leur valeur réelle, mais le public les accepte sur ce pied parce qu'elles facilitent beaucoup les petites transactions qui se font chaque jour. Elles ne sont admises dans les échanges qu'à titre d'appoint et jusqu'à concurrence d'un maximum qui, en France, est fixé à 5 francs.

DEUX CENT SOIXANTE-DIX-SEPTIÈME LEÇON

Le prix des choses.

1. On entend par le **prix** d'une marchandise, d'une chose quelconque, la valeur de cette marchandise, de cette chose, en monnaie, ou, ce qui revient au même, la quantité de monnaie qu'il faut donner pour l'acheter. Ce prix est sujet à des variations incessantes. Malgré cela, il est possible de le déterminer très bien, chaque jour et en tout lieu, pour les différentes sortes de choses mises dans le commerce. Cette détermination a lieu en vertu de ce qu'on appelle la *loi de l'offre et de la demande*, loi suprême qui domine tous les échanges, sans aucune exception.

2. Qu'appelle-t-on *offre* ? Qu'appelle-t-on *demande* ? L'*offre* d'une chose est la quantité de cette chose qu'on veut vendre, par conséquent que peuvent se procurer ceux qui désirent en faire l'acquisition. Quant à la *demande* d'une chose, c'est la quantité de cette chose que demandent ceux qui, en ayant besoin, veulent s'en rendre acquéreurs. On conçoit que lorsqu'une chose est très abondante, qu'elle dépasse la demande, les personnes qui la détiennent sont obligées d'abaisser leurs prétentions, afin de pouvoir s'en défaire, tandis que le contraire arrive quand cette même chose est plus ou moins rare, ceux qui veulent l'obtenir ne pouvant le faire qu'en consentant à la payer un peu plus cher. Dans tous les cas, par suite de la lutte pacifique qui a lieu entre les vendeurs et les acheteurs, il s'établit, de leur consentement mutuel, un *prix courant*, qui se règle généralement sur le *prix de revient*, et qui n'est jamais, du moins pour longtemps, beaucoup au-dessus ou au-dessous de ce dernier. Le prix courant, qu'on appelle aussi *prix de* *marché,* exprime la valeur en monnaie d'une chose quelconque. Quant au *prix de revient,* il représente à la fois les frais de production et le bénéfice du vendeur.

3. Du moment que le prix des marchandises est uniquement déterminé par la loi de l'offre et de la demande, il est évident qu'il ne peut être fixé par aucune autorité. Il s'est cependant trouvé des gouvernements qui, à plusieurs époques, sous prétexte d'arrêter la hausse de prix qu'ils croyaient dangereuse ou produite par la malveillance, ont, par des lois dites *de maximum,* interdit de vendre les choses au-dessus d'un certain prix. Mais, outre que ces lois étaient injustes, puisqu'elles violaient la liberté des transactions, elles ont toujours produit un effet diamétralement opposé à celui qu'on se proposait d'obtenir. Aussi n'ont-elles jamais servi qu'à jeter le trouble dans l'esprit des producteurs et des consommateurs, qu'à donner lieu à des troubles et à des tracasseries sans nombre, à faire imaginer des supercheries de toute espèce pour en éluder l'application, enfin à augmenter la misère qu'elles voulaient diminuer. En conséquence, on a toujours été obligé de les rapporter au plus vite.

DEUX CENT SOIXANTE-DIX-HUITIÈME LEÇON

Le crédit.

1. Sous le nom de **crédit,** on désigne la faculté qu'on possède de se procurer des capitaux ou des marchandises. Il est fondé sur la confiance qu'on inspire, laquelle est fondée elle-même sur la solvabilité que présente l'emprunteur et son exactitude à rembourser les sommes empruntées ou, s'il s'agit de marchandises, à en payer la valeur à une époque convenue. S'il n'existait pas, un grand nombre d'entreprises, tant industrielles que commerciales, ne pourraient être exécutées, en sorte que des milliers de travailleurs seraient sans ouvrage; de même, une multitude de personnes qui n'ont point de capitaux, mais dont l'aptitude pour les affaires est très grande, ne trouveraient pas à utiliser la capacité dont elles sont naturellement douées. C'est pour cela qu'on a dit

bien souvent que le crédit est l'âme du commerce, et, en général, de toutes les branches de l'industrie. Toutefois, dans les transactions commerciales ou industrielles, il est rarement gratuit. Comme il rend des services et que tout service mérite salaire, il donne habituellement lieu au paiement d'une indemnité qui peut recevoir différentes formes.

2. Dans toute affaire commerciale ou industrielle où le crédit joue un rôle, celui qui a livré des marchandises ou des capitaux reçoit, comme garantie, des obligations par lesquelles l'emprunteur s'engage à payer, à une époque fixe, ce qu'il a reçu. Ces obligations sont désignées, d'une manière générale, sous le nom de *papiers* ou *effets de commerce*. Les plus importantes sont la *lettre de change*, les *billets à ordre* et les *billets de banque*. Elles sont *négociables*, c'est-à-dire transmissibles de main en main, en sorte que celui qui les a reçues peut s'en servir, à son tour, pour emprunter des marchandises ou de l'argent. Si elles ne l'étaient pas, le mouvement des échanges serait arrêté immédiatement, puisqu'on ne pourrait en faire aucun usage.

3. Plusieurs personnes s'imaginent que les effets de commerce sont une monnaie ou que, tout au moins, ils la remplacent. C'est une erreur complète. En effet, ils sont si peu une monnaie et ils la remplacent si peu qu'ils n'ont point de cours forcé, et qu'on est absolument libre de les refuser ou de les accepter. Simples promesses de paiement, ils n'ont d'autorité, ils ne circulent que parce que ceux qui les reçoivent sont convaincus qu'avec leur aide ils pourront se procurer de l'argent à volonté, mais que, pour une cause quelconque, cette conviction vienne à disparaître, et ils deviendront aussitôt de simples morceaux de papier. Leur rôle véritable consiste à dispenser des transports de numéraire, par conséquent à économiser les frais que ces transports coûteraient et à éviter les embarras qu'ils occasionneraient.

TABLE GÉNÉRALE DES MATIÈRES

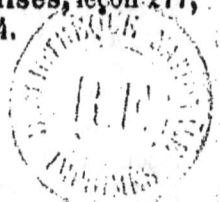

SAINT-CLOUD. — IMPRIMERIE Vᵉ EUG. BELIN ET FILS.

ÉLÉMENTS USUELS

DES

SCIENCES PHYSIQUES ET NATURELLES

A L'USAGE DES ÉCOLES PRIMAIRES

RÉDIGÉS CONFORMÉMENT AUX PROGRAMMES OFFICIELS DE 1882

Par M. E. GRIPON

PROFESSEUR A LA FACULTÉ DES SCIENCES DE RENNES

OUVRAGE ADOPTÉ POUR LES ÉCOLES DE LA VILLE DE PARIS

Cours moyen. Orné de 163 gravures insérées dans le texte.
1 vol. in-12, cart. . . . . 1 fr. 10 c.
Cours supérieur. Orné de 162 gravures insérées dans le texte.
1 vol. in-12, cart. . . . . 1 fr. 80 c.

NOTIONS ÉLÉMENTAIRES ET MÉTHODIQUES

D'AGRICULTURE, D'HORTICULTURE

ET D'ARBORICULTURE

A L'USAGE DES ÉCOLES PRIMAIRES

Rédigées conformément aux nouveaux programmes officiels

PAR M. O. PAVETTE

INSPECTEUR PRIMAIRE, OFFICIER D'ACADÉMIE
ANCIEN INSTITUTEUR, LAURÉAT DE PLUSIEURS COMICES AGRICOLES
ET CONCOURS RÉGIONAUX, DE LA SOCIÉTÉ D'AGRICULTURE ET DE L'UNION
DES COMICES D'INDRE-ET-LOIRE, ETC.

COURS MOYEN ET SUPÉRIEUR

PRÉPARATION AU CERTIFICAT D'ÉTUDES PRIMAIRES

OUVRAGE ORNÉ DE 76 FIGURES INSÉRÉES DANS LE TEXTE

MÉDAILLE DE BRONZE A L'EXPOSITION UNIVERSELLE DE 1889

1 vol. in-12, cart. . . . . 1 fr.

MÉTHODE DARCHEZ

MÉDAILLE DE BRONZE A L'EXPOSITION UNIVERSELLE DE 1889

NOUVEAUX EXERCICES DE DESSIN A MAIN LEVÉE

D'APRÈS LES DERNIERS PROGRAMMES OFFICIELS DE 1882

ADOPTÉS POUR LES ÉCOLES DE LA VILLE DE PARIS
et couronnés par la Société d'instruction et d'éducation populaires

Cours élémentaire. Sept cahiers. Le cahier. . . . . . . 10 c.

Cours moyen. Dix cahiers. Le cahier. . . . . 10 c.

Cours supérieur et cours complémentaire, à l'usage des élèves des écoles primaires, des écoles normales et des écoles primaires supérieures, suivi d'un complément spécialement destiné aux aspirants et aspirantes au brevet de capacité. Ouvrage orné de figurés, de planches intercalées dans le texte et de 22 planches hors texte. 1 vol. in-4°, br. . . . . 4 fr. 50 c.

CHOIX DE MODÈLES DE DESSIN

DONNÉS COMME SUJETS D'EXAMEN

AUX ASPIRANTS ET ASPIRANTES AU CERTIFICAT D'ÉTUDES PRIMAIRES

(années 1881 à 1887)

ACCOMPAGNÉ

de conseils aux élèves pour la reproduction de ces modèles

ET SERVANT DE COMPLÉMENT

AUX NOUVEAUX EXERCICES DE DESSIN A MAIN LEVÉE (COURS MOYEN)

Un cahier de 48 pages, in-4°, piqué. . . . 60 c.

COURS DE DESSIN GÉOMÉTRIQUE

A l'usage des classes supérieures des écoles primaires
des divisions élémentaires de l'enseignement spécial et des écoles normales

ADOPTÉ POUR LES ÉCOLES DE LA VILLE DE PARIS

PREMIÈRE PARTIE, renfermant une étude détaillée des constructions géométriques. 1 vol. in-4°, br. 3 fr.

DEUXIÈME PARTIE, renfermant une théorie élémentaire des projections. 1 vol. in-4°, br. 4 fr.

L'ARITHMÉTIQUE DES ÉCOLES PRIMAIRES

OUVRAGE CONFORME AUX DERNIERS PROGRAMMES OFFICIELS DE 1882

ET CONTENANT

DE NOMBREUX EXERCICES PRATIQUES

Par M. Désiré ANDRÉ

Ancien élève de l'École normale supérieure, agrégé de l'Université, docteur ès sciences
lauréat du ministère de l'Instruction publique
Professeur de mathématiques à l'École préparatoire de Sainte-Barbe.

> **OUVRAGE ADOPTÉ POUR LES ÉCOLES DE LA VILLE DE PARIS**
> **et couronné par la Société d'instruction et d'éducation**
> **populaires**

Cours élémentaire, contenant 1066 exercices pratiques. Nouvelle édition, *augmentée de notions de géométrie.* 1 vol. in-12, c. 90 c.
— *Livre du maître.* 1 vol. in-12, cart.   1 fr. 75 c.

Cours moyen, contenant 2580 exercices pratiques et des notions de géométrie (Préparation au certificat d'études primaires). 1 vol. in-12, cart.   1 fr. 50 c.
— *Livre du maître.* 1 vol. in-12, cart.   2 fr. 50 c.

Cours supérieur, contenant 3208 exercices ou problèmes (Préparation au brevet élémentaire). 1 vol. in-12, cart.   2 fr.
— *Livre du maître.* 1 vol. in-12, cart.   (*Sous presse.*)

LA MUSIQUE RENDUE FACILE

SEULE MÉTHODE qui permette à tout instituteur même ne connaissant pas la musique
de donner cet enseignement avec fruit

ENSEIGNEMENT ÉLÉMENTAIRE DE LA MUSIQUE

Par M. A. RIBIS

Méthode conforme aux programmes officiels de 1882

COMPRENANT CINQ CAHIERS

CHAQUE CAHIER SE DIVISE EN HUIT LEÇONS

Prix du cahier. In-4°, piqué. . . . . 30 c.

> **A l'Exposition scolaire de Toulouse (1885), cette méthode a obtenu**
> **la plus haute récompense**
> UN DIPLOME DE MÉRITE DE PREMIÈRE CLASSE

La même méthode, **partie du maître.** 1 vol. in-4°, br.   1 fr. 25 c.

PLUME RIBIS, spéciale pour écrire la musique. La boîte de 100 plumes.   1 fr. 80 c.

www.ingramcontent.com/pod-product-compliance
Lightning Source LLC
Chambersburg PA
CBHW060354200326
41518CB00009B/1142